“蓝桥杯”嵌入式设计与开发竞赛培训教材

嵌入式设计与开发实训指导

郭书军　冯　良　朱青建　编著

電子工業出版社
Publishing House of Electronics Industry
北京 • BEIJING

内容简介

本书以 STM32G4 系列 32 位 Flash MCU 为例，以“蓝桥杯”嵌入式设计与开发竞赛实训平台 CT117E-M4（V1.2）为硬件平台，以“一切从简单开始”为宗旨，介绍嵌入式系统的设计与开发。

全书分为 12 章，第 1 章简单介绍 STM32 MCU 和 Cortex-M4，第 2 章介绍软件开发环境与工具，第 3～10 章介绍 GPIO、USART、SPI、I²C、ADC、TIM、NVIC 和 DMA 的配置、HAL 和 LL 库函数及设计实例，第 11 章介绍扩展板模块的设计，第 12 章对 2020—2023 年省赛和国赛试题进行设计和解析。书后附有 STM32 引脚功能、常用库函数和实训平台简介，还附有实验指导。

本书所有设计程序均为原创，并经过多轮实验改进，内容简单易懂，特别适合初学者学习参考。本书可以作为嵌入式系统设计教材，供电子信息类与电气类各专业使用。

图书在版编目（CIP）数据

嵌入式设计与开发实训指导 / 郭书军，冯良，朱青建编著. —北京：电子工业出版社，2024.3
ISBN 978-7-121-47432-3

Ⅰ. ①嵌…　Ⅱ. ①郭…　②冯…　③朱…　Ⅲ. ①微处理器－系统设计　Ⅳ. ①TP332.021

中国国家版本馆 CIP 数据核字（2024）第 050071 号

责任编辑：赵玉山
印　　刷：三河市君旺印务有限公司
装　　订：三河市君旺印务有限公司
出版发行：电子工业出版社
　　　　　北京市海淀区万寿路 173 信箱　邮编 100036
开　　本：787×1 092　1/16　印张：18.75　字数：480 千字
版　　次：2024 年 3 月第 1 版
印　　次：2024 年12月第 2 次印刷
定　　价：59.00 元

凡所购买电子工业出版社图书有缺损问题，请向购买书店调换。若书店售缺，请与本社发行部联系，联系及邮购电话：（010）88254888，88258888。

质量投诉请发邮件至 zlts@phei.com.cn，盗版侵权举报请发邮件至 dbqq@phei.com.cn。

本书咨询联系方式：（010）88254556，zhaoys@phei.com.cn。

前　言

2019 年，ST（意法半导体）公司推出了混合级 MCU STM32F3 的升级版——全新混合级 MCU STM32G4，本书以 STM32G431 为例，以“蓝桥杯”嵌入式设计与开发竞赛实训平台 CT117E-M4（V1.2）为硬件平台，以“一切从简单开始”为宗旨，介绍嵌入式系统的设计与开发。

全书分为 12 章，以“蓝桥杯”嵌入式竞赛试题为主线，在介绍 STM32 MCU 和软件开发环境与工具的基础上，介绍 GPIO、USART、SPI、I^2C、ADC、TIM、NVIC 和 DMA 的配置，HAL 和 LL 库函数及设计实例、扩展板模块的设计，并对 2020—2023 年的省赛和国赛试题进行设计和解析。

第 1 章介绍 STM32 MCU 和 SysTick 的结构，重点介绍复位和时钟控制（RCC）及 SysTick 库函数，以方便后续章节的使用。

第 2 章介绍软件开发环境与工具，包括软件开发包（SDK）、MCU 配置工具（STM32CubeMX）和集成开发环境（IDE）。

第 3 章在介绍 GPIO 结构、配置及库函数的基础上，以嵌入式竞赛实训平台为硬件平台，使用 HAL 和 LL 两种软件设计方法，介绍 GPIO 的软件设计与实现，重点介绍设计的调试，并介绍 LCD 的使用。

第 4 章介绍 USART 的结构、配置、库函数及设计实例。第 5 章介绍 SPI 接口 FLASH GD25Q16C 及其软件设计与实现。第 6 章介绍 I^2C 接口 EEPROM 24C02 及其软件设计与实现。

第 7 章和第 8 章分别介绍 ADC 和 TIM 的结构、配置、库函数及设计实例。ADC 设计实例分别用 ADC1 和 ADC2 实现外部输入模拟信号的模数转换。TIM 设计实例用 TIM1 和 TIM3 输出 PWM 波，用 TIM2 测量 PWM 波的周期和脉冲宽度。

第 9 章和第 10 章分别介绍 NVIC 和 DMA 的配置及设计实例。中断和 DMA 是高效的数据传送控制方式，对前面介绍的接口和设备数据传送查询方式稍做修改即可实现中断功能，再结合 DMA 可以实现数据的批量传送。

第 11 章介绍扩展板模块设计，包括数码管、ADC 按键、温度传感器和湿度传感器程序设计。第 12 章对 2020—2023 年省赛和国赛设计题进行设计与实现，对客观题进行解析。

书末附有 STM32 引脚功能、常用库函数和竞赛实训平台介绍等实用资料供读者参考，还包含实验指导以方便实验教学。

本书所有设计程序均为原创，并在竞赛实训平台 CT117E-M4（V1.2）、STM32CubeMX V6.9.0 和 Keil V5.38 环境下测试通过。

本书由郭书军教授主持编写，冯良老师和朱青建先生参加了编写工作，王玉花老师参与了书稿校对和实验程序编写等工作。在本书的出版过程中，得到了北方工业大学的资助和电子工业出版社赵玉山先生的支持，编著者在此表示衷心的感谢。

由于编著者水平所限，书中难免会有不妥之处，敬请广大读者批评指正。

QQ 群：STM32 学习（489189201），群文件中有开发工具软件和工程文件。

编著者

2023 年 10 月

目　录

第1章　STM32 MCU

STM32 MCU基于ARM Cortex-M系列处理器，旨在为MCU用户提供新的开发自由度。STM32 MCU具有高性能、实时、数字信号处理、低功耗与低电压操作特性，同时还保持了集成度高和易于开发的特点。无可比拟且品种齐全的STM32产品基于行业标准内核，提供了大量工具和软件选项，使该系列产品成为小型项目和完整平台的理想选择。

作为一个主流的微控制器系列，STM32可满足工业、医疗和消费电子市场的各种应用需求。凭借这个产品系列，ST在全球的ARM Cortex-M微控制器中处于领先地位，同时树立了嵌入式应用的里程碑。该系列最大化地集成了高性能与一流外设和低功耗、低电压工作特性，在可以接受的价格范围内提供了简单的架构和易用的工具。

STM32 MCU系列产品如表1.1所示。

表1.1　STM32 MCU系列产品

分　类	Cortex-M0 Cortex-M0+	Cortex-M3	Cortex-M4	Cortex-M33	Cortex-M7
主流级	STM32F0 （入门级2012） STM32G0 （全新入门级2017）	STM32F1 （基础级2007）	STM32F3 （混合级2012） **STM32G4** （全新混合级2019）		
超低功耗	STM32L0（2013）	STM32L1（2009）	STM32L4（2015） STM32L4+（2016）	STM32L5（2017） STM32U5（2019）	
高性能		STM32F2（2010）	STM32F4（2011）		STM32F7（2014） STM32H7（2016）
无线			STM32WB（2017） STM32WL（2020）		

本书以STM32G431RBT6为例，介绍STM32 MCU系统的设计与实现。

1.1　STM32 MCU结构

STM32 MCU由控制单元、从属单元和总线矩阵三大部分组成，控制单元和从属单元通过总线矩阵相连接，如图1.1所示。

控制单元包括Cortex-M4内核和两个DMA控制器（DMA1和DMA2）。其中Cortex-M4内核通过指令总线I-bus从FLASH中读指令，通过数据总线D-bus与存储器交换数据，通过系统总线S-bus（设备总线）和高性能系统总线AHB与外设交换数据。

从属单元包括存储器（FLASH和SRAM等）和外设（连接片外设备的接口和片内设备等）。其中AHB1外设包括AHB-APB（高性能外设总线）桥接器和APB外设（连接APB1和APB2）。

连接片外设备的接口有并行接口和串行接口两种，并行接口即通用I/O接口GPIO，串行接口有通用同步/异步收发器接口USART、串行设备接口SPI、内部集成电路总线接口I^2C、通用串行总线接口USB和控制器局域网络接口CAN等。

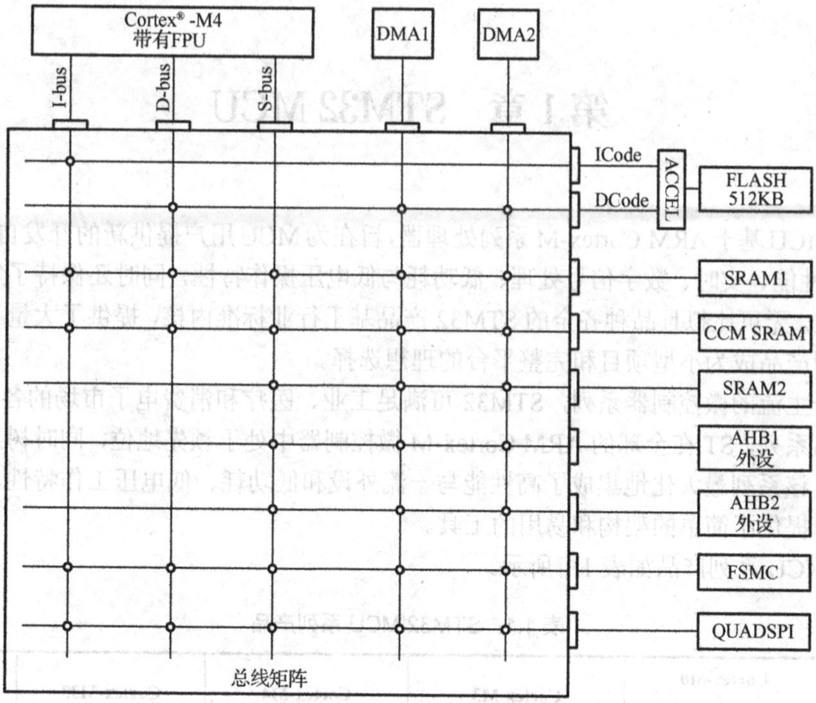

图 1.1　STM32 MCU 结构

片内设备有定时器 TIM、模数转换器 ADC 和数模转换器 DAC 等，其中定时器包括高级控制定时器 TIM1/TIM8、通用定时器 TIM2～TIM5、基本定时器 TIM6/TIM7、实时时钟 RTC、独立看门狗 IWDG 和窗口看门狗 WWDG 等。

注意： 系统复位后，除 FLASH 接口和 SRAM 时钟允许外，所有设备时钟都被关闭（参见表 1.4～表 1.6），使用前必须设置时钟使能寄存器（RCC_APBENR）允许设备时钟。

1.2　STM32 MCU 存储器映像

STM32 MCU 的程序存储器、数据存储器和输入/输出端口寄存器被组织在同一个 4GB 的线性地址空间内，存储器映像如表 1.2 所示。

表 1.2　STM32 MCU 存储器映像表

地址范围		设备名称	备　注
0xE000 0000～0xE00FFFFF（1MB）		内核设备	
内核设备	0xE000 E100～0xE000 E4EF	NVIC（嵌套矢量中断控制）	详见表 9.2
	0xE000 E010～0xE000 E01F	SysTick（系统滴答定时器）	详见表 1.7
0x4000 0000～0x5FFF FFFF（512MB）		片上设备	
AHB2	0x5006 0800～0x5006 0BFF	RNG（随机数发生器）	
	0x5000 1000～0x5000 13FF	DAC3	
	0x5000 0800～0x5000 0BFF	DAC1	
	0x5000 0000～0x5000 03FF	ADC1～ADC2	详见表 7.2
	0x4800 1800～0x4800 1BFF	GPIOG	详见表 3.1
	0x4800 1400～0x4800 17FF	GPIOF	详见表 3.1

续表

地址范围		设备名称	备注
AHB2	0x4800 1000～0x4800 13FF	GPIOE	详见表 3.1
	0x4800 0C00～0x4800 0FFF	GPIOD	详见表 3.1
	0x4800 0800～0x4800 0BFF	GPIOC	详见表 3.1
	0x4800 0400～0x4800 07FF	GPIOB	详见表 3.1
	0x4800 0000～0x4800 03FF	GPIOA	详见表 3.1
AHB1	0x4002 3000～0x4002 33FF	CRC（循环冗余校验）	
	0x4002 2000～0x4002 23FF	FLASH 接口	
	0x4002 1400～0x4002 1FFF	FMAC	
	0x4002 1000～0x4002 13FF	RCC（复位时钟控制）	详见表 1.3
	0x4002 0C00～0x4002 0FFF	CORDIC	
	0x4002 0800～0x4002 0BFF	DMAMUX	详见表 10.6
	0x4002 0400～0x4002 07FF	DMA2（6 通道）	详见表 10.1
	0x4002 0000～0x4002 03FF	DMA1（6 通道）	详见表 10.1
APB2	0x4001 5400～0x4001 57FF	SAI1	
	0x4001 4800～0x4001 4BFF	TIM17	
	0x4001 4400～0x4001 47FF	TIM16	
	0x4001 4000～0x4001 43FF	TIM15	
	0x4001 3800～0x4001 3BFF	USART1	详见表 4.2
	0x4001 3400～0x4001 37FF	TIM8	详见表 8.2
	0x4001 3000～0x4001 33FF	SPI1	详见表 5.2
	0x4001 2C00～0x4001 2FFF	TIM1	详见表 8.2
	0x4001 0400～0x4001 07FF	EXTI	详见表 9.6
	0x4001 0300～0x4001 03FF	OPAMP（3）	
	0x4001 0200～0x4001 02FF	COMP（4）	
	0x4001 0030～0x4001 01FF	VREFBUF	
	0x4001 0000～0x4001 0029	SYSCFG	详见表 9.4
APB1	0x4000 A400～0x4000 AFFF	FDCAN RAM	
	0x4000 A000～0x4000 A3FF	UCPD1	
	0x4000 8000～0x4000 83FF	LPUART1	
	0x4000 7C00～0x4000 7FFF	LPTIM1	
	0x4000 7800～0x4000 7BFF	I2C3	详见表 6.2
	0x4000 7000～0x4000 73FF	PWR（电源控制）	
	0x4000 6400～0x4000 67FF	FDCAN1	
	0x4000 6000～0x4000 63FF	USB SRAM	
	0x4000 5C00～0x4000 5FFF	USB 全速设备	
	0x4000 5800～0x4000 5BFF	I2C2	详见表 6.2
	0x4000 5400～0x4000 57FF	I2C1	详见表 6.2
	0x4000 4C00～0x4000 4FFF	UART4	详见表 4.2

续表

地址范围		设备名称	备注
APB1	0x4000 4800～0x4000 4BFF	USART3	详见表 4.2
	0x4000 4400～0x4000 47FF	USART2	详见表 4.2
	0x4000 3C00～0x4000 3FFF	SPI3/I2S3	详见表 5.2
	0x4000 3800～0x4000 3BFF	SPI2/I2S2	详见表 5.2
	0x4000 3000～0x4000 33FF	IWDG（独立看门狗）	
	0x4000 2C00～0x4000 2FFF	WWDG（窗口看门狗）	
	0x4000 2800～0x4000 2BFF	RTC	
	0x4000 2400～0x4000 27FF	TAMP	
	0x4000 2000～0x4000 23FF	CRS	
	0x4000 1400～0x4000 17FF	TIM7	
	0x4000 1000～0x4000 13FF	TIM6	
	0x4000 0800～0x4000 0BFF	TIM4	详见表 8.2
	0x4000 0400～0x4000 07FF	TIM3	详见表 8.2
	0x4000 0000～0x4000 03FF	TIM2	详见表 8.2
0x2000 0000～0x3FFF FFFF (512MB)		SRAM	
SRAM	0x2000 4000～0x2000 57FF	SRAM2（6kB）	
	0x2000 0000～0x2000 3FFF	SRAM1（16kB）	
0x00000000～0x1FFF FFFF (512MB)		FLASH	
FLASH	0x1FFF F800～0x1FFF F82F	选择字节	
	0x1FFF 8000～0x1FFF EFFF	系统存储器	
	0x1FFF 7800～0x1FFF 782F	选择字节	
	0x1FFF 7000～0x1FFF 73FF	OTP	
	0x1FFF 0000～0x1FFF 6FFF	系统存储器	
	0x1000 0000～0x1000 27FF	CCM SRAM（10kB）	
	0x0800 0000～0x0801 FFFF	FLASH（128kB）	
	0x0000 0000～0x0007 FFFF	主存储器	

存储器映像在 Drivers\CMSIS\Device\ST\STM32g4xx\Include\stm32G431xx.h 中定义。

1.3 STM32 MCU 系统时钟树

STM32 MCU 系统时钟树由系统时钟源、系统时钟 SYSCLK 和设备时钟等部分组成。

系统时钟源有 5 个：高速外部时钟 HSE（4～48MHz）、低速外部时钟 LSE（32.768kHz）、高速内部时钟 HSI（16MHz）、高速内部时钟 HSI48（48MHz）和低速内部时钟 LSI（32kHz），其中外部时钟用晶体振荡器 OSC 实现，内部时钟用 RC 振荡器实现。

系统时钟 SYSCLK（最大 170MHz）可以是 HSE 或 HSI，也可以是 HSE 或 HSI 通过锁相环倍频后的锁相环时钟 PLLCLK。系统复位后的系统时钟为 HSI，这就意味着即使没有 HSE 系统也能正常工作，只是 HSI 的精度没有 HSE 高。

SYSCLK 经 AHB 预分频器分频后得到 AHB 总线时钟 HCLK（最大 170MHz），HCLK 经

APB1/APB2 预分频器分频后得到 APB1/APB2 总线时钟 PCLK1（最大 170MHz）和 PCLK2（最大 170MHz），PCLK1 和 PCLK2 分别为相连的设备提供设备时钟。

系统时钟树中的时钟选择、预分频值和外设时钟使能等都可以通过对复位和时钟控制（RCC）寄存器编程实现，复位和时钟控制（RCC）寄存器如表 1.3 所示。

表 1.3 复位和时钟控制（RCC）寄存器

偏移地址	名称	类型	复位值	说明
0x00	CR	读/写	0x0000 0063	时钟控制寄存器
0x04	ICSCR	读/写	0x40XX 00XX	内部时钟源校准寄存器
0x08	CFGR	读/写	0x0000 0005	时钟配置寄存器（HSI 用作系统时钟）
0x0C	PLLCFGR	读/写	0x0000 1000	PLL 配置寄存器
0x18	CIER	读/写	0x0000 0000	时钟中断使能寄存器
0x1C	CIFR	读/写	0x0000 0000	时钟中断标志寄存器
0x20	CICR	读/写	0x0000 0000	时钟中断清除寄存器
0x28	AHB1RSTR	读/写	0x0000 0000	AHB1 设备复位寄存器
0x2C	AHB2RSTR	读/写	0x0000 0000	AHB2 设备复位寄存器
0x30	AHB3RSTR	读/写	0x0000 0000	AHB3 设备复位寄存器
0x38	APB1RSTR1	读/写	0x0000 0000	APB1 设备复位寄存器 1
0x3C	APB1RSTR2	读/写	0x0000 0000	APB1 设备复位寄存器 2
0x40	APB2RSTR	读/写	0x0000 0000	APB2 设备复位寄存器
0x48	AHB1ENR	读/写	0x0000 0100	AHB1 设备时钟使能寄存器（允许 FLASH 时钟）
0x4C	**AHB2ENR**	**读/写**	**0x0000 0000**	**AHB2 设备时钟使能寄存器（GPIO 和 ADC 等）**
0x50	AHB3ENR	读/写	0x0000 0000	AHB3 设备时钟使能寄存器
0x58	**APB1ENR1**	**读/写**	**0x0000 0400**	**APB1 设备时钟使能寄存器 1（定时器和串行接口等）**
0x5C	APB1ENR2	读/写	0x0000 0000	APB1 设备时钟使能寄存器 2
0x60	**APB2ENR**	**读/写**	**0x0000 0000**	**APB2 设备时钟使能寄存器（定时器和串行接口等）**
0x68	AHB1SMENR	读/写	0x0000 130F	睡眠和停止模式 AHB1 设备时钟使能寄存器
0x6C	AHB2SMENR	读/写	0x050F 667F	睡眠和停止模式 AHB2 设备时钟使能寄存器
0x70	AHB3SMENR	读/写	0x0000 0101	睡眠和停止模式 AHB3 设备时钟使能寄存器
0x78	APB1SMENR1	读/写	0xD2FE CD3F	睡眠和停止模式 APB1 设备时钟使能寄存器 1
0x7C	APB1SMENR2	读/写	0x0000 0103	睡眠和停止模式 APB1 设备时钟使能寄存器 2
0x80	APB2SMENR	读/写	0x0437 F801	睡眠和停止模式 APB2 设备时钟使能寄存器
0x88	CCIFR	读/写	0x0000 0000	外设独立时钟配置寄存器
0x90	BDCR	读/写	0x0000 0000	备份域控制寄存器
0x94	CSR	读/写	0x0C00 0000	控制状态寄存器（上电复位，NRST 引脚复位）
0x98	CRRCR	读/写	0x0000 XXX0	时钟恢复 RC 寄存器
0x9C	CCIPR2	读/写	0x0C00 0000	外设独立时钟配置寄存器 2

复位和时钟控制(RCC)寄存器结构体 RCC_TypeDef 在 Drivers\CMSIS\Device\ST\STM32g4xx\Include\stm32G431xx.h 中定义。

常用复位和时钟控制（RCC）寄存器内容如表 1.4～表 1.6 所示。

表 1.4 AHB2 设备时钟使能寄存器（AHB2ENR）

位	名　称	类　型	复位值	说　明
13	ADC12EN	读/写	0	ADC12 时钟使能：0—禁止，1—允许
6	GPIOGEN	读/写	0	GPIOG 时钟使能：0—禁止，1—允许
5	GPIOFEN	读/写	0	GPIOF 时钟使能：0—禁止，1—允许
4	GPIOEEN	读/写	0	GPIOE 时钟使能：0—禁止，1—允许
3	GPIODEN	读/写	0	GPIOD 时钟使能：0—禁止，1—允许
2	GPIOCEN	读/写	0	GPIOC 时钟使能：0—禁止，1—允许
1	GPIOBEN	读/写	0	GPIOB 时钟使能：0—禁止，1—允许
0	GPIOAEN	读/写	0	GPIOA 时钟使能：0—禁止，1—允许

表 1.5 APB1 设备时钟使能寄存器 1（APB1ENR1）

位	名　称	类　型	复位值	说　明
30	I2C3EN	读/写	0	I2C3 时钟使能：0—禁止，1—允许
22	I2C2EN	读/写	0	I2C2 时钟使能：0—禁止，1—允许
21	I2C1EN	读/写	0	I2C1 时钟使能：0—禁止，1—允许
20	UART5EN	读/写	0	UART5 时钟使能：0—禁止，1—允许
19	UART4EN	读/写	0	UART4 时钟使能：0—禁止，1—允许
18	USART3EN	读/写	0	USART3 时钟使能：0—禁止，1—允许
17	USART2EN	读/写	0	USART2 时钟使能：0—禁止，1—允许
15	SPI3EN	读/写	0	SPI3 时钟使能：0—禁止，1—允许
14	SPI2EN	读/写	0	SPI2 时钟使能：0—禁止，1—允许
5	TIM7EN	读/写	0	TIM7 时钟使能：0—禁止，1—允许
4	TIM6EN	读/写	0	TIM6 时钟使能：0—禁止，1—允许
2	TIM4EN	读/写	0	TIM4 时钟使能：0—禁止，1—允许
1	TIM3EN	读/写	0	TIM3 时钟使能：0—禁止，1—允许
0	TIM2EN	读/写	0	TIM2 时钟使能：0—禁止，1—允许

表 1.6 APB2 设备时钟使能寄存器（APB2ENR）

位	名　称	类　型	复位值	说　明
14	USART1EN	读/写	0	USART1 时钟使能：0—禁止，1—允许
13	TIM8EN	读/写	0	TIM8 时钟使能：0—禁止，1—允许
12	SPI1EN	读/写	0	SPI1 时钟使能：0—禁止，1—允许
11	TIM1EN	读/写	0	TIM1 时钟使能：0—禁止，1—允许

常用的 RCC HAL 宏在 stm32g4xx_hal_rcc.h 中定义如下：

```
#define __HAL_RCC_GPIOA_CLK_ENABLE() \
  do { \
    __IO uint32_t tmpreg; \
    SET_BIT(RCC->AHB2ENR, RCC_AHB2ENR_GPIOAEN); \
    /* Delay after an RCC peripheral clock enabling */ \
```

```
    tmpreg = READ_BIT(RCC->AHB2ENR, RCC_AHB2ENR_GPIOAEN); \
    UNUSED(tmpreg); \
  } while(0)
```

常用的 RCC LL 库函数在 stm32g4xx_ll_bus.h 中声明如下：

```
__STATIC_INLINE void LL_AHB2_GRP1_EnableClock(uint32_t Periphs)
{
  __IO uint32_t tmpreg;
  SET_BIT(RCC->AHB2ENR, Periphs);
  /* Delay after an RCC peripheral clock enabling */
  tmpreg = READ_BIT(RCC->AHB2ENR, Periphs);
  (void)tmpreg;
}
```

参数说明：

★ Periphs：设备名称，在 stm32g4xx_ll_bus.h 中声明定义如下：

```
#define LL_APB1_GRP1_PERIPH_GPIOA    RCC_APB1ENR_GPIOAEN
……………………………………………………………………
```

对比 RCC 的 HAL 和 LL 实现可以看出：两者的操作相同，都是对指定寄存器（RCC->AHB2ENR）的指定位（RCC_AHB2ENR_GPIOAEN）进行读（READ_BIT）写（SET_BIT）操作。因此，寄存器的读写操作是所有操作的基础。

1.4 Cortex-M4 简介

Cortex-M4 是采用哈佛结构的 32 位处理器内核，拥有独立的指令总线和数据总线，两者共享同一个 4GB 存储器空间。

Cortex-M4 内嵌一个嵌套向量中断控制器（NVIC，Nested Vectored Interrupt Controller），支持可嵌套中断、向量中断和动态优先级等，详见图第 9 章。

Cortex-M4 内部还包含一个系统滴答定时器 SysTick，结构如图 1.2 所示。

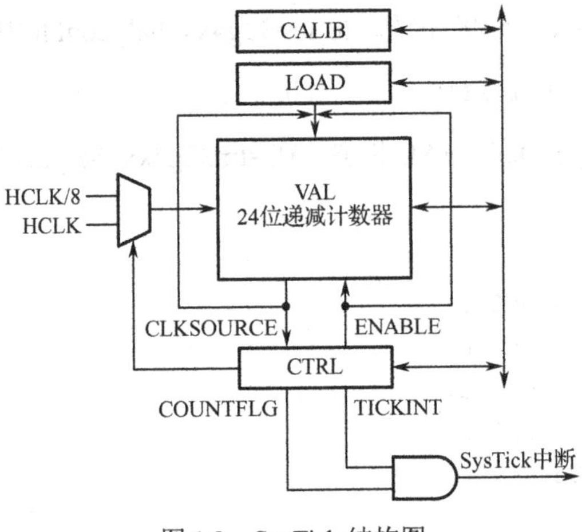

图 1.2 SysTick 结构图

SysTick 的核心是 1 个 24 位递减计数器，使用时根据需要设置初值（LOAD），启动

（ENABLE=1）后在系统时钟（HCLK 或 HCLK/8）的作用下递减，减到 0 时置计数标志位（COUNTFLAG）并重装初值。系统可以查询计数标志位，也可以在中断允许（TICKINT=1）时产生 SysTick 中断。

SysTick 通过 4 个 32 位寄存器进行操作，如表 1.7 所示。

表 1.7 SysTick 寄存器

地　址	名　称	类　型	复 位 值	说　明
0xE000 E010	CTRL	读/写	0	控制状态寄存器（详见表 1.8）
0xE000 E014	LOAD	读/写	—	重装值寄存器（24 位），计数到 0 时重装到 VAL
0xE000 E018	VAL	读/写清除	—	当前值寄存器（24 位），写清除，同时清除计数标志
0xE000 E01C	CALIB	读	—	校准寄存器

SysTick 寄存器结构体 SysTick_Type 在 Drivers\CMSIS\Include\core_cm4.h 中定义。

控制状态寄存器（CTRL）有 3 个控制位和 1 个状态位，如表 1.8 所示。

表 1.8 SysTick 控制状态寄存器（CTRL）

位	名　称	类　型	复 位 值	说　明
0	ENABLE	读/写	0	定时器允许：0—停止定时器，1—启动定时器
1	TICKINT	读/写	0	中断允许：0—计数到 0 时不中断，1—计数到 0 时中断
2	CLKSOURCE	读/写	0	时钟源选择：0—时钟源为 HCLK/8，1—时钟源为 HCLK
16	COUNTFLAG	读	0	计数标志：SysTick 计数到 0 时置 1，读取后自动清零

常用的 SysTick HAL 库函数在 stm32g4xx_hal.c 中声明如下：

```
HAL_StatusTypeDef HAL_InitTick(uint32_t TickPriority)
void HAL_Delay(uint32_t Delay)
```

（1）SysTick 初始化

```
HAL_StatusTypeDef HAL_InitTick(uint32_t TickPriority)
```

参数说明：

★ TickPriority：SysTick 中断优先级，在 stm32g4xx_hal_conf.h 中定义如下：

```
#define  TICK_INT_PRIORITY         0UL
```

返回值：HAL_StatusTypeDef，HAL 状态，在 stm32g4xx_hal_def.h 中定义如下：

```
typedef enum
{
  HAL_OK            = 0x00U,
  HAL_ERROR         = 0x01U,
  HAL_BUSY          = 0x02U,
  HAL_TIMEOUT       = 0x03U
} HAL_StatusTypeDef;
```

（2）HAL 延时

```
void HAL_Delay(uint32_t Delay)
```

参数说明：

★ Delay：延时值（ms）

常用的 SysTick LL 库函数在 stm32g4xx_ll_utils.h 中声明如下：

```
void LL_Init1msTick(uint32_t HCLKFrequency)
void LL_mDelay(uint32_t Delay)
```

（1）SysTick 初始化

```
void LL_Init1msTick(uint32_t HCLKFrequency)
```

参数说明：

★ HCLKFrequency：HCLK 频率（170MHz）。

注意： LL_Init1msTick()没有允许 SysTick 中断，需要用 stm32g4xx_ll_cortex.h 中的下列函数允许 SysTick 中断：

```
void LL_SYSTICK_EnableIT(void);
```

（2）LL 延时

```
void LL_mDelay(uint32_t Delay)
```

参数说明：

★ Delay：延时值（ms）。

在 Keil 的调试界面选择“Peripherals”（设备）菜单下“Core Peripherals”（内核设备）子菜单中的“System Tick Timer”（系统滴答定时器），可以打开 SysTick 对话框，如图 1.3 所示。

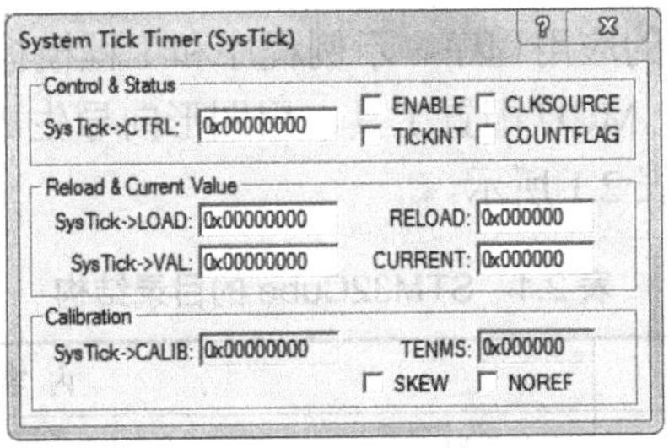

图 1.3　SysTick 对话框

其中包含 SysTick 所有寄存器及其复位值。

注意： HAL 操作和 LL 操作本质相同。HAL 操作将底层操作进行封装，操作简单，移植性好，比较适合计算机等相关专业的学生学习使用；LL 操作和直接操作寄存器类似，目标程序小，有利于对硬件的理解，比较适合电子、通信和自动化等相关专业的学生学习使用。

嵌入式系统的 C 语言程序设计与一般的 C 语言程序设计基本相同，主要差别是嵌入式系统 C 语言程序设计常用到“位”操作，包括“位非~”“左移<<”“右移>>”“位与&”“位或|”和“位异或^”等（注意“位非~”“位与&”和“位或|”与“逻辑非!”“逻辑与&&”和“逻辑或||”的区别），使用位操作的主要目的是只对控制和状态寄存器的指定位进行操作，对其他位的值不产生影响。

第 2 章　软件开发环境与工具

嵌入式设计与开发项目开发环境包括软件开发环境和硬件开发环境，软件开发环境包括软件开发包（SDK）、MCU 配置工具（STM32CubeMX）和集成开发环境（IDE）等，硬件开发环境使用北京四梯科技有限公司设计的嵌入式竞赛实训平台 CT117E-M4（参见附录 C）。

2.1　软件开发包（SDK）

STM32 软件开发包是 STM32 系统设计的基础，经历了下列 3 个阶段：

- 固件库（Firmware Library）：FWLib V0.3（2007）～V2.0.3（2008）
- 标准库（Standard Peripherals Library）：SPLib V3.0.0（2009）～V3.5.0（2011）
- 固件包（Firmware Package）：STM32Cube FW_G4 V1.0.0（2019）～V1.5.0（2021）

注意：STM32G431 只有固件包，没有固件库和标准库。

STM32Cube 固件包包括：

- STM32Cube 嵌入式软件包，包括：
  - ◆ HAL：硬件抽象层嵌入式软件库，确保 STM32 系列产品的移植性
  - ◆ LL：低层 API，提供比 HAL 更接近硬件的快速轻量化的专业 API
  - ◆ 中间件：USB、RTOS、FatFs 和 TCP/IP 等
  - ◆ 应用程序：提供完整的应用程序、示例程序和工程模板
- STM32CubeMX：图形化 MCU 配置工具，用图形向导生成初始化代码

STM32Cube 的目录结构如表 2.1 所示。

表 2.1　STM32Cube 的目录结构

目录名称	内容说明
Documentation	入门手册
Driver	驱动软件库和用户手册
Driver/BSP	评估板支持包
Driver/CMSIS	Cortex 微控制器软件接口标准支持包
Driver/STM32G4xx_HAL_Driver	**HAL/LL 头文件（Inc）、库文件（Src）和用户手册**
Middlewares	ST 和第三方中间件（USB、FreeRTOS、FatFs 和 LwIP）
Projects	评估板应用程序、示例程序和工程模板
Utilities	应用软件

其中 Utilities/PC_Software/IDEs_Patches/MDK-ARM 目录包含 MDK-ARM 器件支持包 Keil.STM32G4xx_DFP.1.2.1.pack。

STM32 软件开发最基础的工作和单片机类似，是对 STM32 的设备寄存器进行操作。但 STM32 的寄存器操作要比单片机复杂得多，初学者很难下手。为了降低开发难度，MCU 生产厂商把基本的寄存器操作封装成库函数，软件开发者使用这些库函数进行软件开发就方便很多。根据封装的方法不同，STM32G431 有 HAL 和 LL 两种库函数。

HAL（Hardware Abstraction Layer：硬件抽象层）将底层硬件操作封装在库函数中，上层用户无需关心寄存器如何操作，通过调用库函数实现相应功能，操作简单，移植性强。

但 HAL 封装有些过度，灵活性较差。LL（Low Layer：低层）提供了比 HAL 更接近硬件的快速轻量化的专业库函数，功能强大，使用灵活。

MCU、HAL/LL 和用户程序的关系如图 2.1 所示。

LL 直接操作 MCU 寄存器，HAL 直接或通过 LL 操作 MCU 寄存器，接口与设备驱动（gpio.c 和 adc.c 等）通过 HAL 或 LL 间接操作 MCU 寄存器，实现了用户程序与 HAL/LL 的隔离，这样用户程序就与 HAL/LL 无关，可以很方便地进行移植。

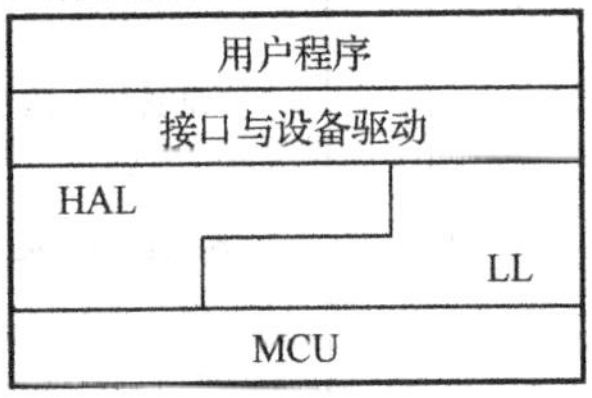

图 2.1　MCU、HAL/LL 和用户程序的关系

2.2　MCU 配置工具（STM32CubeMX）

STM32CubeMX 是 STM32 配置和生成初始化代码的图形化软件配置工具。

STM32CubeMX 支持 32 位（x86）和 64 位（x64）Windows 7/8/10，下面以 STM32CubeMX 6.9.0 为例介绍 STM32CubeMX 的安装和使用。

STM32CubeMX 安装文件如下：

- SetupSTM32CubeMX-6.9.0-Win.exe：STM32CubeMX 安装文件
- stm32cube_fw_g4_v150.zip：STM32G4 固件包（可以在 STM32CubeMX 中下载）

STM32CubeMX 的使用包括下列步骤：

- 安装嵌入式软件包
- 从 MCU 新建工程
- 引脚配置
- 时钟配置
- 工程管理
- 生成 HAL/LL 工程

（1）安装嵌入式软件包

安装嵌入式软件包的步骤如下：

① 双击桌面上的 STM32CubeMX 图标，首次使用 STM32CubeMX 时显示使用统计提示，如图 2.2 所示。

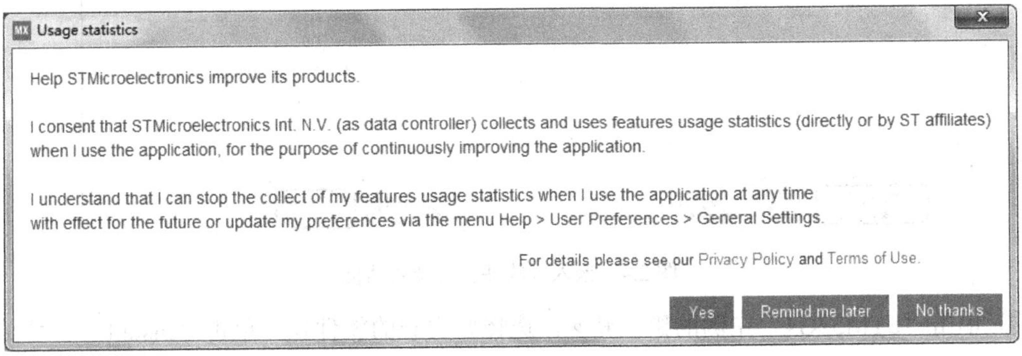

图 2.2　STM32CubeMX 使用统计提示

② 根据情况单击“Yes”“Remind me later”或“No thanks”，显示 STM32CubeMX 主界面，如图 2.3 所示。

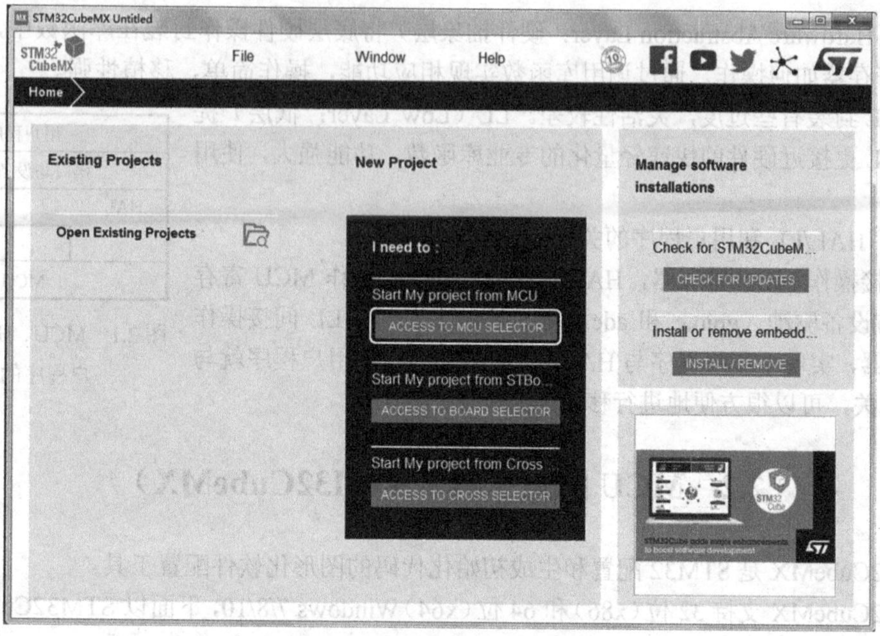

图 2.3　STM32CubeMX 主界面

③ 单击“Help”菜单下的“Manage Embeded Software Packages”菜单项，或单击主界面右侧“Manage software installations”下的“INSTALL / REMOVE”，打开嵌入式软件包管理对话框，如图 2.4 所示。

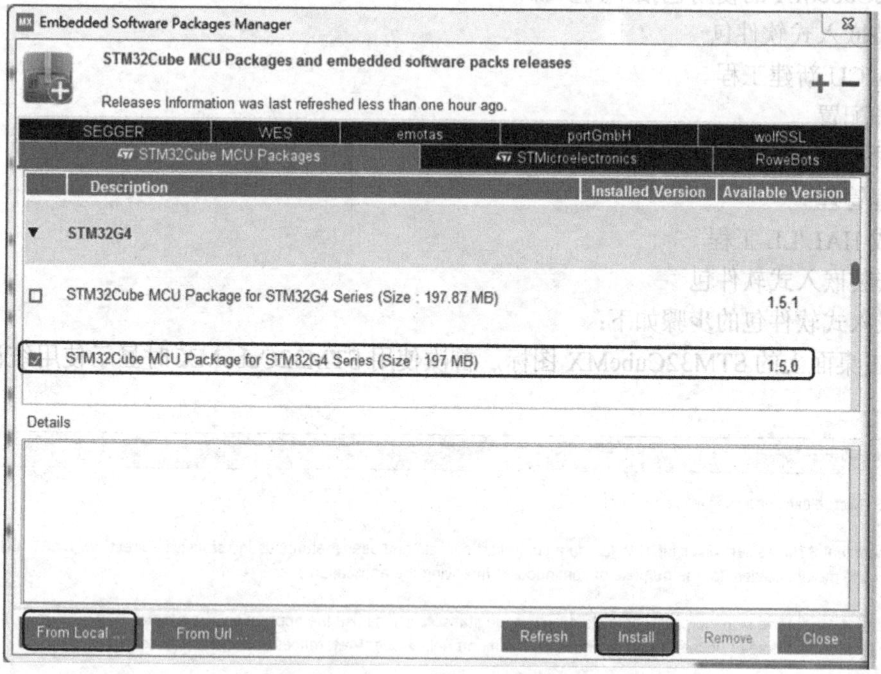

图 2.4　嵌入式软件包管理对话框

④ 单击“STM32G4”左侧的黑三角▶，选择要安装的软件包，单击“Install”在线安装软件包。

也可以单击“From Local ...”后打开选择 STM32Cube 包文件对话框，选择要安装的软件包“stm32cube_fw_g4_v150.zip”，从本地安装软件包。

选择已安装的软件包，单击“Remove”可以删除已安装的软件包。

⑤ 单击“Close”关闭嵌入式软件包管理对话框。

（2）从 MCU 新建工程

从 MCU 新建工程的步骤如下：

① 单击“File”菜单下的“New Project ...”菜单项，或单击“New Project”下的“ACCESS TO MCU SELECTOR”，打开从 MCU 新建工程对话框，如图 2.5 所示。

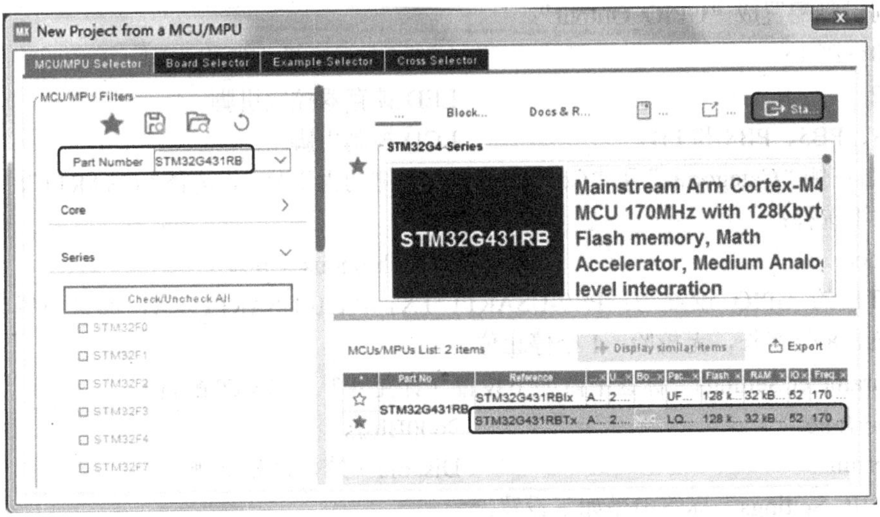

图 2.5　从 MCU 新建工程对话框

② 在“Part Number”中输入“STM32G431RBT6”，在 MCU 列表中选择“STM32G431RBTx”，单击右上角的“Start Project”关闭对话框，显示引脚配置标签，如图 2.6 所示。

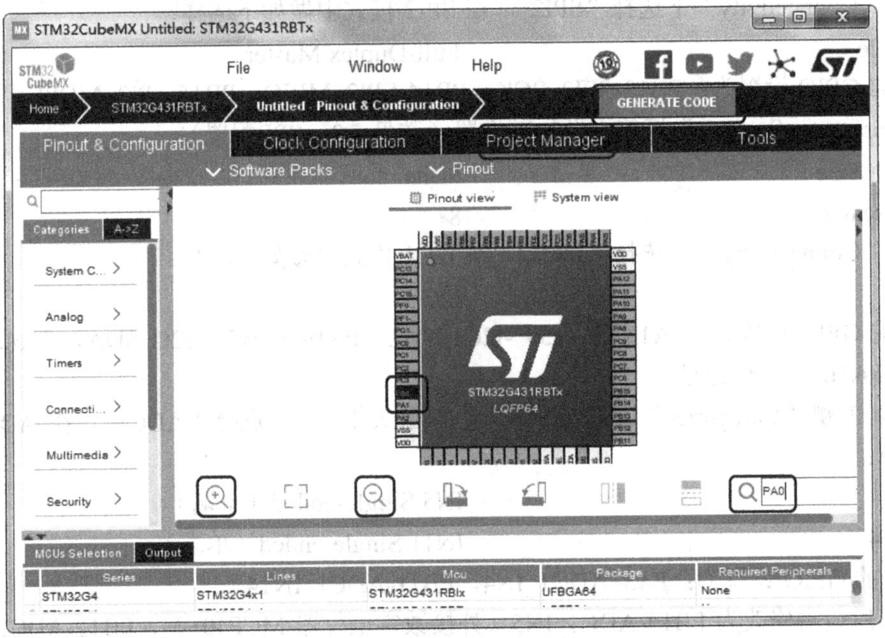

图 2.6　引脚配置标签

在引脚视图中单击放大或缩小按钮可以放大或缩小引脚视图，在右下角搜索框中输入引脚名（例如“PA0”）可以快速定位引脚。

（3）引脚配置

根据 CT117E-M4 设备连接关系（参见附录 C）进行如下引脚配置：

① 在引脚视图中分别单击“PA0”“PB0”“PB1”和“PB2”引脚，在弹出的菜单中选择“GPIO_Input”，将 4 个引脚配置成按键输入引脚（详见 3.2 GPIO 配置）。

在引脚视图中单击“PB10”，在弹出的菜单中选择“GPIO_EXTI10”，将“PB10”引脚配置成外部中断引脚（后边有修改）。

将下列引脚配置成“GPIO_Output”：

- PC0～PC15　　LED 和 LCD 数据输出引脚
- PD2　　LED 锁存器控制引脚
- PA8、PB5、PB8 和 PB9　　LCD 控制引脚

② 单击左侧“Categories”下“Connectivity”右侧的大于号›，选择“USART1”，在 USART1 模式中做如下选择：

- Mode　　Asynchronous（异步）

USART1 的 GPIO 设置为：PA9-USART1_TX，PA10-USART1_RX，参数设置为：波特率 115200Bits/s，8 位字长，无校验，1 个停止位。

在“Parameter Settings”标签中做如下设置（详见 4.2 USART 配置）：

- Baud Rate　　9600Bits/s
- Overrun　　Disable（禁止过载检测）

在“NVIC Settings”标签中做如下设置：

- USART1 global interrupt　　Enabled

在“DMA Settings”标签中单击“ADD”按钮，选择“USART1_RX”，在“DMA Request Settings”下选择“Mode”为“Circular”（详见 10.2 USART DMA 使用）。

③ 在“Connectivity”下选择“SPI2”，在 SPI2 模式中做如下选择：

- Mode　　Full-Duplex Master

SPI2 的 GPIO 设置为：PB13-SPI2_SCK，PB14-SPI2_MISO，PB15-SPI2_MOSI。

在“Parameter Settings”标签中做如下设置（详见 5.2 SPI 配置）：

- Data Size　　8Bits
- Prescaler　　8

④ 在“Connectivity”下选择“I2C1”，在 I2C1 模式中做如下选择：

- I2C　　I2C

I2C1 的 GPIO 设置为：PA13（PA15）-I2C1_SCL，PA14（PB7）-I2C_SDA，参数设置为：标准模式（100kHz），7 位地址。

⑤ 单击左侧“Categories”下“Analog”右侧的大于号›，选择“ADC1”，在 ADC1 模式中做如下选择：

- IN4　　IN5 Single-ended（单端）
- IN14　　IN11 Single-ended（单端）

ADC1 的 GPIO 设置为：PA3- ADC1_IN4，PB11-ADC1_IN14。

注意：后边将修改为 PB14-ADC1_IN5（外接数字电位器 MCP4017），PB12-ADC1_IN11（外接电位器 R38）。

在“Parameter Settings”标签中做如下设置（详见 7.2 ADC 配置）：

- Low Power Auto Wait　　Enable（仅用于 ADC HAL 多通道输入）
- Number Of Conversion　　2（Scan Conversion Mode 变为 Enabled）

- Rank 1 的 Channel　　Channel 14
- Rank 2 的 Sampling Time　　92.5 Cycles（值过小转换结果将受 Rank 1 影响）

⑥ 在“Analog”下选择“ADC2”，在 ADC2 模式中做如下选择：

- IN13　　IN13 Single-ended（单端）

ADC2 的 GPIO 设置为：PA5-ADC2_IN13。

注意：后边将修改为 PB15-ADC2_IN15（外接电位器 R37）。

⑦ 单击左侧“Categories”下“Timers”右侧的大于号>，选择“TIM1”，在 TIM1 模式中做如下选择：

- Channel1　　PWM Generation CH1N

TIM1 的 GPIO 设置为：PA7-TIM1_CH1N（输出频率为 2kHz、占空比为 10%的矩形波）。

在 Parameter Settings 标签中做如下设置（详见 8.2　TIM 配置）：

- Prescaler (PSC - 16 bits value)　　169（170/(169+1)=1MHz）
- Counter Period (AutoReload Register - 16 bits value)　　499（频率为 1MHz/500=2kHz）
- Automatic Output State　　Enable（允许输出）
- PWM Generation Channel 1N 的 Pulse (16 bits value)　　50（占空比为 50/500×100%=10%）

⑧ 在“Timers”下选择“TIM2”，在 TIM2 模式中做如下选择：

- Slave Mode　　Reset Mode（复位模式）
- Trigger Source　　TI2FP2（GPIO 设置为 PA1-TIM2_CH2）
- Channel2　　Input Capture direct mode（直接输入捕捉模式）
- Channel1　　Input Capture indirect mode（间接输入捕捉模式）

在 Parameter Settings 标签中做如下设置（详见 8.2　TIM 配置）：

- Prescaler (PSC - 16 bits value)　　169（170/(169+1)=1(MHz)）
- Counter Period (AutoReload Register - 32 bits value)　　4294967295（最大值）
- Input Capture Channel 1 的 Polarity Selection　　Falling Edge（下降沿，测量脉冲宽度）
- Input Capture Channel 2 的 Polarity Selection　　Rising Edge（上升沿，测量周期）

⑨ 在“Timers”下选择“TIM3”，在 TIM3 模式中做如下选择：

- Channel1　　PWM Generation CH1

TIM3 的 GPIO 设置为：PA6-TIM3_CH1，输出频率为 1kHz、占空比为 10%的矩形波。

在 Parameter Settings 标签中做如下设置（详见 8.2　TIM 配置）：

- Prescaler (PSC - 16 bits value)　　169（170/(169+1)=1(MHz)）
- Counter Period (AutoReload Register - 16 bits value)　　999（频率为 1MHz/1000=1kHz）
- PWM Generation Channel 2 的 Pulse (32 bits value)　　100（占空比为 100/1000×100%=10%）

⑩ 单击左侧“Categories”下“System Core”右侧的大于号>，选择“NVIC”，在 NVIC 配置中做如下选择：

- Time base: System tick timer　　Enabled，Preemption Priority：**0**
- EXTI line[15:10] interrupt　　Enabled，Preemption Priority：**1**
- USART1 global interrupt　　Enabled，Preemption Priority：**2**
- DMA1 channel1 global interrupt　　Enabled，Preemption Priority：**2**

在“System Core”下选择“RCC”，在 RCC 模式中做如下选择：

- High Speed Clock (HSE)　　Crystal/Ceramic Resonator（晶振/陶瓷滤波器）

GPIO 设置为：PF0-OSC_IN，PF1-OSC_OUT，外接 24MHz 晶振。

在“System Core”下选择“SYS”，在 SYS 模式中做如下选择：

● Debug　　　　　　　　　　Serial Wire（串行线）

GPIO 设置为：PA13-SYS_JTMS-SWDIO，PA14-SYS_JTCK-SWCLK，外接 CMSIS-DAP 调试器。Timebase Source 默认选择“SysTick”，用于 HAL 库超时定时。

完成后的引脚配置如图 2.7 所示。

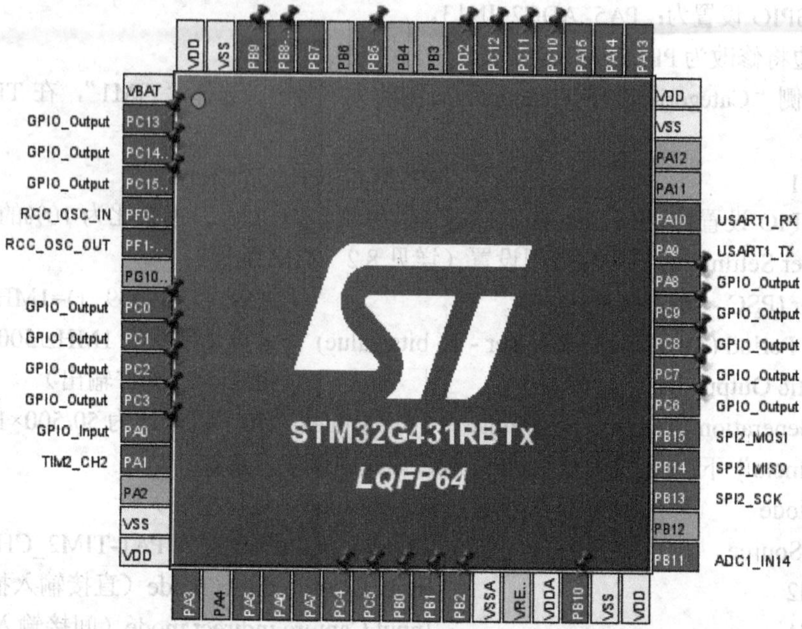

图 2.7　完成后的引脚配置

（4）时钟配置

时钟配置的步骤如下：

单击“Clock Configuration”标签，在 HSE 左侧输入晶振频率“24”MHz，选中“PLL Source Mux”输入“HSE”，将“PLLM”“*N”和“/R”的值分别设为“/ 6”“X 85”和“/ 2”，将 HCLK 设为“170”MHz，如图 2.8 所示。

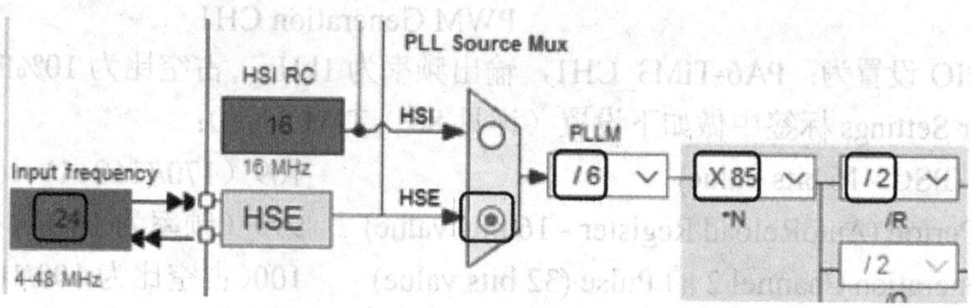

图 2.8　时钟配置

（5）工程管理

工程管理的步骤如下：

① 单击“Project Manager”标签，在“Project Name”下输入工程名“HAL”，在“Project Location”下输入“D:\CT117E-M4”，Toolchain / IDE 选择“MDK-ARM”，Min Version 选择“V5”，确认固件包名称和版本为“STM32Cube FW_G4 V1.5.0”。

② 单击左侧“Code Generator”，在“STM32Cube MCU packkages and embedded sofeware packs”中选择“Copy only the necessary library files”（只复制必要的库文件）。

③ 在“Generated Files”中选中“Generate peripheral initialization as a pair of ‘.c/.h’files per peripheral”（每个设备分别生成一对初始化‘.c/.h’文件），确认选择“Keep User Code when re-generating”（重生成时保留用户代码）。

④ 单击“Advanced Settings”，驱动程序默认使用“HAL”。

（6）生成 HAL/LL 工程

① 单击右上角的“GENERAE CODE”生成 HAL 工程和初始化代码，生成完成后显示代码生成对话框，如图 2.9 所示。

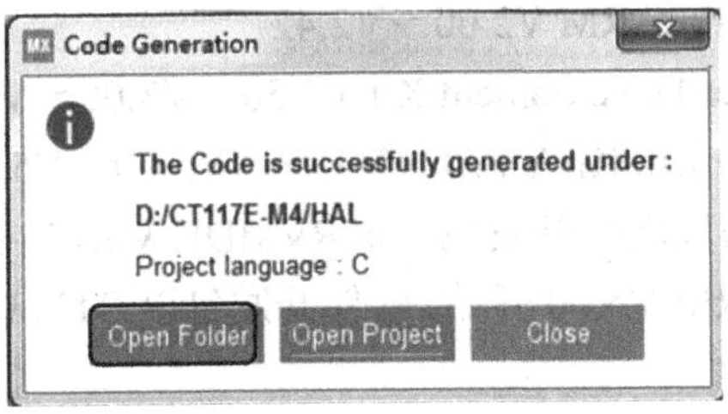

图 2.9　STM32CubeMX 代码生成对话框

② 单击“Open Folder”打开工程文件夹 HAL，其中包含下列文件和文件夹：

- HAL.ioc：STM32CubeMX 工程文件
- MDK-ARM：Keil 工程文件夹，包含 Keil 工程文件和启动代码汇编语言文件
- Drivers：驱动软件库，包括 CMSIS 和 STM32G4xx_HAL_Driver 两个文件夹
- **Core：内核文件夹，包括 Inc 和 Src 两个文件夹，Inc 包括 9 个用户头文件和 1 个系统配置头文件（stm32g4xx_hal_conf.h），Src 包括 10 个用户源文件和 1 个系统初始化源文件（system_ stm32g4xx.c）**

注意：为了让多个工程共用驱动软件库和用户文件，可以将“Src”文件夹中的“main.c”和“stm32g4xx_it.c”2 个文件剪切粘贴到“MDK-ARM”文件夹中，Keil 工程中也要做相应的修改（参见 2.3（1）②）！

③ 在“Advanced Settings”中将驱动程序全部修改为“LL”。

④ 单击“File”菜单下的“Save Project As ..”菜单项，将工程另存到“D:\CT117E-M4\LL”文件夹中。

⑤ 单击右上角的“GENERAE CODE”生成 LL 工程和初始化代码，生成完成后打开工程文件夹 LL，其中包含下列文件和文件夹：

- LL.ioc：STM32CubeMX 工程文件
- MDK-ARM：Keil 工程文件夹，包含 Keil 工程文件和启动代码汇编语言文件
- Drivers：驱动软件库，包括 CMSIS 和 STM32G4xx_HAL_Driver 两个文件夹
- **Core：内核文件夹，包括 Inc 和 Src 两个文件夹，Inc 包括 9 个用户头文件和 1 个系统头文件（stm32_assert.h），Src 包括 9 个用户源文件和 1 个系统初始化源文件（system_ stm32g4xx.c）**

注意：为了让多个工程共用驱动软件库和用户文件，可以将“Src”文件夹中的“main.c”和“stm32g4xx_it.c”2 个文件剪切粘贴到“MDK-ARM”文件夹中，Keil 工程中也要做相应的修改（参见 2.3（1）②）！

2.3　集成开发环境（IDE）

STM32 的集成开发环境有 MDK-ARM、EWARM 和 STM32CubeIDE 等，本书以 MDK- ARM

为例介绍集成开发环境的安装和使用。

MDK-ARM 是 ARM 收购 Keil 后推出的 ARM MCU 开发工具，是 Keil 集成开发环境μVision 和 ARM 高效编译工具 RVCT（RealView Complie Tools）的完美结合。

MDK-ARM 经历了下列几个阶段：

- DK-ARM V1.0～V1.4
- Keil Development Tools for ARM V1.5
- Keil Development Suite for ARM V2.00～V2.42
- RealView Microcontroller Development Kit V2.50，V3.00～V3.80，V4.00～V4.20
- Microcontroller Development Kit V4.21～V4.73，V5.00～V5.38

早期版本的 MDK-ARM 内嵌软件开发包，如 RVMDK V4.12 内嵌 FWLib V2.0.1，MDK V4.73 内嵌 SPLib V3.5.0。从 MDK-ARM V5.00 开始，软件开发包以 STM32Cube 固件包的形式单独发布，如 stm32cube_fw_g4_v150.zip。

本书以 MDK-ARM V5.38 为例介绍 MDK-ARM 的安装和使用。

MDK-ARM 安装文件如下：

- MDK538.exe：MDK-ARM 安装文件
- Keil.STM32G4xx_DFP.1.2.1.pack：器件支持包

MDK-ARM 的使用包括：

- 生成目标程序文件
- 配置 CMSIS-DAP 下载调试器
- 下载目标程序
- 调试目标程序
- 修改工程文件

（1）生成目标程序文件

生成目标程序文件的步骤如下：

① 双击桌面上的 MDK-ARM 图标“Keil uVision5”，打开 Keil uVision5。

② 单击“Project”菜单下的“Open Project...”菜单项，打开选择工程文件对话框，选择“D:\CT117E-M4\HAL\MDK-ARM”文件夹中的工程文件“HAL.uvprojx”，打开 HAL 工程。

HAL 工程中包含下列 4 个文件夹：

- Application/MDK-ARM：包含 1 个汇编语言源文件
- **Application/User/Core：包含 10 个用户源文件**
- Drivers/STM32G4xx_HAL_Driver：包含 HAL 驱动程序源文件
- Drivers/CMSIS：包含 1 个系统初始化源文件（system_stm32g4xx.c）

注意：右击“main.c”，从弹出的菜单中选择“Options for File ‘main.c’...”，在对话框中将“Path”由“../Core/Src/main.c”修改为“main.c”！用同样的方法删除“stm32g4xx_it.c”路径（Path）前的路径“../Core/Src/”！

③ 单击生成工具栏中的“Options for Target...”按钮，打开目标选项对话框，在“Target”标签的“Code Generation”下选择“ARM Compiler”为“V5.06 update 7 (build 960)”。

④ 选择“C/C++”标签，在“Language / Code Generation”下选择“Optimization”为“Level 0 (-O0)”（不优化，方便调试）。

单击“Include Paths”右侧的按钮，打开文件夹设置对话框，确认编译包含路径，如图 2.10 所示。

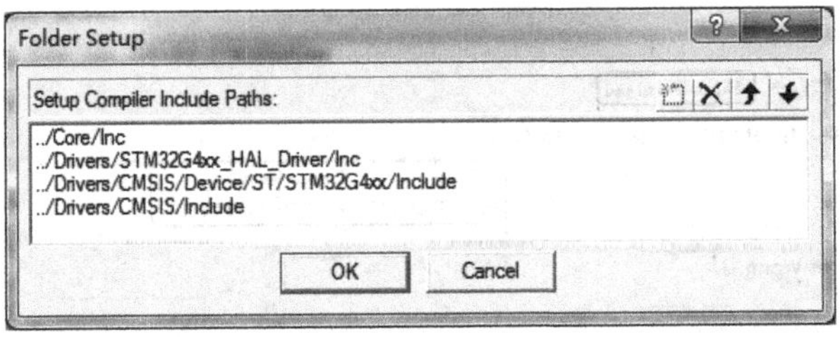

图 2.10　编译包含路径

注意： 这些路径对编译非常重要，如果编译包含路径不正确，编译时将会有很多错误！

⑤ 单击生成工具栏中的“Build”按钮，编译 C 语言源文件并连接生成目标程序文件“HAL.axf”，如图 2.11 所示。

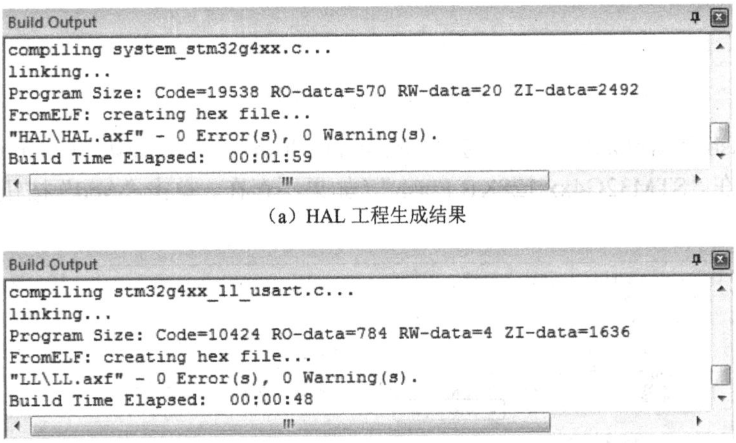

（a）HAL 工程生成结果

（b）LL 工程生成结果

图 2.11　HAL 和 LL 工程生成结果

注意： 如果生成过程中有错误则不能生成目标程序文件。

对比 HAL 和 LL 工程的生成结果可以看出：LL 的工程代码几乎是 HAL 工程代码的一半，零数据（ZI-data）大小也小 1/3，生成时间少很多。

（2）配置 CMSIS-DAP 下载调试器

配置 CMSIS-DAP 下载调试器的步骤如下：

① 将嵌入式竞赛实训平台通过下载 USB 插座 CN2 与 PC 相连，设备管理器中出现 USB 设备“USB Composite Device”和 COM 端口“CMSIS-DAP CDC (COM25)”（不同的 PC 设备号 COM25 可能不同），如图 2.12 所示。

（a）USB 设备　　（b）COM 端口

图 2.12　CMSIS-DAP 下载 USB 设备和 COM 端口

注意： 记住 COM 端口号，后面的串行通信要用到。

② 单击生成工具栏中的“Options for Target...”按钮，打开目标选项对话框，选择“Debug”标签，选择“Use”为“CMSIS-DAP Debugger”，并选中“Run to main()”。

③ 单击右侧的“Settings”按钮，打开设置对话框，确认“Debug”（调试）标签中“SW Device”下的“IDCODE”（识别码）为 0x2BA01477，“Device Name”（器件名称）为 ARM CoreSight SW-DP，如图 2.13 所示。

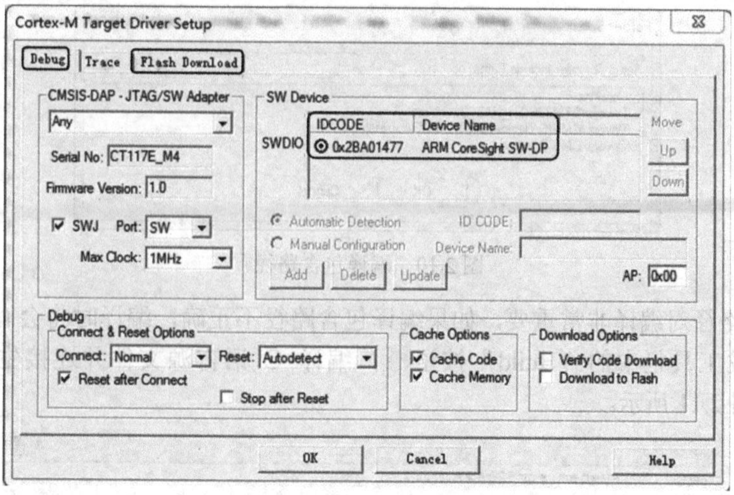

图 2.13　设置对话框

④ 单击“Flash Download”标签，选中“Reset and Run”选项，确认“Programming Algorithm”（编程算法）中存在“STM32G4xx 128KB Flash”（如果不存在，单击“Add”按钮添加），如图 2.14 所示。

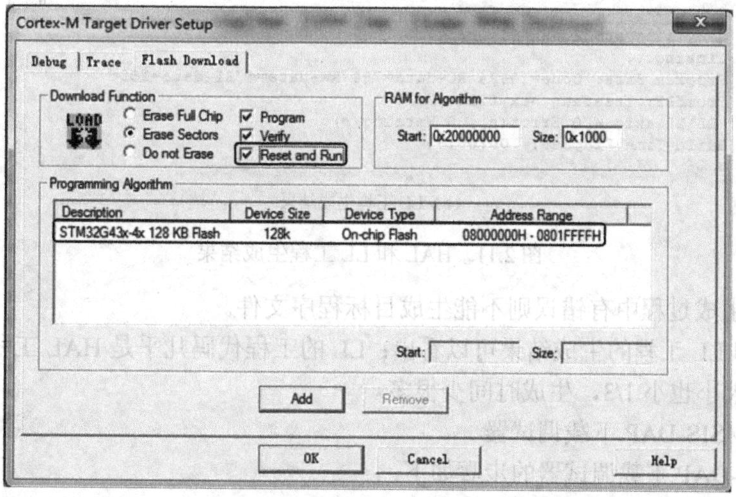

图 2.14　Flash 下载设置

（3）下载目标程序

下载目标程序的步骤如下：

单击生成工具栏中的“Download”按钮，将目标程序下载到竞赛实训平台，竞赛实训平台的 8 个 LED 点亮。

（4）调试目标程序

程序中的语法错误生成时可以发现，但功能错误只能通过调试发现。通过调试不仅可以发现功能错误，还可以验证程序中语句和函数的功能。

调试目标程序的步骤如下：

单击“Debug”菜单下的“Start/Stop Debug Session”，或单击文件工具栏中的“Start/Stop Debug Session”按钮，将目标程序下载到竞赛实训平台并进入调试界面，程序停在 SystemClock_Config 函数处。关闭“Disassembly”（反汇编）窗口。

调试工具栏如图 2.15 所示，包括调试工具和窗口工具，具体使用方法在后续章节介绍。

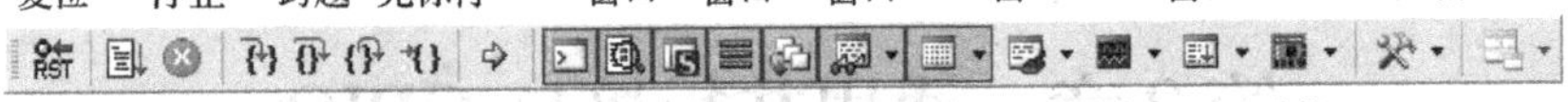

图 2.15 调试工具栏

调试方法有：单步、单步跨越、单步退出、运行到光标行和断点等，具体内容参见 3.5 节。

再次单击“Debug”菜单下的“Start/Stop Debug Session”，或单击文件工具栏中的“Start/Stop Debug Session”按钮，退出调试界面。

（5）修改工程文件

为了将 main.c 与 HAL/LL 隔离，可以对工程做如下修改：

① 单击新建按钮新建文件“Text1”，单击保存按钮将新建文件另存到“HAL\Core\Src”或“LL\Core\Src”文件夹中，文件名为“sys.c”。

② 右击“Project”中的“Application/User/Core”，在弹出的菜单中选择“Add Existing File to Group ‘Application/User/Core’...”，选择“Core\Src”文件夹中的“sys.c”文件，单击“Add”按钮将“sys.c”添加到工程中。

③ 在 sys.c 中添加下列代码：

```
#include "main.h"
```

④ 将 main.c 中的 SystemClock_Config()函数代码剪切粘贴到 sys.c 文件中。

⑤ 将 main()中的下列代码：

```
/* HAL 工程 */
  HAL_Init();
/* LL 工程 */
  LL_APB2_GRP1_EnableClock(LL_APB2_GRP1_PERIPH_SYSCFG);
  LL_APB1_GRP1_EnableClock(LL_APB1_GRP1_PERIPH_PWR);

  NVIC_SetPriorityGrouping(NVIC_PRIORITYGROUP_4);

  LL_PWR_DisableUCPDDeadBattery();
```

剪切粘贴到 sys.c 文件中 SystemClock_Config()函数的前部。

⑥ 在 SystemClock_Config()函数的后部添加下列代码（仅对 LL 工程）：

```
  LL_SYSTICK_EnableIT();              /* 允许 SysTick 中断 */
```

注意：如果生成目标程序时生成输出中出现下列信息：

FCARM - Output Name not specified, please check 'Options for Target - Utilities'

则是“sys.c”文件类型错误，解决方法是：右击“Application/User/Core”中的“sys.c”，在弹出的菜单中选择“Option for File ‘sys.c’...”，在选项对话框中将“sys.c”的文件类型修改为“C Source file”。

第3章　通用并行接口 GPIO

通用并行接口 GPIO 包括多个 16 位 I/O 端口（GPIOA～GPIOG），每个端口可以独立设置 4 种输入方式（浮空、上拉、下拉和模拟）和 4 种输出方式（通用推挽、通用开漏、复用推挽和复用开漏），并可独立地置位或复位。

3.1　GPIO 简介

GPIO 的基本结构如图 3.1 所示。

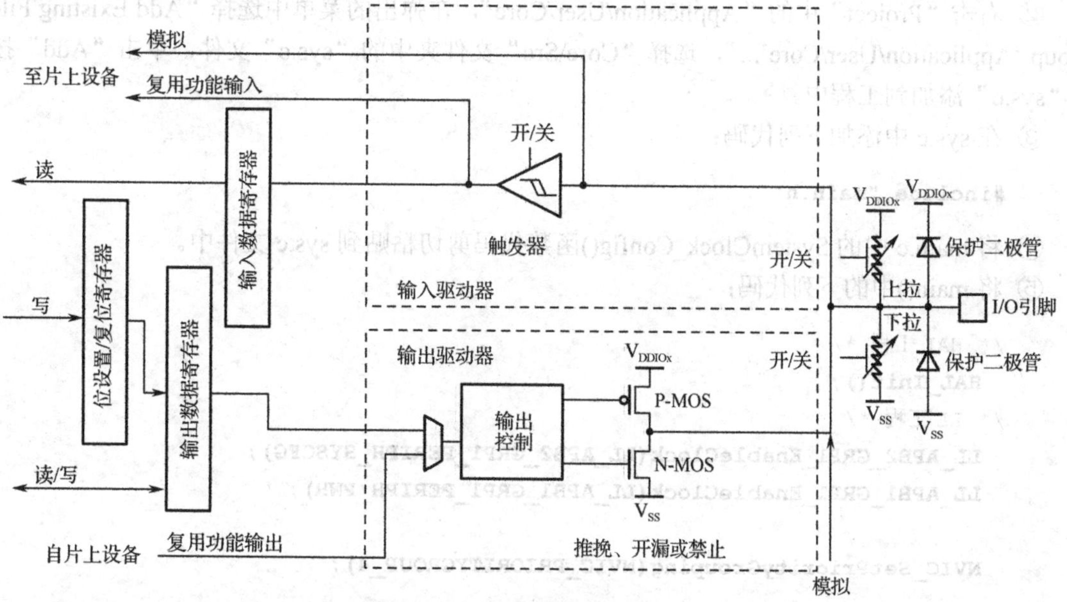

图 3.1　GPIO 的基本结构

GPIO 由寄存器、输入驱动器和输出驱动器等部分组成。

GPIO 寄存器包括 4 个 32 位配置寄存器（MODER、OTYPER、OSPEEDR 和 PUPDR）、2 个 32 位数据寄存器（IDR 和 ODR）和 2 个 32 位置位/复位寄存器（BSRR 和 BRR），还有 1 个 32 位锁定寄存器（LCKR）和 2 个 32 位复用功能选择寄存器（AFRL 和 AFRH），如表 3.1 所示。

表 3.1　GPIO 寄存器

偏移地址	名　称	类　型	复位值	说　明
0x00	**MODER**	读/写	**0xFFFF FFFF**	**模式寄存器：00—输入，01—通用输出，10—复用，11—模拟（复位状态）**
0x04	OTYPER	读/写	0x0000 0000	输出类型寄存器：0—推挽（复位状态），1—开漏
0x08	OSPEEDR	读/写	0x0000 0000	输出速度寄存器：00—低速（复位状态），01—中速，10—高速，11—超高速
0x0C	PUPDR	读/写	0x0000 0000	上拉/下拉寄存器：00—无上拉/下拉（复位状态），01—上拉，10—下拉，11—保留

续表

偏移地址	名称	类型	复位值	说明
0x10	**IDR**	**读**	**0x0000 XXXX**	**输入数据寄存器（16位）**
0x14	**ODR**	**读/写**	**0x0000 0000**	**输出数据寄存器（16位）**
0x18	**BSRR**	**写**	**0x0000 0000**	**置位/复位寄存器：低16位置位，高16位复位。0—不影响，1—ODR对应位置位/复位**
0x1C	LCKR	读/写	0x0000 0000	配置锁定寄存器
0x20	AFRL	读/写	0x0000 0000	复用功能选择寄存器低位：0000～1111：AF0～AF15
0x24	AFRH	读/写	0x0000 0000	复用功能选择寄存器高位：0000～1111：AF0～AF15
0x28	**BRR**	**写**	**0x0000 0000**	**复位寄存器：低16位复位。0—不影响，1—ODR对应位复位**

输入驱动器包括上拉/下拉电阻和施密特触发器，实现 4 种输入配置：浮空输入时上拉/下拉电阻断开；上拉/下拉输入时根据 PUPDR 的设置连接上拉/下拉电阻，这 2 种输入配置下施密特触发器打开，输入数据经施密特触发器输入到输入数据寄存器或片上设备（复用输入）；模拟输入时上拉/下拉电阻断开，施密特触发器关闭，模拟输入到片上设备（如 ADC 等）。

输出驱动器包括输出控制和输出 MOS 管等，实现 4 种输出配置：通用输出的数据来自输出数据寄存器，复用输出的数据来自片上设备；推挽输出 0 时 N-MOS 管导通，输出 1 时 P-MOS 管导通；开漏输出时 P-MOS 管关闭，输出 0 时 N-MOS 管导通，输出 1 时 N-MOS 管也关闭，端口处于高阻状态，通过内部或外接上拉电阻输出高电平。

输入数据通过 IDR 实现。输出数据可以通过 ODR 实现，也可以通过 BSRR 或 BRR 实现位操作，即只对 1 对应的位设置或清除，而不影响 0 对应的位，相当于对 ODR 进行按位“或”操作（设置）或按位“与”操作（清除）。

3.2 GPIO 配置

GPIO 的配置步骤如下：

① 单击 STM32CubeMX 引脚图中的引脚“PB0”，弹出引脚功能选择菜单，如图 3.2 所示。

其中包含 PB0 引脚的通用功能和复用功能。这里只介绍通用功能的配置，复用功能的配置在相应章节介绍。

② 选择“GPIO_Input”，“PB0”出现在“GPIO Mode and Configuration”列表中（单击“Categories”下“System Core”中的“GPIO”可以显示“GPIO Mode and Configuration”列表），其中显示“PB0”的默认配置如下：

- GPIO mode：Input Mode（输入模式）。
- GPIO Pull-up/Pull-down：No pull-up and no pull-down（不上拉下拉）。

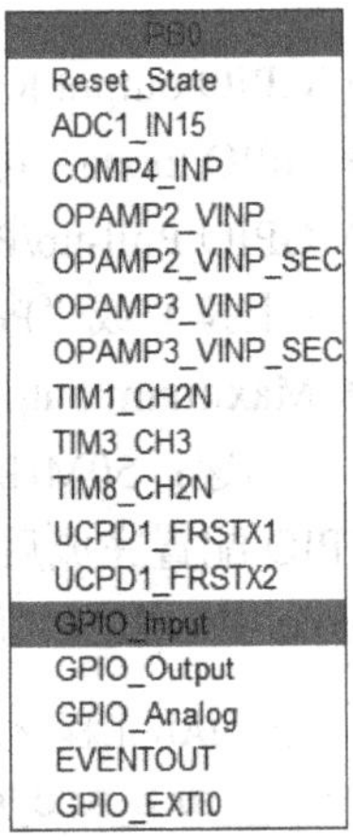

图 3.2 GPIO 引脚功能选择

③ 在列表中选择“PB0”，在列表的下方显示“PB0”配置选项，如图 3.3 所示。

其中 GPIO Pull-up/Pull-down 可以根据需要选择“No pull-up and no pull-down”（不上拉下拉）、“Pull-up”（上拉）或“Pull-down”（下拉）。

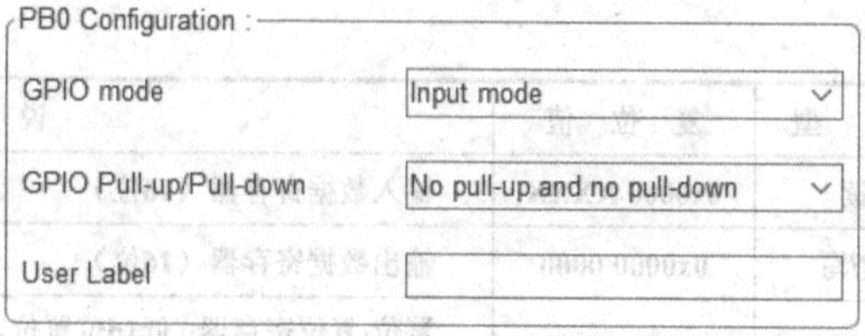

图 3.3 GPIO 输入功能配置

在弹出的菜单中选择“Reset_State”（复位状态）可以取消引脚配置。

④ 用相同的方法把“PB1”引脚配置成“GPIO_Input”。

⑤ 将下列引脚配置成“GPIO_Output”：

- PC0～PC15　　LED 和 LCD 数据输出引脚
- PD2　　LED 锁存器控制引脚
- PA8、PB5、PB8 和 PB9　　LCD 控制引脚

“GPIO_Output”的默认配置如下：

- GPIO output level　　Low（低电平）
- GPIO mode　　Output Push Pull（推挽输出）
- GPIO Pull-up/Pull-down　　No pull-up and no pull-down（不上拉下拉）
- Maximum output speed　　Low（低速：5MHz）

⑥ 在列表中选择“PC0”，在列表的下方显示“PC0”配置选项，如图 3.4 所示。

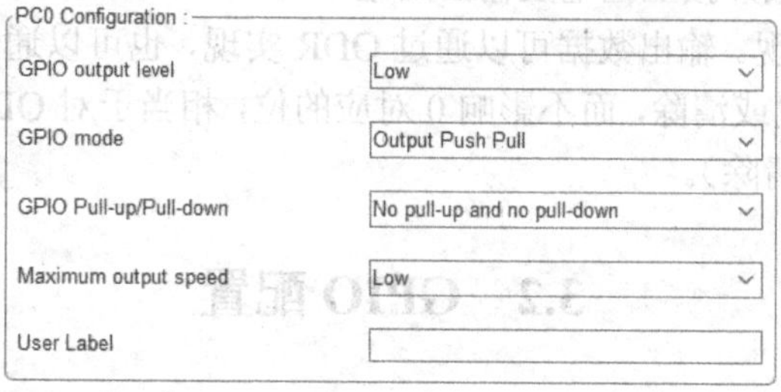

图 3.4 GPIO 输出功能配置

- GPIO output level：可以选择“Low”（低电平）或“High”（高电平）。
- GPIO mode：可以选择“Output Push Pull”（推挽输出）或“Output Open Drain”（开漏输出）。
- GPIO Pull-up/Pull-down：可以选择“No pull-up and no pull-down”（不上拉下拉）、“Pull-up”（上拉）或“Pull-down”（下拉）。
- Maximum output speed：可以选择“Low”（低速：5MHz）“Medium”（中速：25MHz）“High”（高速：50MHz）或“Very High”（超高速：120MHz）。

GPIO 配置完成后生成的相应 HAL 和 LL 初始化程序分别在 HAL\Core\Src\gpio.c 和 LL\Core\Src\gpio.c 中，主要代码如下（以 PB0 为例）：

```
/* HAL工程 */
  __HAL_RCC_GPIOB_CLK_ENABLE();

  GPIO_InitStruct.Pin = GPIO_PIN_0;
  GPIO_InitStruct.Mode = GPIO_MODE_INPUT;
  GPIO_InitStruct.Pull = GPIO_NOPULL;
  HAL_GPIO_Init(GPIOB, &GPIO_InitStruct);
/* LL工程 */
```

```
LL_AHB2_GRP1_EnableClock(LL_AHB2_GRP1_PERIPH_GPIOB);

GPIO_InitStruct.Pin = LL_GPIO_PIN_0;
GPIO_InitStruct.Mode = LL_GPIO_MODE_INPUT;
GPIO_InitStruct.Pull = LL_GPIO_PULL_NO;
LL_GPIO_Init(GPIOB, &GPIO_InitStruct);
```

3.3 GPIO 库函数

GPIO 库函数包括 HAL 库函数和 LL 库函数。

3.3.1 GPIO HAL 库函数

基本的 GPIO HAL 库函数在 stm32g4xx_hal_gpio.h 中声明如下：

```
void HAL_GPIO_Init(GPIO_TypeDef  *GPIOx, GPIO_InitTypeDef *GPIO_Init)
GPIO_PinState HAL_GPIO_ReadPin(GPIO_TypeDef *GPIOx, uint16_t GPIO_Pin)
void HAL_GPIO_WritePin(GPIO_TypeDef *GPIOx, uint16_t GPIO_Pin,
  GPIO_PinState PinState)
void HAL_GPIO_TogglePin(GPIO_TypeDef *GPIOx, uint16_t GPIO_Pin)
```

注意：HAL 没有读写 IDR 和 ODR 的函数，可以使用宏定义或直接读写寄存器。

（1）初始化 GPIO

```
void HAL_GPIO_Init(GPIO_TypeDef *GPIOx, GPIO_InitTypeDef *GPIO_Init)
```

参数说明：

★ GPIOx：GPIO 名称，取值是 GPIOA～GPIOG。

★ GPIO_Init：GPIO 初始化参数结构体指针，初始化参数结构体在 stm32g4xx_hal_gpio.h 中定义如下：

```
typedef struct
{ uint32_t Pin;                    /* 引脚 */
  uint32_t Mode;                   /* 模式 */
  uint32_t Pull;                   /* 上拉/下拉 */
  uint32_t Speed;                  /* 速度 */
  uint32_t Alternate;              /* 复用功能 */
} GPIO_InitTypeDef;
```

其中 Pin 和 Mode 的取值分别在 stm32g4xx_hal_gpio.h 中定义如下：

```
#define GPIO_PIN_0                 ((uint16_t)0x0001)  /* 引脚 0 */
......................................................................
#define GPIO_PIN_15                ((uint16_t)0x8000)  /* 引脚 15 */
#define GPIO_PIN_All               ((uint16_t)0xFFFF)  /* 所有引脚 */

#define GPIO_MODE_INPUT            (0x00000000U)       /* 浮空输入 */
#define GPIO_MODE_OUTPUT_PP        (0x00000001U)       /* 通用推挽输出 */
#define GPIO_MODE_OUTPUT_OD        (0x00000011U)       /* 通用开漏输出 */
```

```
#define GPIO_MODE_AF_PP          (0x00000002U)      /* 复用推挽输出 */
#define GPIO_MODE_AF_OD          (0x00000012U)      /* 复用开漏输出 */
#define GPIO_MODE_ANALOG         (0x00000003U)      /* 模拟输入 */
```

（2）GPIO 读引脚

```
GPIO_PinState HAL_GPIO_ReadPin(GPIO_TypeDef *GPIOx, uint16_t GPIO_Pin)
```

参数说明：

★ GPIOx：GPIO 名称，取值是 GPIOA～GPIOG。

★ GPIO_Pin：GPIO 引脚，取值是 GPIO_PIN_0～GPIO_PIN_15。

返回值：GPIO 引脚状态，GPIO 引脚状态在 stm32g4xx_hal_gpio.h 中定义如下：

```
typedef enum
{ GPIO_PIN_RESET = 0U,
  GPIO_PIN_SET
} GPIO_PinState;
```

注意：对于多个引脚，所有引脚都为低电平时返回 GPIO_PIN_RESET（0）。

（3）GPIO 写引脚

```
void HAL_GPIO_WritePin(GPIO_TypeDef *GPIOx, uint16_t GPIO_Pin,
  GPIO_PinState PinState)
```

参数说明：

★ GPIOx：GPIO 名称，取值是 GPIOA～GPIOG。

★ GPIO_Pin：GPIO 引脚，取值是 GPIO_PIN_0～GPIO_PIN_15。

★ PinState：GPIO 引脚状态，取值是 GPIO_PIN_RESET 或 GPIO_PIN_SET。

注意：对于多个引脚，所有引脚的状态相同。

（4）GPIO 切换引脚

```
void HAL_GPIO_TogglePin(GPIO_TypeDef *GPIOx, uint16_t GPIO_Pin)
```

参数说明：

★ GPIOx：GPIO 名称，取值是 GPIOA～GPIOG。

★ GPIO_Pin：GPIO 引脚，取值是 GPIO_PIN_0～GPIO_PIN_15。

3.3.2 GPIO LL 库函数

基本的 GPIO LL 库函数在 stm32g4xx_ll_gpio.h 中声明如下：

```
ErrorStatus LL_GPIO_Init(GPIO_TypeDef *GPIOx,
  LL_GPIO_InitTypeDef *GPIO_InitStruct)
uint32_t LL_GPIO_ReadInputPort(GPIO_TypeDef *GPIOx)
uint32_t LL_GPIO_IsInputPinSet(GPIO_TypeDef *GPIOx, uint32_t PinMask)
void LL_GPIO_WriteOutputPort(GPIO_TypeDef *GPIOx, uint32_t PortValue)
void LL_GPIO_SetOutputPin(GPIO_TypeDef *GPIOx, uint32_t PinMask)
void LL_GPIO_ResetOutputPin(GPIO_TypeDef *GPIOx, uint32_t PinMask)
void LL_GPIO_TogglePin(GPIO_TypeDef *GPIOx, uint16_t PinMask)
```

（1）GPIO 初始化

```
ErrorStatus LL_GPIO_Init(GPIO_TypeDef *GPIOx,
  LL_GPIO_InitTypeDef *GPIO_InitStruct)
```

参数说明：

★ GPIOx：GPIO 名称，取值是 GPIOA～GPIOG。

★ GPIO_InitStruct：GPIO 初始化参数结构体指针，初始化参数结构体在 stm32g4xx_ ll_gpio.h 中定义如下：

```
typedef struct
{ uint32_t Pin;                    /* GPIO 引脚 */
  uint32_t Mode;                   /* 操作模式 */
  uint32_t Speed;                  /* 速度 */
  uint32_t OutputType;             /* 输出类型 */
  uint32_t Pull;                   /* 上拉/下拉 */
  uint32_t Alternate;              /* 复用功能 */
} LL_GPIO_InitTypeDef;
```

其中 Pin、Mode 和 OutputType 分别在 stm32g4xx_ll_gpio.h 中定义如下：

```
#define LL_GPIO_PIN_0              GPIO_BSRR_BS0        /* 引脚 0 */
......................................................................
#define LL_GPIO_PIN_15             GPIO_BSRR_BS15       /* 引脚 15 */
#define LL_GPIO_PIN_ALL            (GPIO_BSRR_BS0  | GPIO_BSRR_BS1  | \
                                    GPIO_BSRR_BS2  | GPIO_BSRR_BS3  | \
                                    GPIO_BSRR_BS4  | GPIO_BSRR_BS5  | \
                                    GPIO_BSRR_BS6  | GPIO_BSRR_BS7  | \
                                    GPIO_BSRR_BS8  | GPIO_BSRR_BS9  | \
                                    GPIO_BSRR_BS10 | GPIO_BSRR_BS11 | \
                                    GPIO_BSRR_BS12 | GPIO_BSRR_BS13 | \
                                    GPIO_BSRR_BS14 | GPIO_BSRR_BS15)
                                                        /* 所有引脚 */
#define LL_GPIO_MODE_INPUT         (0x00000000U)        /* 输入 */
#define LL_GPIO_MODE_OUTPUT        GPIO_MODER_MODE0_0   /* 输出 */
#define LL_GPIO_MODE_ALTERNATE     GPIO_MODER_MODE0_1   /* 复用 */
#define LL_GPIO_MODE_ANALOG        GPIO_MODER_MODE0     /* 模拟 */

#define LL_GPIO_OUTPUT_PUSHPULL        (0x00000000U)    /* 推挽 */
#define LL_GPIO_OUTPUT_OPENDRAIN GPIO_OTYPER_OT0        /* 开漏 */
```

返回值：错误状态，错误状态在 stm32g4xx.h 中定义如下：

```
typedef enum
{ SUCCESS = 0,
  ERROR = !SUCCESS
} ErrorStatus;
```

（2）GPIO 读输入端口

```
uint32_t LL_GPIO_ReadInputPort(GPIO_TypeDef *GPIOx)
```

参数说明：

★ GPIOx：GPIO 名称，取值是 GPIOA～GPIOG。

返回值：GPIO 端口值。

（3）GPIO 输入引脚设置

```
uint32_t LL_GPIO_IsInputPinSet(GPIO_TypeDef *GPIOx, uint32_t PinMask)
```

参数说明：

★ GPIOx：GPIO 名称，取值是 GPIOA～GPIOG。

★ PinMask：引脚屏蔽，取值是 LL_GPIO_PIN_0～15 或 LL_GPIO_PIN_ALL。

返回值：引脚状态（0 或 1）。

注意：对于多个引脚，所有引脚都为高电平时返回 1。

（4）GPIO 写输出端口

```
void LL_GPIO_WriteOutputPort(GPIO_TypeDef *GPIOx, uint32_t PortValue)
```

参数说明：

★ GPIOx：GPIO 名称，取值是 GPIOA～GPIOG。

★ PortValue：GPIO 端口值。

（5）GPIO 设置输出引脚

```
void LL_GPIO_SetOutputPin(GPIO_TypeDef *GPIOx, uint32_t PinMask)
```

参数说明：

★ GPIOx：GPIO 名称，取值是 GPIOA～GPIOG。

★ PinMask：引脚屏蔽，取值是 LL_GPIO_PIN_0～15 或 LL_GPIO_PIN_ALL。

（6）GPIO 复位输出引脚

```
void LL_GPIO_ResetOutputPin(GPIO_TypeDef *GPIOx, uint32_t PinMask)
```

参数说明：

★ GPIOx：GPIO 名称，取值是 GPIOA～GPIOG。

★ PinMask：引脚屏蔽，取值是 LL_GPIO_PIN_0～15 或 LL_GPIO_PIN_ALL。

（7）GPIO 切换引脚

```
void LL_GPIO_TogglePin(GPIO_TypeDef *GPIOx, uint16_t PinMask)
```

参数说明：

★ GPIOx：GPIO 名称，取值是 GPIOA～GPIOG。

★ PinMask：引脚屏蔽，取值是 LL_GPIO_PIN_0～15 或 LL_GPIO_PIN_ALL。

3.4 GPIO 设计实例

下面以嵌入式竞赛实训平台 CT117E-M4（V1.2）为例，介绍 SysTick 和 GPIO 的应用设计。系统硬件方框图和电路图如图 3.5 所示。

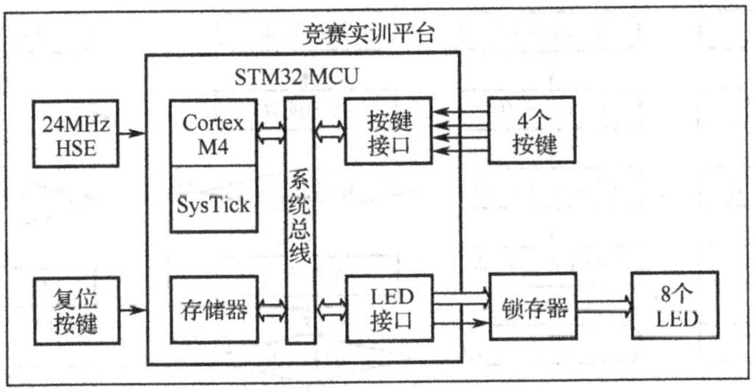

（a）方框图

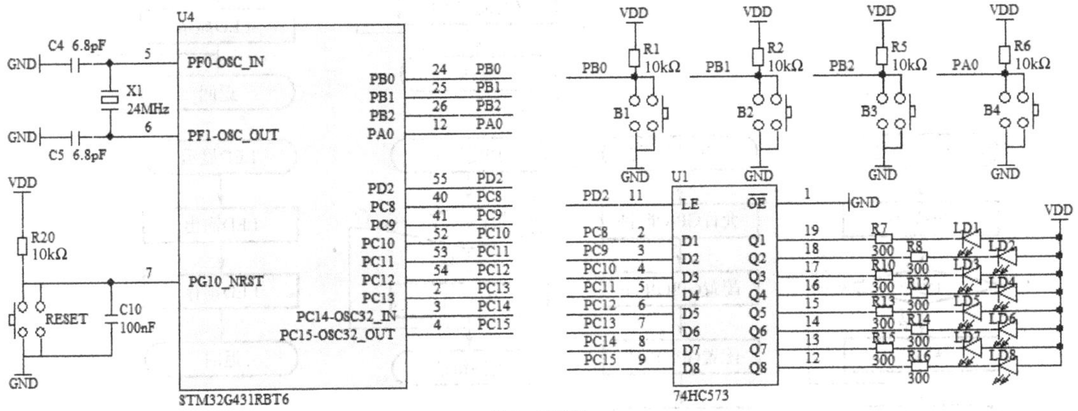

（b）电路图

图 3.5　GPIO 系统硬件方框图和电路图

系统包括 STM32 MCU（内嵌 SysTick）、4 个按键（连接 PB0～PB2 和 PA0）和 8 个 LED（连接 PC8～PC15 和 PD2），实现用按键控制 LED 显示的流水方向，LED 流水显示，每秒移位 1 次，1s 定时由 SysTick 实现。

74HC573 的 LE 端为 1 时，Q 端随 D 端变化；LE 端为 0 时，Q 端不随 D 端变化（锁存数据）。LED 输出时先通过 PC8～PC15 输出数据，然后 LE 输出 1，Q 端变化，最后 LE 输出 0，锁存数据。

PC8～PC15 输出 0 时 LED 点亮，输出 1 时 LED 熄灭（负逻辑）。为了操作方便，通过 D0～D7 对 LED 进行控制，输出 1 时 LED 点亮，输出 0 时 LED 熄灭（正逻辑），所以输出时将 LED 取位非并左移 8 位，通过 PC8～PC15 输出。

系统的软件设计可以采用 HAL 和 LL 两种方法实现。软件设计与实现在第 2 章 HAL 和 LL 工程的基础上进行：

- 将“MDK-ARM”文件夹复制粘贴并重命名为“034_GPIO”文件夹。

注意：用户代码应放在“USER CODE BEGIN”和“USER CODE END”注释对之间，以防止用 CubeMX 重生成工程时被覆盖。

3.4.1　HAL 库函数软件设计与实现

GPIO 系统 HAL 流程图如图 3.6 所示。

HAL 库函数软件设计与实现包括 SysTick、按键和 LED 程序设计与实现 3 部分。

（1）SysTick 程序设计与实现

HAL 工程的 HAL_Init()已将 SysTick 配置为 1ms 中断，并在 stm32g4xx_it.c 的 SysTick_ Handler()中通过 HAL_IncTick()实现 uwTick 加 1。

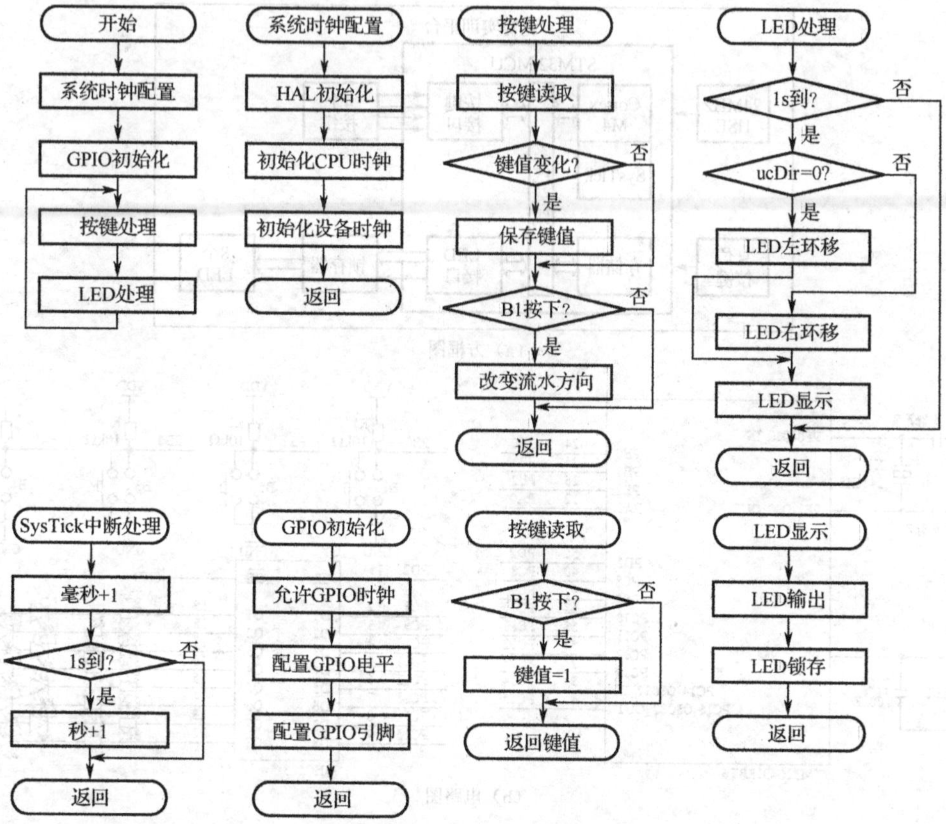

图 3.6 GPIO 系统 HAL 流程图

实现 1s 定时的步骤是:

① 在 main.c 中定义如下全局变量:

```
/* USER CODE BEGIN PV */
uint8_t ucSec;                              /* 秒计时 */
/* USER CODE END PV */
```

② 在 stm32g4xx_it.c 的 SysTick_Handler()中定义如下变量:

```
/* USER CODE BEGIN SysTick_IRQn 0 */
static uint16_t usTms;                  /* 毫秒计时 */
extern uint8_t  ucSec;                  /* 秒计时 */
/* USER CODE END SysTick_IRQn 0 */
```

③ 在 stm32g4xx_it.c 的 SysTick_Handler()中添加下列代码:

```
/* USER CODE BEGIN SysTick_IRQn 1 */
if (++usTms == 1000)                    /* 1s 到 */
{
  usTms = 0;
  ucSec++;                              /* 秒加 1 */
}
/* USER CODE END SysTick_IRQn 1 */
```

（2）按键程序设计与实现

按键程序包括按键读取和按键处理两部分，设计与实现步骤是：

① 在 gpio.h 中添加下列函数声明：

```
/* USER CODE BEGIN Prototypes */
uint8_t KEY_Read(void);              /* 按键读取 */
/* USER CODE END Prototypes */
```

② 在 gpio.c 中添加下列代码：

```
/* USER CODE BEGIN 2 */
uint8_t KEY_Read(void)               /* 按键读取 */
{
  uint8_t ucKval = 0;
  if (HAL_GPIO_ReadPin(GPIOB, GPIO_PIN_0) == 0)
  {                                  /* B1 按键按下(PB0=0) */
    HAL_Delay(10);                   /* 延时 10ms 消抖 */
    if (HAL_GPIO_ReadPin(GPIOB, GPIO_PIN_0) == 0)
      ucKval = 1;                    /* 赋值键值 1 */
  }
  if (HAL_GPIO_ReadPin(GPIOB, GPIO_PIN_1) == 0)
  {                                  /* B2 按键按下(PB1=0) */
    HAL_Delay(10);                   /* 延时 10ms 消抖 */
    if (HAL_GPIO_ReadPin(GPIOB, GPIO_PIN_1) == 0)
      ucKval = 2;                    /* 赋值键值 2 */
  }
  if (HAL_GPIO_ReadPin(GPIOB, GPIO_PIN_2) == 0)
  {                                  /* B3 按键按下(PB2=0) */
    HAL_Delay(10);                   /* 延时 10ms 消抖 */
    if (HAL_GPIO_ReadPin(GPIOB, GPIO_PIN_2) == 0)
      ucKval = 3;                    /* 赋值键值 3 */
  }
  if (HAL_GPIO_ReadPin(GPIOA, GPIO_PIN_0) == 0)
  {                                  /* B4 按键按下(PA0=0) */
    HAL_Delay(10);                   /* 延时 10ms 消抖 */
    if (HAL_GPIO_ReadPin(GPIOA, GPIO_PIN_0) == 0)
      ucKval = 4;                    /* 赋值键值 4 */
  }
  return ucKval;                     /* 返回键值 */
}
/* USER CODE END 2 */
```

③ 在 main.c 中定义如下全局变量：

```
/* USER CODE BEGIN PV */
uint8_t ucSec;                       /* 秒计时 */
uint8_t ucKey, ucDir;                /* 按键值，LED 显示流水方向 */
/* USER CODE END PV */
```

④ 在 main.c 中添加下列函数声明：

```
/* USER CODE BEGIN PFP */
void KEY_Proc(void);                    /* 按键处理 */
/* USER CODE END PFP */
```

⑤ 在 main()的初始化部分注释下列语句：

```
//  MX_DMA_Init();
//  MX_USART1_UART_Init();
//  MX_SPI2_Init();
//  MX_I2C1_Init();
//  MX_ADC1_Init();
//  MX_ADC2_Init();
//  MX_TIM1_Init();
//  MX_TIM2_Init();
//  MX_TIM3_Init();
```

⑥ 在 main.c 的 while (1)中添加下列代码：

```
  /* USER CODE BEGIN WHILE */
  while (1)
  {
    KEY_Proc();                         /* 按键处理 */
  /* USER CODE END WHILE */
```

⑦ 在 main()后添加下列代码

```
/* USER CODE BEGIN 4 */
void KEY_Proc(void)                     /* 按键处理 */
{
  uint8_t ucKey1 = 0;

  ucKey1 = KEY_Read();                  /* 按键读取 */
  if (ucKey1 != ucKey)                  /* 键值变化 */
    ucKey = ucKey1;                     /* 保存键值 */
  else
    ucKey1 = 0;                         /* 清除键值 */

  switch (ucKey1)
  {
    case 1:                             /* B1 按键按下 */
      ucDir ^= 1;                       /* 改变流水方向 */
      break;
    case 2:                             /* B2 按键按下 */
      break;
  }
}
/* USER CODE END 4 */
```

(3) LED 程序设计与实现

LED 程序包括 LED 显示和 LED 处理两部分，设计与实现步骤是：

① 在 gpio.h 中添加下列函数声明：

```
/* USER CODE BEGIN Prototypes */
uint8_t KEY_Read(void);                /* 按键读取 */
void LED_Disp(uint8_t ucLed);          /* LED 显示 */
/* USER CODE END Prototypes */
```

② 在 gpio.c 的 KEY_Read()后边添加下列代码：

```
void LED_Disp(uint8_t ucLed)           /* LED 显示 */
{                                      /* LED 输出 */
  GPIOC->ODR = ~ucLed << 8;            /* 没有相应的 HAL 函数 */
                                       /* LED 锁存 */
  HAL_GPIO_WritePin(GPIOD, GPIO_PIN_2, GPIO_PIN_SET);
  HAL_GPIO_WritePin(GPIOD, GPIO_PIN_2, GPIO_PIN_RESET);
}
```

③ 在 main.c 中定义如下全局变量：

```
/* USER CODE BEGIN PV */
uint8_t ucSec;                         /* 秒计时 */
uint8_t ucKey, ucDir;                  /* 按键值，LED 显示流水方向 */
uint8_t ucLed, ucSec1;                 /* LED 值，LED 显示延时 */
/* USER CODE END PV */
```

④ 在 main.c 中添加下列函数声明：

```
/* USER CODE BEGIN PFP */
void KEY_Proc(void);                   /* 按键处理 */
void LED_Proc(void);                   /* LED 处理 */
/* USER CODE END PFP */
```

⑤ 在 main.c 的 while (1)中添加下列代码：

```
  /* USER CODE BEGIN WHILE */
  while (1)
  {
    KEY_Proc();                        /* 按键处理 */
    LED_Proc();                        /* LED 处理 */
  /* USER CODE END WHILE */
```

⑥ 在 main.c 的 KEY_Proc()后添加下列代码

```
void LED_Proc(void)                    /* LED 处理 */
{
  if (ucSec1 == ucSec)
    return;                            /* 1s 未到返回 */
  ucSec1 = ucSec;
```

```
  if (ucDir == 0)                          /* LED 值左环移 */
  {
    ucLed <<= 1;
    if (ucLed == 0)
      ucLed = 1;
  }
  else                                     /* LED 值右环移 */
  {
    ucLed >>= 1;
    if (ucLed == 0)
      ucLed = 0x80;
  }
  LED_Disp(ucLed);                         /* LED 显示 */
}
```

编译下载程序，LED 显示每秒左移 1 位，按一下 B1 按键，LED 显示右移，再按一下 B1 按键，LED 显示恢复左移。

思考题：HAL 按键读取程序中，为什么 B0～B1 按键的按下不能像 LL 那样一起判断？

3.4.2 LL 库函数软件设计与实现

GPIO 系统 LL 流程图如图 3.7 所示。

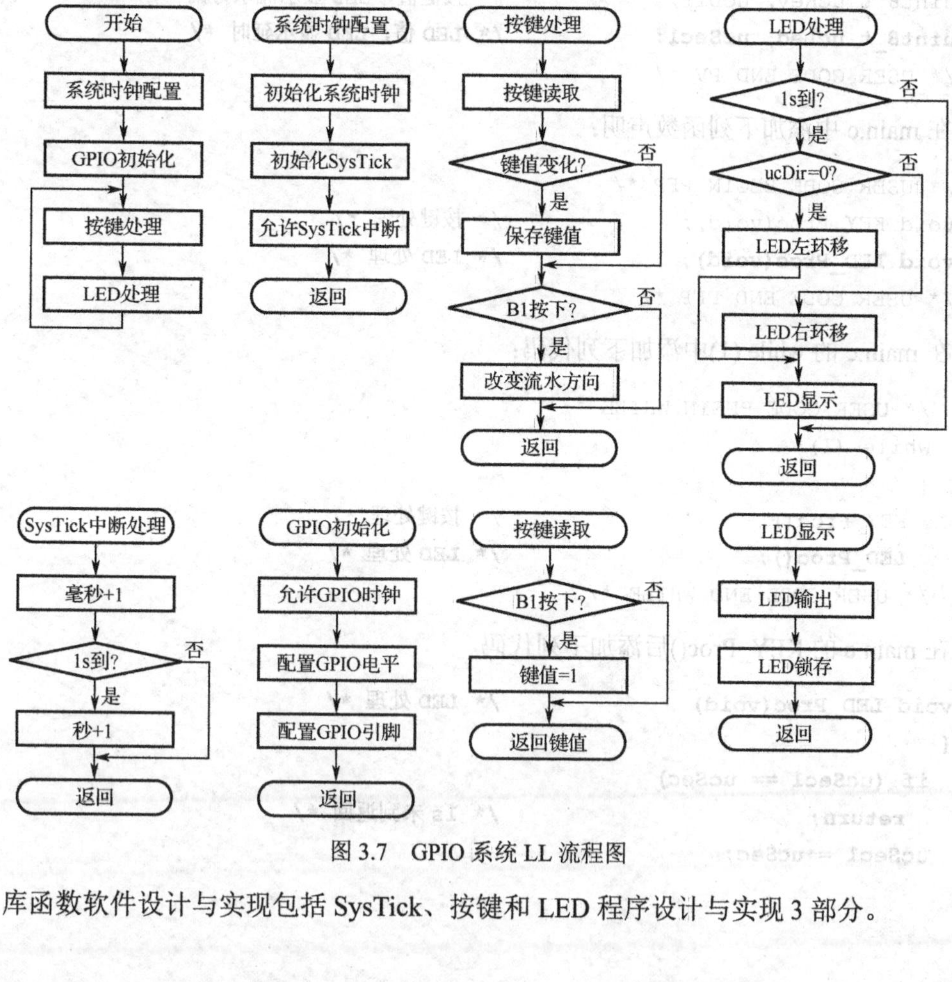

图 3.7 GPIO 系统 LL 流程图

LL 库函数软件设计与实现包括 SysTick、按键和 LED 程序设计与实现 3 部分。

（1）SysTick 程序设计与实现

LL 工程的 SystemClock_Config()已将 SysTick 配置为 1ms 定时，并允许 SysTick 中断。

实现 1s 定时的步骤是：

① 在 main.c 中定义如下全局变量：

```
/* USER CODE BEGIN PV */
uint8_t ucSec;                    /* 秒计时 */
/* USER CODE END PV */
```

② 在 stm32g4xx_it.c 的 SysTick_Handler()中定义如下变量：

```
/* USER CODE BEGIN SysTick_IRQn 0 */
static uint16_t usTms;            /* 毫秒计时 */
extern uint8_t ucSec;             /* 秒计时 */
/* USER CODE END SysTick_IRQn 0 */
```

③ 在 stm32g4xx_it.c 的 SysTick_Handler()中添加下列代码：

```
/* USER CODE BEGIN SysTick_IRQn 1 */
if (++usTms == 1000)              /* 1s 到 */
{
  usTms = 0;
  ucSec++;                        /* 秒加 1 */
}
/* USER CODE END SysTick_IRQn 1 */
```

（2）按键程序设计与实现

按键程序包括按键读取和按键处理两部分，设计与实现步骤是：

① 在 gpio.h 中添加下列函数声明：

```
/* USER CODE BEGIN Prototypes */
uint8_t KEY_Read(void);           /* 按键读取 */
/* USER CODE END Prototypes */
```

② 在 gpio.c 中添加下列代码：

```
/* USER CODE BEGIN 2 */
uint8_t KEY_Read(void)            /* 按键读取 */
{
  uint8_t ucKval = 0;

  if (LL_GPIO_IsInputPinSet(GPIOB, LL_GPIO_PIN_0 | LL_GPIO_PIN_1 |
    LL_GPIO_PIN_2) != 1)
  {                   /* B1 按键按下(PB0=0)或 B2 按键按下(PB1=0)或 B3 按键按下(PB2=0) */
    LL_mDelay(10);                /* 延时 10ms 消抖 */
    if (LL_GPIO_IsInputPinSet(GPIOB, LL_GPIO_PIN_0) == 0)
      ucKval = 1;                 /* 赋值键值 1 */
    if (LL_GPIO_IsInputPinSet(GPIOB, LL_GPIO_PIN_1) == 0)
      ucKval = 2;                 /* 赋值键值 2 */
    if (LL_GPIO_IsInputPinSet(GPIOB, LL_GPIO_PIN_2) == 0)
```

```
      ucKval = 3;                    /* 赋值键值 3 */
  }
  if (LL_GPIO_IsInputPinSet(GPIOA, LL_GPIO_PIN_0) != 1)
  {                                  /* B4 按键按下(PA0=0) */
    LL_mDelay(10);                   /* 延时 10ms 消抖 */
    if (LL_GPIO_IsInputPinSet(GPIOA, LL_GPIO_PIN_0) == 0)
      ucKval = 4;                    /* 赋值键值 4 */
  }
  return ucKval;                     /* 返回键值 */
}
/* USER CODE END 2 */
```

③ 在 main.c 中定义如下全局变量：

```
/* USER CODE BEGIN PV */
uint8_t ucSec;                       /* 秒计时 */
uint8_t ucKey, ucDir;                /* 按键值，LED 显示流水方向 */
/* USER CODE END PV */
```

④ 在 main.c 中添加下列函数声明：

```
/* USER CODE BEGIN PFP */
void KEY_Proc(void);                 /* 按键处理 */
/* USER CODE END PFP */
```

⑤ 在 main()的初始化部分注释下列语句：

```
//  MX_DMA_Init();
//  MX_USART1_UART_Init();
//  MX_SPI2_Init();
//  MX_I2C1_Init();
//  MX_ADC1_Init();
//  MX_ADC2_Init();
//  MX_TIM1_Init();
//  MX_TIM2_Init();
//  MX_TIM3_Init();
```

⑥ 在 main.c 的 while (1)中添加下列代码：

```
  /* USER CODE BEGIN WHILE */
  while (1)
  {
    KEY_Proc();                      /* 按键处理 */
  /* USER CODE END WHILE */
```

⑦ 在 main()后添加下列代码

```
/* USER CODE BEGIN 4 */
void KEY_Proc(void)                  /* 按键处理 */
{
  uint8_t ucKey1 = 0;
```

```
  ucKey1 = KEY_Read();                /* 按键读取 */
  if (ucKey1 != ucKey)                /* 键值变化 */
    ucKey = ucKey1;                   /* 保存键值 */
  else
    ucKey1 = 0;                       /* 清除键值 */

  switch (ucKey1)
  {
    case 1:                           /* B1 按键按下 */
      ucDir ^= 1;                     /* 改变流水方向 */
      break;
    case 2:                           /* B2 按键按下 */
      break;
  }
}
/* USER CODE END 4 */
```

(3) LED 程序设计与实现

LED 程序包括 LED 显示和 LED 处理两部分，设计与实现步骤是：

① 在 gpio.h 中添加下列函数声明：

```
/* USER CODE BEGIN Prototypes */
uint8_t KEY_Read(void);              /* 按键读取 */
void LED_Disp(uint8_t ucLed);        /* LED 显示 */
/* USER CODE END Prototypes */
```

② 在 gpio.c 的 KEY_Read()后边添加下列代码：

```
void LED_Disp(uint8_t ucLed)         /* LED 显示 */
{                                    /* LED 输出 */
  LL_GPIO_WriteOutputPort(GPIOC, ~ucLed << 8);
                                     /* LED 锁存 */
  LL_GPIO_SetOutputPin(GPIOD, LL_GPIO_PIN_2);
  LL_GPIO_ResetOutputPin(GPIOD, LL_GPIO_PIN_2);
}
```

③ 在 main.c 中定义如下全局变量：

```
/* USER CODE BEGIN PV */
uint8_t ucSec;                       /* 秒计时 */
uint8_t ucKey, ucDir;                /* 按键值，LED 显示流水方向 */
uint8_t ucLed, ucSec1;               /* LED 值，LED 显示延时 */
/* USER CODE END PV */
```

④ 在 main.c 中添加下列函数声明：

```
/* USER CODE BEGIN PFP */
void KEY_Proc(void);                 /* 按键处理 */
void LED_Proc(void);                 /* LED 处理 */
/* USER CODE END PFP */
```

⑤ 在 main.c 的 while (1)中添加下列代码：

```
/* USER CODE BEGIN WHILE */
while (1)
{
  KEY_Proc();                /* 按键处理 */
  LED_Proc();                /* LED 处理 */
/* USER CODE END WHILE */
```

⑥ 在 main.c 的 KEY_Proc()后边添加下列代码

```
void LED_Proc(void)          /* LED 处理 */
{
  if (ucSec1 == ucSec)
    return;                  /* 1s 未到返回 */
  ucSec1 = ucSec;

  if (ucDir == 0)            /* LED 值左环移 */
  {
    ucLed <<= 1;
    if (ucLed == 0)
      ucLed = 1;
  }
  else                       /* LED 值右环移 */
  {
    ucLed >>= 1;
    if (ucLed == 0)
      ucLed = 0x80;
  }
  LED_Disp(ucLed);           /* LED 显示 */
}
```

编译下载程序，LED 显示每秒左移 1 位，按一下 B1 按键，LED 显示右移，再按一下 B1 按键，LED 显示恢复左移。

对比 HAL 和 LL 的 SysTick 程序设计可以看出：除了 SysTick_Handler()的 HAL 实现多了 HAL_IncTick()外，其他部分完全相同。

对比 HAL 和 LL 的按键和 LED 程序设计可以看出：除了 Key_Read()和 Led_Disp()分别用 HAL 和 LL 函数实现输入输出外，Key_Proc()和 Led_Proc()的内容完全相同。这样就把上层处理和下层操作分离，便于程序的移植。

实际上，对于不同的 MCU，虽然寄存器不同，但只要 HAL 和 LL 库函数功能相同，Key_Read()和 Led_Disp()也很容易移植。

注意：为了节省篇幅，后续内容对于不同部分将分开介绍，相同部分将一起介绍。

3.5 GPIO 设计调试

GPIO 设计调试包括 HAL 库函数软件设计调试和 LL 库函数软件设计调试。

3.5.1 HAL 库函数软件设计调试

HAL 库函数软件设计调试步骤是：

（1）在 Keil 中单击“Debug”菜单下的“Start/Stop Debug Session”（开始/停止调试会话）菜单项，或单击文件工具栏中的“Start/Stop Debug Session”（开始/停止调试会话）按钮，将程序下载到开发板并进入调试界面，程序停在下列语句处：

```
SystemClock_Config();
```

注意：如果不能正常下载，请参考“2.3　集成开发环境（IDE）”进行配置。

（2）选择“Peripherals”（设备）>“Core Peripherals”（内核设备）>“System Tick Timer (SysTick)”（系统滴答定时器(SysTick)）菜单项打开系统滴答定时器对话框，对话框中包含系统滴答定时器寄存器的值和其中所有位段的值，如图 3.8（a）所示。

单击调试工具栏中的“Step Over”（单步跨越）按钮执行下列语句：

```
SystemClock_Config();
```

对 SysTick 和系统时钟进行初始化，系统滴答定时器对话框中寄存器和位段的值发生变化，如图 3.8（b）所示。

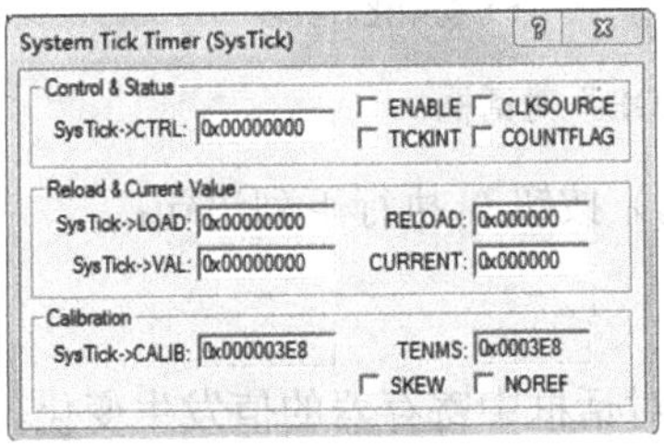

（a）复位状态

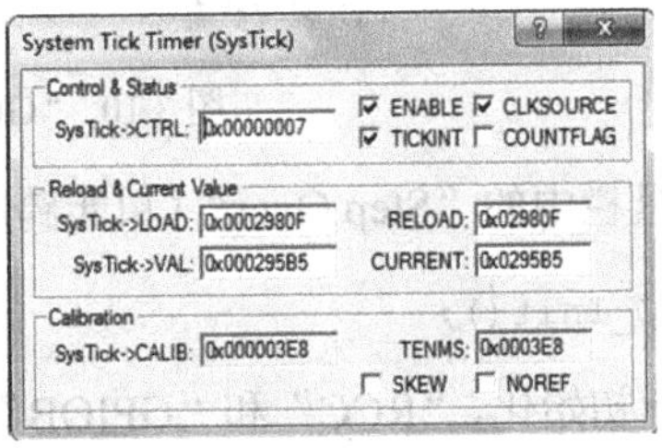

（b）初始化后状态

图 3.8　系统滴答定时器对话框

（3）选择“Peripherals”（设备）>“System Viewer”（系统观察器）>“RCC”菜单项打开“RCC”对话框，对话框中包含 RCC 的所有寄存器及其默认值，其中 AHB2ENR 寄存器的内容如图 3.9（a）所示，GPIOAEN～GPIOGEN 的默认值均为 0（时钟禁止）。

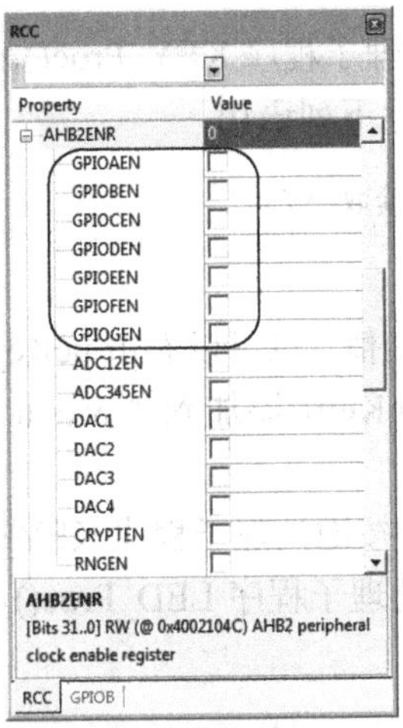

（a）复位状态

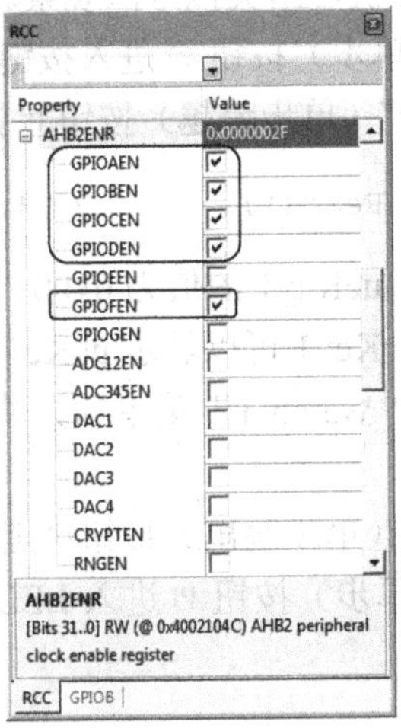

（b）初始化后状态

图 3.9　“RCC”对话框

选择“Peripherals”（设备）>“System Viewer”（系统观察器）>“GPIO”>“GPIOB”菜单项打开“GPIOB”对话框，对话框中包含 GPIOB 的所有寄存器及其默认值，如图 3.10（a）所示，其中 PB0～PB2 和 PB5～PB9 的模式值 MODER0～MODER2 和 MODER5～MODER9 均为 0x03（模拟，复位状态）。

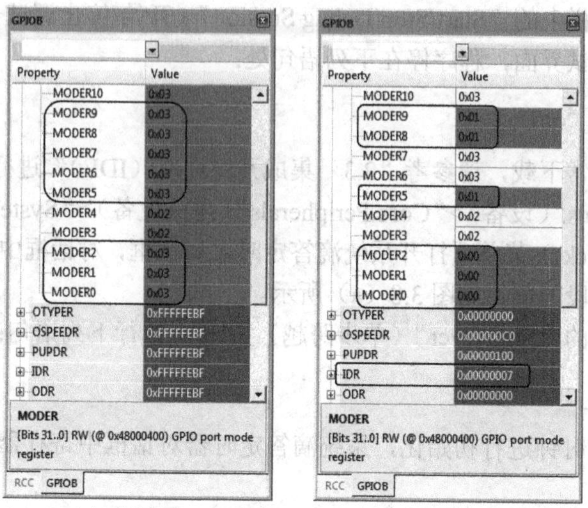

（a）复位状态　　（b）初始化后状态

图 3.10 “GPIOB”对话框

单击调试工具栏中的“Step Over”（单步跨越）按钮 执行下列语句：

```
MX_GPIO_Init();
```

对 GPIO 进行初始化，“RCC”和“GPIOB”对话框中寄存器的值发生变化，如图 3.9（b）和图 3.10（b）所示。

“RCC”对话框中 GPIOAEN～GPIODEN 和 GPIOFEN 的值变为 1（时钟允许）。

“GPIOB”对话框中 PB0～PB2 的模式值 MODER0～MODER2 变为 0x00（输入），PB5 和 PB8～PB9 的模式值 MODER5 和 MODER8～MODER9 变为 0x01（通用输出），IDR 的值为 0x00000007（PB0～PB2 输入均为 1）。

注意：其他 GPIO 的值可用类似方法观察。

（4）单击“Step”（单步）按钮 进入按键处理子程序 KEY_Proc()。

① 单击“Step Over”（单步跨越）按钮 执行下列语句：

```
ucKey1 = KEY_Read();        /* 按键读取 */
```

由于没有按键按下，ucKey1 的值为 0x00。

注意：将鼠标指向 ucKey1 可以显示 ucKey1 的值，也可以右击 ucKey1，在弹出的菜单中选择“Add 'ucKey1' to ...”>“Watch 1”菜单项，将 ucKey1 添加到“Watch 1”对话框中进行显示和修改。

② 单击“Step Out”（单步跳出）按钮 退出按键处理子程序 KEY_Proc()。

（5）单击“Step”（单步）按钮 进入 LED 处理子程序 LED_Proc()。

① 单击下列语句：

```
if (ucDir == 0)             /* LED 值左环移 */
```

② 单击“Run to Cursor Line”（运行到光标行）按钮 ，1s 后程序运行到上列语句。

③ 单击“Step”（单步）按钮运行上列语句，由于 ucDir 的默认值为 0，程序运行到下列语句：

```
ucLed <<= 1;
if (ucLed == 0)
  ucLed = 1;
```

④ 单击“Step”（单步）按钮运行上列语句，ucLed 的值变为 0x01。

⑤ 单击“Step Over”（单步跨越）按钮执行下列语句：

```
LED_Disp(ucLed);                    /* LED 显示 */
```

LD1 点亮，LD2～LD8 熄灭。

（6）单击 KEY_Proc()中下列语句的左侧设置断点●。

```
  ucDir ^= 1;                       /* 改变流水方向 */
```

（7）单击“Run”（运行）按钮连续运行程序，LD1～LD8 循环左移。

（8）按一下开发板上的 B1 按键，程序停在断点处，单击断点取消断点。

（9）单步运行上列语句，ucDir 的值变为 0x01。

（10）重新连续运行程序，LD1～LD8 循环右移。

（11）单击“Stop”（停止）按钮停止运行程序。

（12）单击“Debug”菜单下的“Start/Stop Debug Session”（开始/停止调试会话）菜单项，或单击文件工具栏中的“Start/Stop Debug Session”（开始/停止调试会话）按钮，退出调试界面。

3.5.2 LL 库函数软件设计调试

由于 LL 库函数软件设计和 HAL 库函数软件设计几乎相同，所以 LL 库函数软件设计的调试步骤也和 HAL 库函数软件设计的调试步骤基本一样，这里不再赘述。

3.6 LCD 使用

LCD 是低功耗显示器件，可以通过并行接口控制，也可以通过串行接口控制。下面以嵌入式竞赛实训平台使用的 LCD 为例介绍 LCD 的使用。嵌入式竞赛实训平台使用的是 240RGB*320 TFT LCD，LCD 系统硬件方框图如图 3.11 所示。

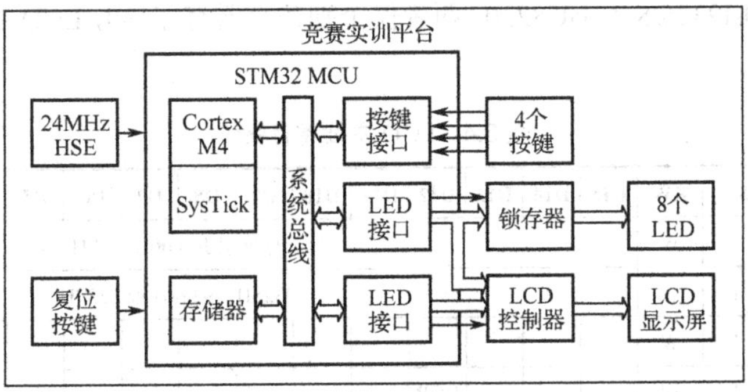

图 3.11　LCD 系统硬件方框图

LCD 通过并行接口与 STM32 相连，连接关系如表 3.2 所示。

表 3.2　LCD 与 STM32 的连接关系

LCD 引脚	STM32 引脚	STM32 方向	说　明
CS#	PB9	输出	片选（低电平有效）
RS	PB8	输出	寄存器选择：0—索引寄存器，1—控制寄存器
WR#	PB5	输出	写选通（低电平有效）
RD#	PA8	输出	读选通（低电平有效）
PD1～PD8	PC0～PC7	双向	数据低 8 位
PD10～PD17	PC8～PC15	双向	数据高 8 位

注意：由于 LED 和 LCD 共用 PC8～PC15，所以为了防止相互干扰，LED 和 LCD 的控制信号不能同时有效，即 LED 的 LE 和 LCD 的 CS#或 WR#不能同时有效。

3.6.1　LCD 功能简介

LCD 功能表如表 3.3 所示。

表 3.3　LCD 功能表

CS#	RS	WR#	RD#	功 能 说 明
0	0	0	1	设置索引寄存器（00H～FFH）
0	1	0	1	写控制寄存器或显示缓存（索引 22H）
0	1	1	0	读取器件 ID（索引 00H）
0	1	1	0	读显示缓存（索引 22H）

LCD 写控制寄存器和显示缓存的时序如图 3.12 所示。

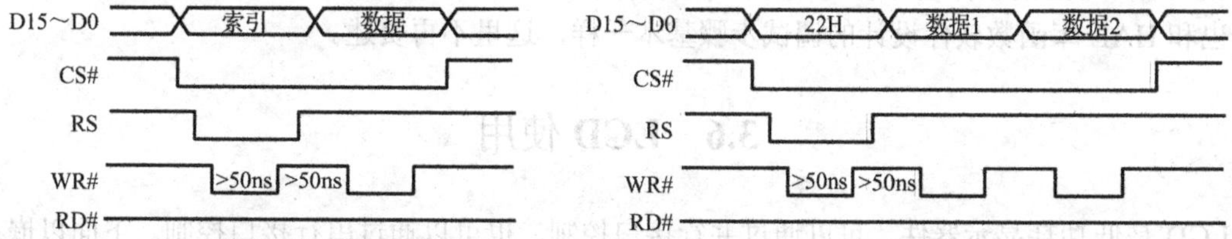

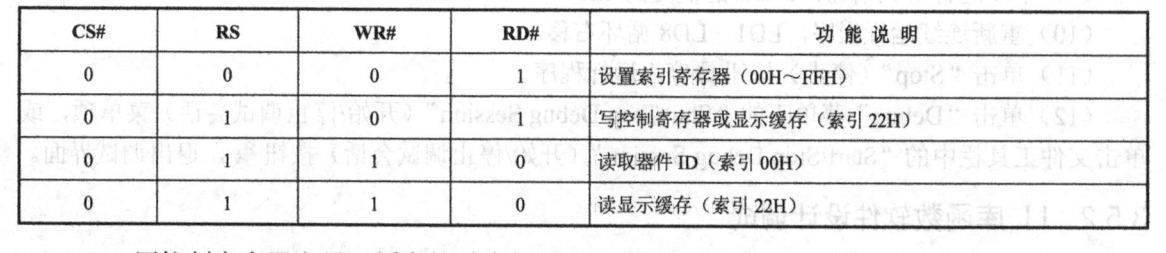

（a）写控制寄存器　（b）写显示缓存

图 3.12　LCD 写时序

LCD 控制器是 ILI9325/8 或 UC8230（两者仅个别寄存器有差异），LCD 主要寄存器位如表 3.4 所示。

表 3.4　LCD 主要寄存器位

索　引	名　称	RS	RW	D15	D14	D13	D12	D11	D10	D9	D8	D7	D6	D5	D4	D3	D2	D1	D0
	索引	0	W	寄存器索引（00H～FFH）															
00H	器件 ID	1	R	9325H、9328H 或 8230H															
00H	显示允许	1	W																OS
03H	模式	1	W				BGR							ID1	ID0	AM			
07H	显示控制 1	1	W								BAS		VON	GON	DTE			D1	D0
10H	电源控制 1	1	W				SAP					APE		AP1	AP0				

续表

索 引	名 称	RS	RW	D15	D14	D13	D12	D11	D10	D9	D8	D7	D6	D5	D4	D3	D2	D1	D0
11H	电源控制 2	1	W						DC12	DC11	DC10		DC02	DC01	DC00		VC2	VC1	VC0
12H	电源控制 3	1	W												PON	VRH3	VRH2	VHR1	VHR0
20H	水平地址	1	W									AD7	AD6	AD5	AD4	AD3	AD2	AD1	AD0
21H	垂直地址	1	W								AD16	AD15	AD14	AD13	AD12	AD11	AD10	AD9	AD8
22H	显示缓存	1	W	R					G						B				
22H	显示缓存	1	R	R					G						B				
60H	输出控制	1	W			NL5	NL4	NL3	NL2	NL1	NL0								
61H	显示控制	1	W																REV

3.6.2 LCD 软件设计与实现

LCD 软件设计在 GPIO 软件设计的基础上完成：

● 将“034_GPIO”文件夹复制粘贴并重命名为“036_LCD”文件夹。

LCD 软件设计在竞赛资源包 LCD 驱动程序的基础上修改实现。LCD 库函数分为低层库函数（硬件接口函数）、中层库函数和高层库函数（软件接口函数）3 类。

（1）低层库函数

低层库函数实现 LCD 的底层写操作，具体实现步骤是：

① 在 gpio.h 中添加下列函数声明：

```
/* USER CODE BEGIN Prototypes */
uint8_t KEY_Read(void);                          /* 按键读取 */
void LED_Disp(uint8_t ucLed);                    /* LED 显示 */
void LCD_Write(uint8_t RS, uint16_t Value);      /* LCD 写 */
/* USER CODE END Prototypes */
```

② 在 gpio.c 的 LED_Disp()后添加下列代码（参考图 3.11）：

```
void LCD_Write(uint8_t RS, uint16_t Value)                      /* LCD 写 */
{
/* HAL 工程代码 */
  HAL_GPIO_WritePin(GPIOA, GPIO_PIN_8, GPIO_PIN_SET);           /* RD#=1 */
  HAL_GPIO_WritePin(GPIOB, GPIO_PIN_9, GPIO_PIN_RESET);         /* CS#=0 */
  GPIOC->ODR = Value;                                           /* 输出数据 */
  if (RS == 0)
    HAL_GPIO_WritePin(GPIOB, GPIO_PIN_8, GPIO_PIN_RESET);       /* RS=0 */
  else
    HAL_GPIO_WritePin(GPIOB, GPIO_PIN_8, GPIO_PIN_SET);         /* RS=1 */
  HAL_GPIO_WritePin(GPIOB, GPIO_PIN_5, GPIO_PIN_RESET);         /* WR#=0 */
  HAL_GPIO_WritePin(GPIOB, GPIO_PIN_5, GPIO_PIN_SET);           /* WR#=1 */
/* LL 工程代码 */
  LL_GPIO_SetOutputPin(GPIOA, LL_GPIO_PIN_8);                   /* RD#=1 */
  LL_GPIO_ResetOutputPin(GPIOB, LL_GPIO_PIN_9);                 /* CS#=0 */
  LL_GPIO_WriteOutputPort(GPIOC, Value);                        /* 输出数据 */
  if (RS == 0)
```

```
    LL_GPIO_ResetOutputPin(GPIOB, LL_GPIO_PIN_8);                    /* RS=0 */
  else
    LL_GPIO_SetOutputPin(GPIOB, LL_GPIO_PIN_8);                      /* RS=1 */
  LL_GPIO_ResetOutputPin(GPIOB, LL_GPIO_PIN_5);                      /* WR#=0 */
  LL_GPIO_SetOutputPin(GPIOB, LL_GPIO_PIN_5);                        /* WR#=1 */
}
```

注意：LCD 的 HAL 和 LL 设计只有 LCD_Write()的内容不同，其他内容几乎完全相同：main.c 和 lcd.c 完全相同，stm32g4xx_it.c 除 HAL 工程的 SysTick_Handler()中多出 HAL_IncTick()外，其余部分完全相同。

（2）中层库函数

中层库函数实现 LCD 控制器的具体操作，程序代码在 lcd.c 中，主要内容如下：

```
#include "gpio.h"
#include "fonts.h"

uint16_t TextColor = 0x0000, BackColor = 0xFFFF;

void LCD_Delay(uint16_t n)
{
  uint16_t i,j;
  for (i=0; i<n; ++i)
    for (j=0; j<3000; ++j);
}
/* 写寄存器（参考图 3.11） */
void LCD_WriteReg(uint8_t LCD_Reg, uint16_t LCD_RegValue)
{
  LCD_Write(0, LCD_Reg);              /* 写索引 */
  LCD_Write(1, LCD_RegValue);         /* 写数据 */
}
/* 设置光标（参考表 3.4） */
void LCD_SetCursor(uint8_t Xpos, uint16_t Ypos)
{
  LCD_WriteReg(0x20, Xpos);           /* 水平地址 */
  LCD_WriteReg(0x21, Ypos);           /* 垂直地址 */
}
/* 准备写 RAM（参考表 3.4） */
void LCD_WriteRAM_Prepare(void)
{
  LCD_Write(0, 0x22);                 /* 写索引 */
}
/* 写 RAM（参考表 3.4） */
void LCD_WriteRAM(uint16_t RGB_Code)
{
  LCD_Write(1, RGB_Code);             /* 写数据 */
}
/* 绘制字符 */
```

```
void LCD_DrawChar(uint8_t Xpos, uint16_t Ypos, uint16_t *ch)
{
 uint8_t index = 0, i = 0;

 for (index = 0; index < 24; index++)    /* 24行 */
 {
  LCD_SetCursor(Xpos, Ypos);
  LCD_WriteRAM_Prepare();
  for (i = 0; i < 16; i++)               /* 16列 */
  {
   if ((ch[index] & (1 << i)) == 0x00)
    LCD_WriteRAM(BackColor);             /* 0-背景色 */
   else
    LCD_WriteRAM(TextColor);             /* 1-字符色 */
  }
/* 下一行 */
//  Ypos--;                              /* 水平模式0 */
//  Ypos++;                              /* 水平模式3 */
  Xpos++;                                /* 垂直模式1 */
//  Xpos--;                              /* 垂直模式2 */
 }
}
```

（3）高层库函数

高层库函数是应用程序调用的库函数，在 lcd.h 中声明如下：

```
#ifndef __LCD_H
#define __LCD_H
#include "main.h"
/* LCD颜色 */
#define White          0xFFFF
#define Black          0x0000
#define Grey           0xF7DE
#define Blue           0x001F
#define Blue2          0x051F
#define Red            0xF800
#define Magenta        0xF81F
#define Green          0x07E0
#define Cyan           0x7FFF
#define Yellow         0xFFE0
/* 行定义 */
#define Line0          0          /* 239 */
#define Line1          24         /* 215 */
#define Line2          48         /* 191 */
#define Line3          72         /* 167 */
#define Line4          96         /* 143 */
#define Line5          120        /* 119 */
```

```
#define Line6        144        /* 95 */
#define Line7        168        /* 71 */
#define Line8        192        /* 47 */
#define Line9        216        /* 23 */
/* 列定义 */
#define Column0      319
#define Column1      303
#define Column2      287
#define Column3      271
#define Column4      255
#define Column5      239
#define Column6      223
#define Column7      207
#define Column8      191
#define Column9      175
#define Column10     159
#define Column11     143
#define Column12     127
#define Column13     111
#define Column14     95
#define Column15     79
#define Column16     63
#define Column17     47
#define Column18     31
#define Column19     15
/* 函数声明 */
void LCD_Init(void);
void LCD_Clear(uint16_t Color);
void LCD_SetTextColor(uint16_t Color);
void LCD_SetBackColor(uint16_t Color);
void LCD_DisplayChar(uint8_t Line, uint16_t Column, uint8_t Ascii);
void LCD_DisplayStringLine(uint8_t Line, uint8_t *ptr);
#endif /* __LCD_H */
```

程序代码在 lcd.c 中，主要内容如下：

```
/* 初始化 */
void LCD_Init(void)
{
  LCD_WriteReg(0x00,0x0001);       /* 8230 上电 */
//LCD_WriteReg(0x03,0x1000);       /* BGR 水平模式 0*/
//LCD_WriteReg(0x03,0x1030);       /* BGR 水平模式 3*/
  LCD_WriteReg(0x03,0x1018);       /* BGR 垂直模式 1*/
//LCD_WriteReg(0x03,0x1028);       /* BGR 垂直模式 2*/
  LCD_WriteReg(0x07,0x0173);       /* 图形显示 */
  LCD_WriteReg(0x10,0x1090);       /* 电源控制 1 */
  LCD_WriteReg(0x11,0x0227);       /* 电源控制 2 */
```

```
  LCD_WriteReg(0x12,0x001d);      /* 电源控制 3 */
  LCD_WriteReg(0x60,0x2700);      /* 输出控制 */
  LCD_WriteReg(0x61,0x0001);      /* 显示控制 */
  LCD_Delay(250);
}
/* 清屏 */
void LCD_Clear(uint16_t Color)
{
  uint32_t index = 0;
  LCD_SetCursor(0x00, 0x0000);
  LCD_WriteRAM_Prepare();
  for (index = 0; index < 76800; index++)
    LCD_WriteRAM(Color);
}
/* 设置字符色 */
void LCD_SetTextColor(uint16_t Color)
{
  TextColor = Color;
}
/* 设置背景色 */
void LCD_SetBackColor(uint16_t Color)
{
  BackColor = Color;
}
/* 显示字符 */
void LCD_DisplayChar(uint8_t Line, uint16_t Column, uint8_t Ascii)
{
  Ascii -= 32;
  LCD_DrawChar(Line, Column, &ASCII_Table[Ascii * 24]);
}
```

注意：字符点阵在 fonts.h 的 unsigned short ASCII_Table[]中。

```
/* 显示字符串 */
void LCD_DisplayStringLine(uint8_t Line, uint8_t *ptr)
{
  uint8_t i=0, j;
  uint16_t k;
/* 字符数，起始位置 */
//j = 15; k = 239;                  /* 水平模式 0 */
//j = 15; k = 0;                    /* 水平模式 3 */
  j = 20; k = 319;                  /* 垂直模式 1 */
//j = 20; k = 0;                    /* 垂直模式 2 */
  while ((*ptr != 0) && (i < j))
  {
//  LCD_DisplayChar(k, Line, *ptr);  /* 水平模式 */
    LCD_DisplayChar(Line, k, *ptr);  /* 垂直模式 */
```

```
    /* 下一个字符位置 */
        k -= 16;                            /* 水平模式 0，垂直模式 1 */
    //  k += 16;                            /* 水平模式 3，垂直模式 2 */
        ptr++;                              /* 下一个字符 */
        i++;
      }
    }
```

(4) LCD 设计实现

LCD 设计实现步骤如下：

① 按(1)中内容修改 gpio.h 和 gpio.c。

② 将 lcd.h 和 fonts.h 存放在“Core/inc”文件夹中，将 lcd.c 存放在“Core/src”文件夹中并添加到工程的“Application/User/Core”中。

③ 在 main.c 中包含下列头文件：

```
/* USER CODE BEGIN Includes */
#include "lcd.h"
#include <stdio.h>
/* USER CODE END Includes */
```

④ 声明下列全局变量：

```
/* USER CODE BEGIN PV */
uint8_t ucSec;                          /* 秒计时 */
uint8_t ucKey, ucDir;                   /* 按键值，LED 显示流水方向 */
uint8_t ucLed, ucSec1;                  /* LED 值，LED 显示延时 */
uint8_t ucLcd[21];                      /* LCD 值(\0 结束) */
uint16_t usTlcd;                        /* LCD 刷新计时 */
/* USER CODE END PV */
```

⑤ 声明下列函数：

```
/* USER CODE BEGIN PFP */
void KEY_Proc(void);                    /* 按键处理 */
void LED_Proc(void);                    /* LED 处理 */
void LCD_Proc(void);                    /* LCD 处理 */
/* USER CODE END PFP */
```

⑥ 在 main()中添加下列代码：

```
/* USER CODE BEGIN 2 */
LCD_Init();                             /* LCD 初始化 */
LCD_Clear(Black);                       /* LCD 清屏 */
LCD_SetTextColor(White);                /* 设置字符色 */
LCD_SetBackColor(Black);                /* 设置背景色 */
/* USER CODE END 2 */
```

⑦ 在 while (1)中添加下列代码：

```
/* USER CODE BEGIN WHILE */
while (1)
```

```
  {
    KEY_Proc();                          /* 按键处理 */
    LED_Proc();                          /* LED 处理 */
    LCD_Proc();                          /* LCD 处理 */
    /* USER CODE END WHILE */
```

⑧ 在 LED_Proc()后添加下列代码：

```
void LCD_Proc(void)                      /* LCD 处理 */
{
  if (usTlcd < 500)                      /* 500ms 未到 */
    return;
  usTlcd = 0;

  sprintf((char*)ucLcd, "         %03u         ", ucSec);
  LCD_DisplayStringLine(Line4, ucLcd);
  LCD_DisplayChar(Line5, Column9, ucLcd[9]);
  LCD_SetTextColor(Red);
  LCD_DisplayChar(Line5, Column10, ucLcd[10]);
  LCD_SetTextColor(White);
  LCD_DisplayChar(Line5, Column11, ucLcd[11]);
  LCD_SetTextColor(Red);
  LCD_DisplayStringLine(Line6, ucLcd);
  LCD_SetTextColor(White);
}
```

注意：使用 sprintf()函数时必须包含 stdio.h。

⑨ 在 stm32g4xx_it.c 中添加下列外部变量声明：

```
  static uint16_t usTms;                 /* 毫秒计时 */
  extern uint8_t ucSec;                  /* 秒计时 */
  extern uint16_t usTlcd;                /* LCD 刷新计时 */
```

⑩ 在 stm32g4xx_it.c 的 SysTick_Handler()中添加下列代码：

```
  usTlcd++;                              /* LCD 刷新计时 */
```

编译下载程序，LCD 第 4 行黑底白字显示秒值，第 5 行黑底白红白字显示 3 位秒值，第 6 行黑底红字显示秒值。

第4章　通用同步/异步收发器接口 USART

串行接口又分为异步和同步两种方式，异步串行接口不要求有严格的时钟同步，常用的异步串行接口是 UART（通用异步收发器），而同步串行接口要求有严格的时钟同步，常用的同步串行接口有 SPI（串行设备接口）和 I^2C（内部集成电路接口）等。具有同步功能的 UART（包含时钟信号 SCLK）称为通用同步/异步收发器接口 USART。

同步串行接口除了包含数据线（SPI 有两根单向数据线 MISO 和 MOSI，I^2C 有一根双向数据线 SDA）外，还包含时钟线（SPI 和 I^2C 的时钟线分别是 SCK 和 SCL）。SPI 和 I^2C 都可以连接多个从设备，但两者选择从设备的方法不同：SPI 通过硬件（NSS 引脚）实现，而 I^2C 通过软件（地址）实现。为了使不同电压输出的器件能够互连，I^2C 的数据线 SDA 和时钟线 SCL 开漏输出。同步串行接口可以用专用接口电路实现，也可以用通用并行接口实现。

串行接口连接串行设备时必须遵循相关的物理接口标准，这些标准规定了接口的机械、电气、功能和过程特性。UART 的物理接口标准有 RS-232C、RS-449（其中电气标准是 RS-422 或 RS-423）和 RS-485 等，其中 RS-232C 和 RS-485 是最常用的 UART 物理接口标准。

RS-232C 的全称是“数据终端设备（DTE）和数据通信设备（DCE）之间串行二进制数据交换接口技术标准”，其中 DTE 包括微机、微控制器和打印机等，DCE 包括调制解调器 MODEM、GSM 模块和 WiFi 模块等。

RS-232C 机械特性规定 RS-232C 使用 25 针 D 型连接器，后来简化为 9 针 D 型连接器。RS-232C 电气特性采用负逻辑：逻辑“1”的电平低于-3V，逻辑“0”的电平高于+3V，这和 TTL 的正逻辑（逻辑“1”为高电平，逻辑“0”为低电平）不同，因此通过 RS-232C 和 TTL 器件通信时必须进行电平转换。

目前微控制器的 UART 接口采用的是 TTL 正逻辑，和 TTL 器件连接不需要电平转换。和采用负逻辑的计算机相连时需要进行电平转换，或使用 UART-USB 转换器连接。

UART 的引脚只有 3 个：RXD（接收数据）、TXD（发送数据）和 GND（地）。用 UART 连接 DTE 和 DCE 时 RXD 和 TXD 直接连接。如果用 UART 连接 DTE 和 DTE（如微机和微控制器），RXD 和 TXD 需交叉连接：

- DTE1 的 TXD（输出）连接 DTE2 的 RXD（输入）
- DTE1 的 RXD（输入）连接 DTE2 的 TXD（输出）

UART 的主要指标有 2 个：数据速率和数据格式。数据速率用波特率或比特率表示，数据格式包括 1 个起始位、5～8 个数据位、0～1 个校验位和 1～2 个停止位，如图 4.1 所示。

起始	D0	D1	D2	D3	D4	D5	D6	D7	校验	停止

图 4.1　RS-232C 数据格式

通信双方的数据速率和数据格式必须一致，否则无法实现通信。

4.1　USART 简介

USART 由两个时钟域组成，两者通过 TxFIFO 和 RxFIFO 连接，如图 4.2 所示。

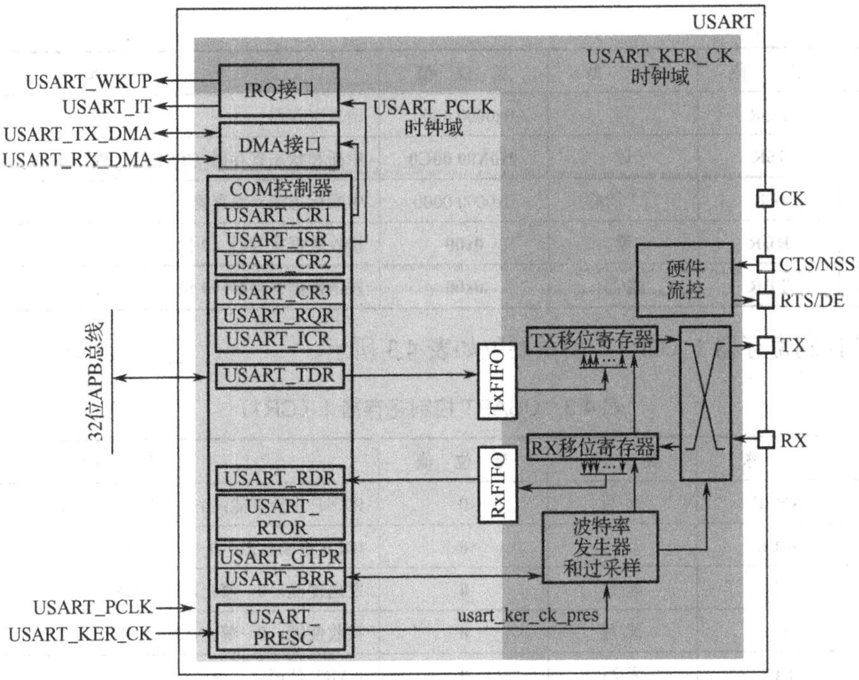

图 4.2　USART 结构图

USART_PCLK 时钟域主要包括 COM 控制器、IRQ 接口和 DMA 接口，USART_KER_CK 时钟域主要包括 TX 移位寄存器、RX 移位寄存器、波特率发生器和过采样以及硬件流控。

发送数据通过 TDR 和 TxFIFO 送入 TX 移位寄存器，在波特率发生器和过采样时钟的作用下，实现并串转换后通过 TX 发送。

通过 RX 接收的串行数据，在波特率发生器和过采样时钟的作用下，实现串并转换后通过 RxFIFO 和 RDR 接收。

USART 使用的 GPIO 引脚如表 4.1 所示。

表 4.1　USART 使用的 GPIO 引脚

USART 引脚	GPIO 引脚					
	USART1	**USART2**	**USART3**	**UART4**	**LPUART1**	**配　置**
TX	**PA9**/PB6/PC4	PA2/PA14/PB3	PB9/PB10/PC10	PC10	PA2/PB11/PC1	复用推挽
RX	**PA10**/PB7/PC5	PA3/PA15/PB4	PB8/PB11/PC11	PC11	PA3/PB10/PC0	

USART 的主要寄存器如表 4.2 所示。

表 4.2　USART 主要寄存器

偏移地址	名　称	类　型	复位值	说　明
0x00	**CR1**	读/写	**0x0000 0000**	**控制寄存器 1（详见表 4.3）**
0x04	CR2	读/写	0x0000 0000	控制寄存器 2
0x08	CR3	读/写	0x0000 0000	控制寄存器 3
0x0C	**BRR**	读/写	**0x0000**	**波特率寄存器（主频/波特率）**
0x10	GTPR	读/写	0x0000 0000	保护时间和预分频寄存器
0x14	RTOR	读/写	0x0000 0000	接收超时寄存器

续表

偏移地址	名　称	类　型	复位值	说　明
0x18	RQR	写	0x0000 0000	请求寄存器
0x1C	**ISR**	**读**	**0x0X80 00C0**	**中断和状态寄存器（TXE=1，TC=1，详见表 4.4）**
0x20	ICR	写 1 清除	0x0000 0000	中断标志清除寄存器
0x24	**RDR**	**读**	**0x00**	**接收数据寄存器（9 位）**
0x28	**TDR**	**读/写**	**0x00**	**发送数据寄存器（9 位）**

USART 控制寄存器 1（CR1）的主要位如表 4.3 所示。

表 4.3　USART 控制寄存器 1（CR1）

位	名　称	类　型	复位值	说　明
5	RXNEIE	读/写	0	RXNE 中断使能：0—禁止，1—允许
4	IDLEIE	读/写	0	IDLE 中断使能：0—禁止，1—允许
3	**TE**	**读/写**	**0**	**发送使能：0—禁止，1—允许**
2	**RE**	**读/写**	**0**	**接收使能：0—禁止，1—允许**
0	**UE**	**读/写**	**0**	**UART 使能**

USART 中断和状态寄存器（ISR）的主要位如表 4.4 所示。

表 4.4　USART 中断和状态寄存器（ISR）

位	名　称	类　型	复位值	说　明
7	**TXE**	**读**	**1**	**发送数据寄存器空（写 DR 清除）**
6	TC	读/写 0 清除	1	发送完成
5	**RXNE**	**读/写 0 清除**	**0**	**接收数据寄存器不空（读 DR 清除）**

4.2 USART 配置

USART 的配置步骤如下：

① 在 STM32CubeMX 中打开 HAL.ioc 或 LL.ioc。

② 在 Pinout & Configuration 标签中单击左侧 Categories 下 Connectivity 中的“USART1”。

③ 在 USART1 模式下选择模式“Asynchronous”。

USART 的模式有：

- Asynchronous：异步
- Synchronous：同步
- Single Wire (Half-Duplex)：单线（半双工）
- Multiprocessor Communication：多处理器通信
- IrDA：红外数据协线（Infrared Data Association）
- LIN：本地互联网络（Local Interconnection Network）
- SmartCard：智能卡

④ 选择配置下的 GPIO Settings 标签，USART1 的 GPIO 默认配置如图 4.3 所示。

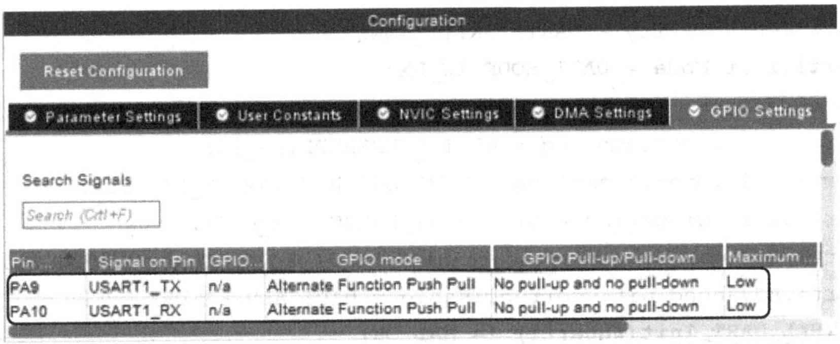

图 4.3　USART1 的 GPIO 默认配置

- PA9：USART1_TX，复用推挽模式
- PA10：USART1_RX，复用推挽模式

⑤ 选择配置下的 Parameter Settings 标签，USART1 的默认配置如图 4.4 所示。

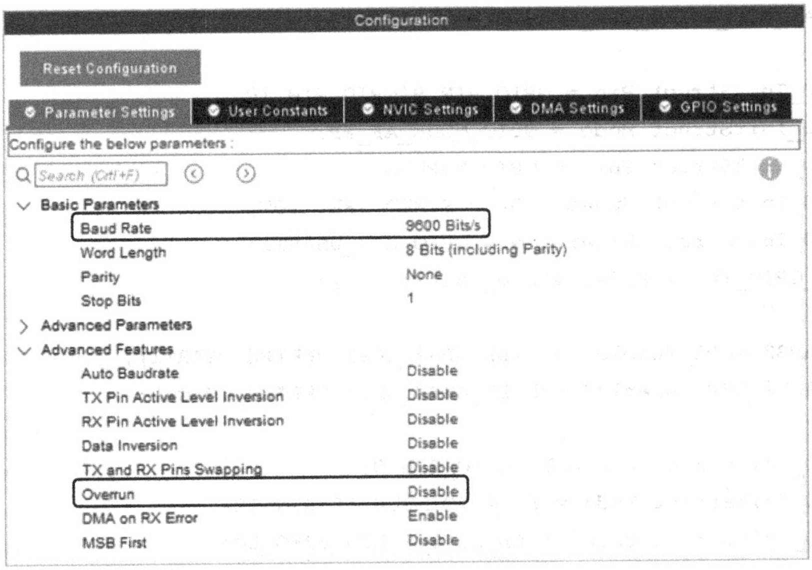

图 4.4　USART1 的默认配置

- 基本参数：波特率 115200 Bits/s，8 位字长，无校验，1 个停止位
- 高级参数：接收和发送

波特率的值可以输入，字长可以选择“7 Bits”“8 Bits”或“9 Bits”，校验可以选择“None”“Even”或“Odd”，停止位可以选择“1”或“2”等，数据方向可以选择“Receive and Transmit”“Receive Only”或“Transmit Only”。

- 将“Baud Rate”修改为“9600”Bits/s
- 将“Overrun”修改为“Disable”（禁止过载检测）

USART 配置完成后生成的相应 HAL 和 LL 初始化程序分别在 HAL\Core\Src\usart.c 和 LL\Core\Src\usart.c 中，核心代码如下：

```
/* HAL 工程 */
  huart1.Instance = USART1;
  huart1.Init.BaudRate = 9600;
  huart1.Init.WordLength = UART_WORDLENGTH_8B;
  huart1.Init.StopBits = UART_STOPBITS_1;
```

```
  huart1.Init.Parity = UART_PARITY_NONE;
  huart1.Init.Mode = UART_MODE_TX_RX;
  huart1.Init.HwFlowCtl = UART_HWCONTROL_NONE;
  huart1.Init.OverSampling = UART_OVERSAMPLING_16;
  huart1.Init.OneBitSampling = UART_ONE_BIT_SAMPLE_DISABLE;
  huart1.Init.ClockPrescaler = UART_PRESCALER_DIV1;
  huart1.AdvancedInit.AdvFeatureInit = UART_ADVFEATURE_RXOVERRUNDISABLE_INIT;
  huart1.AdvancedInit.OverrunDisable = UART_ADVFEATURE_OVERRUN_DISABLE;
  if (HAL_UART_Init(&huart1) != HAL_OK)
  {
    Error_Handler();
  }

  __HAL_RCC_USART1_CLK_ENABLE();
  __HAL_RCC_GPIOA_CLK_ENABLE();

  GPIO_InitStruct.Pin = GPIO_PIN_9|GPIO_PIN_10;
  GPIO_InitStruct.Mode = GPIO_MODE_AF_PP;
  GPIO_InitStruct.Pull = GPIO_NOPULL;
  GPIO_InitStruct.Speed = GPIO_SPEED_FREQ_LOW;
  GPIO_InitStruct.Alternate = GPIO_AF7_USART1;
  HAL_GPIO_Init(GPIOA, &GPIO_InitStruct);
/* LL工程 */
  LL_APB2_GRP1_EnableClock(LL_APB2_GRP1_PERIPH_USART1);
  LL_AHB2_GRP1_EnableClock(LL_AHB2_GRP1_PERIPH_GPIOA);

  GPIO_InitStruct.Pin = LL_GPIO_PIN_9;
  GPIO_InitStruct.Mode = LL_GPIO_MODE_ALTERNATE;
  GPIO_InitStruct.Speed = LL_GPIO_SPEED_FREQ_LOW;
  GPIO_InitStruct.OutputType = LL_GPIO_OUTPUT_PUSHPULL;
  GPIO_InitStruct.Pull = LL_GPIO_PULL_NO;
  GPIO_InitStruct.Alternate = LL_GPIO_AF_7;
  LL_GPIO_Init(GPIOA, &GPIO_InitStruct);

  USART_InitStruct.BaudRate = 9600;
  USART_InitStruct.DataWidth = LL_USART_DATAWIDTH_8B;
  USART_InitStruct.StopBits = LL_USART_STOPBITS_1;
  USART_InitStruct.Parity = LL_USART_PARITY_NONE;
  USART_InitStruct.TransferDirection = LL_USART_DIRECTION_TX_RX;
  USART_InitStruct.HardwareFlowControl = LL_USART_HWCONTROL_NONE;
  USART_InitStruct.OverSampling = LL_USART_OVERSAMPLING_16;
  LL_USART_Init(USART1, &USART_InitStruct);
  LL_USART_DisableOverrunDetect(USART1);
  LL_USART_Enable(USART1);
```

4.3 USART 库函数

USART 库函数包括 HAL 库函数和 LL 库函数。

4.3.1 USART HAL 库函数

基本的 USART HAL 库函数在 stm32g4xx_hal_uart.h 中声明如下：

```
HAL_StatusTypeDef HAL_UART_Init(UART_HandleTypeDef *huart)
HAL_StatusTypeDef HAL_UART_Transmit(UART_HandleTypeDef *huart,
  uint8_t *pData, uint16_t Size, uint32_t Timeout)
HAL_StatusTypeDef HAL_UART_Receive(UART_HandleTypeDef *huart,
  uint8_t *pData, uint16_t Size, uint32_t Timeout)
```

（1）UART 初始化

```
HAL_StatusTypeDef HAL_UART_Init(UART_HandleTypeDef *huart)
```

参数说明：

★ huart：UART 句柄，在 stm32g4xx_hal_uart.h 中定义如下：

```
typedef struct __UART_HandleTypeDef
{
  USART_TypeDef              *Instance;          /* UART 名称 */
  UART_InitTypeDef           Init;              /* UART 初始化参数 */
  ......
} UART_HandleTypeDef;
```

其中 UART_InitTypeDef 在 stm32g4xx_hal_uart.h 中定义如下：

```
typedef struct
{
  uint32_t BaudRate;             /* 波特率 */
  uint32_t WordLength;           /* 数据位数 */
  uint32_t StopBits;             /* 停止位数 */
  uint32_t Parity;               /* 校验方式 */
  uint32_t Mode;                 /* 工作方式 */
  ......
} UART_InitTypeDef;
```

其中 WordLength、StopBits、Parity 和 Mode 分别在 stm32g4xx_hal_uart.h 中定义如下：

```
#define UART_WORDLENGTH_8B         0x00000000U
#define UART_WORDLENGTH_9B         USART_CR1_M

#define UART_STOPBITS_1            0x00000000U
#define UART_STOPBITS_2            USART_CR2_STOP_1

#define UART_PARITY_NONE           0x00000000U
#define UART_PARITY_EVEN           USART_CR1_PCE
```

```
#define UART_PARITY_ODD                (USART_CR1_PCE | USART_CR1_PS)

#define UART_MODE_RX                   USART_CR1_RE
#define UART_MODE_TX                   USART_CR1_TE
#define UART_MODE_TX_RX                (USART_CR1_TE | USART_CR1_RE))
```

返回值：HAL 状态，HAL 状态在 stm32g4xx_hal_def.h 中定义如下：

```
typedef enum
{
  HAL_OK                          = 0x00U,
  HAL_ERROR                       = 0x01U,
  HAL_BUSY                        = 0x02U,
  HAL_TIMEOUT                     = 0x03U
} HAL_StatusTypeDef;
```

（2）UART 发送

```
HAL_StatusTypeDef HAL_UART_Transmit(UART_HandleTypeDef *huart,
  uint8_t *pData, uint16_t Size, uint32_t Timeout)
```

参数说明：

★ huart：UART 句柄。

★ pData：数据缓存指针。

★ Size：数据长度。

★ Timeout：超时（ms）。

返回值：HAL 状态，HAL_OK 等。

（3）UART 接收

```
HAL_StatusTypeDef HAL_UART_Receive(UART_HandleTypeDef *huart,
  uint8_t *pData, uint16_t Size, uint32_t Timeout)
```

参数说明：

★ huart：UART 句柄。

★ pData：数据缓存指针。

★ Size：数据长度。

★ Timeout：超时（ms）。

返回值：HAL 状态，HAL_OK 等。

4.3.2 USART LL 库函数

基本的 USART LL 库函数在 stm32g4xx_ll_uart.h 中声明如下：

```
ErrorStatus LL_USART_Init(USART_TypeDef *USARTx,
  LL_USART_InitTypeDef *USART_InitStruct)
void LL_USART_Enable(USART_TypeDef *USARTx)
void LL_USART_TransmitData8(USART_TypeDef *USARTx, uint8_t Value)
uint8_t LL_USART_ReceiveData8(USART_TypeDef *USARTx)
uint32_t LL_USART_IsActiveFlag_TXE(USART_TypeDef *USARTx)
uint32_t LL_USART_IsActiveFlag_RXNE(USART_TypeDef *USARTx)
```

（1）USART 初始化

```
ErrorStatus LL_USART_Init(USART_TypeDef *USARTx,
  LL_USART_InitTypeDef *USART_InitStruct)
```

参数说明：

★ USARTx：USART 名称。

★ USART_InitStruct：USART 初始化参数指针，USART 初始化参数在 stm32g4xx_ll_usart.h 中定义如下：

```
typedef struct
{
  uint32_t PrescalerValue;           /* 预分频值 */
  uint32_t BaudRate;                 /* 波特率 */
  uint32_t DataWidth;                /* 数据位数 */
  uint32_t StopBits;                 /* 停止位数 */
  uint32_t Parity;                   /* 校验位数 */
  uint32_t TransferDirection;        /* 传送方向 */
  uint32_t HardwareFlowControl;      /* 硬件流控 */
  uint32_t OverSampling;             /* 过采样 */
} LL_USART_InitTypeDef;
```

其中 DataWidth、StopBits、Parity、TransferDirection 分别在 stm32g4xx_ll_usart.h 中定义如下：

```
#define LL_USART_DATAWIDTH_7B        USART_CR1_M1
#define LL_USART_DATAWIDTH_8B        0x00000000U
#define LL_USART_DATAWIDTH_9B        USART_CR1_M0

#define LL_USART_STOPBITS_1          0x00000000U
#define LL_USART_STOPBITS_2          USART_CR2_STOP_1

#define LL_USART_PARITY_NONE         0x00000000U
#define LL_USART_PARITY_EVEN         USART_CR1_PCE
#define LL_USART_PARITY_ODD          (USART_CR1_PCE | USART_CR1_PS)

#define LL_USART_DIRECTION_NONE      0x00000000U
#define LL_USART_DIRECTION_RX        USART_CR1_RE
#define LL_USART_DIRECTION_TX        USART_CR1_TE
#define LL_USART_DIRECTION_TX_RX     (USART_CR1_TE |USART_CR1_RE)
```

返回值：错误状态，错误状态在 stm32g4xx.h 中定义如下：

```
typedef enum
{
  SUCCESS = 0,
  ERROR = !SUCCESS
} ErrorStatus;
```

（2）USART 允许

```
void LL_USART_Enable(USART_TypeDef *USARTx)
```

参数说明：
★ USARTx：USART 名称。
（3）USART 发送 8 位数据

```
void LL_USART_TransmitData8(USART_TypeDef *USARTx, uint8_t Value)
```

参数说明：
★ USARTx：USART 名称。
★ Value：发送值。
（4）USART 接收 8 位数据

```
uint8_t LL_USART_ReceiveData8(USART_TypeDef *USARTx)
```

参数说明：
★ USARTx：USART 名称。
返回值：接收值。
（5）USART 发送数据寄存器空

```
uint32_t LL_USART_IsActiveFlag_TXE(USART_TypeDef *USARTx)
```

参数说明：
★ USARTx：USART 名称。
返回值：发送数据寄存器空状态，0—不空，1—空。
（6）USART 接收数据寄存器不空

```
uint32_t LL_USART_IsActiveFlag_RXNE(USART_TypeDef *USARTx)
```

参数说明：
★ USARTx：USART 名称。
返回值：接收数据寄存器不空状态，0—空，1—不空。

4.4 USART 设计实例

系统包括 STM32 MCU（内嵌 SysTick）、按键、LED、LCD 显示屏和 UART1 接口（PA9-TX1、PA10-RX1），UART1 经 UART-USB 转换后通过 USB 与 PC 连接。系统硬件方框图如图 4.5 所示。

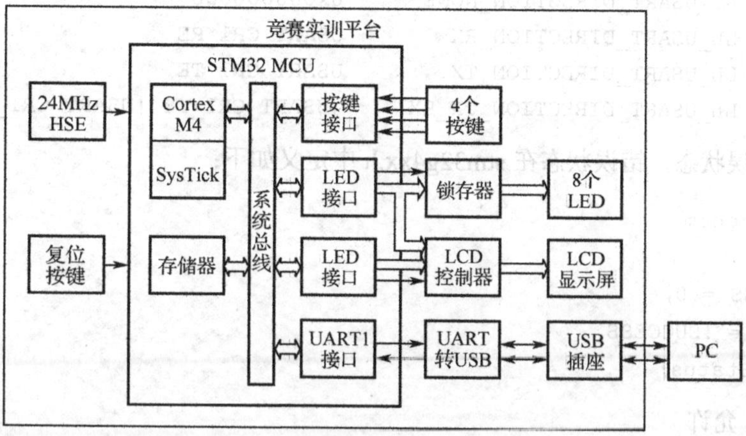

图 4.5　USART 系统硬件方框图

下面编程实现 SysTick 秒计时，UART1 发送秒值到 PC（每秒发送 1 次），并接收 PC 发送的数据对秒进行设置。

4.4.1 软件设计与实现

USART 的软件设计在 LCD 设计的基础上修改完成：

- 将“036_LCD”文件夹复制粘贴并重命名为“044_USART”文件夹。

USART 的软件设计与实现包括接口函数和处理函数设计与实现。

（1）接口函数设计与实现

接口函数设计与实现的步骤如下：

① 在 usart.h 中添加下列代码：

```
/* USER CODE BEGIN Prototypes */
void UART_Transmit(uint8_t *ucData, uint8_t ucSize);
uint8_t UART_Receive(uint8_t *ucData, uint8_t ucSize);
/* USER CODE END Prototypes */
```

② 在 usart.c 的后部添加下列代码：

```
/* USER CODE BEGIN 1 */
/* HAL 工程代码 */
void UART_Transmit(uint8_t *ucData, uint8_t ucSize)
{
  HAL_UART_Transmit(&huart1, ucData, ucSize, 100);
}

uint8_t UART_Receive(uint8_t *ucData, uint8_t ucSize)
{
  return HAL_UART_Receive(&huart1, ucData, ucSize, 100);
}
/* LL 工程代码 */
void UART_Transmit(uint8_t *ucData, uint8_t ucSize)
{
  for (uint8_t i=0; i<ucSize; i++)    /* 等待发送寄存器空 */
  {
    while (LL_USART_IsActiveFlag_TXE(USART1) == 0){}
    LL_USART_TransmitData8(USART1, *ucData++);
  }                                   /* 发送 8 位数据 */
}

uint8_t ucUno;
uint8_t UART_Receive(uint8_t* ucData, uint8_t ucSize)
{                                     /* 接收寄存器不空 */
  if (LL_USART_IsActiveFlag_RXNE(USART1) == 1)
  {
    ucData[ucUno] = LL_USART_ReceiveData8(USART1);
    if (++ucUno == ucSize)
```

```
    {
      ucUno = 0;
      return 0;                            /* 接收数据完成返回 0 */
    }
  }
  return 1;
}
/* USER CODE END 1 */
```

（2）处理函数设计与实现

处理函数设计与实现的步骤如下：

① 在 main.c 中定义如下全局变量：

```
uint8_t ucUrx[20], ucSec2;                 /* UART 接收值，发送延时 */
```

② 在 main.c 中声明如下函数：

```
void UART_Proc(void);                      /* UART 处理 */
```

③ 在 main()的初始化部分取消下列语句前的注释：

```
//  MX_USART1_UART_Init();
```

④ 在 while (1)中添加如下代码：

```
    UART_Proc();                           /* UART 处理 */
```

⑤ 在 LCD_Proc()后添加如下代码：

```
void UART_Proc(void)                       /* UART 处理 */
{
  if (ucSec2 != ucSec)                     /* 1s 到 */
  {
    ucSec2 = ucSec;

    UART_Transmit(ucLcd, 20);              /* 发送 20 个字符 */
    printf("%03u\r\n", ucSec);             /* 发送秒值和回车换行 */
  }
  if (UART_Receive(ucUrx, 2) == 0)         /* 接收到字符 */
    ucSec = (ucUrx[0]-0x30)*10+ucUrx[1]-0x30;
}

int fputc(int ch, FILE *f)                 /* printf()实现 */
{
  UART_Transmit((uint8_t *)&ch, 1);
  return ch;
}
```

编译下载程序，打开串口终端，显示秒值。发送 2 个数字，秒值应该改变。

注意：使用 printf()时需要使用 MicroLIB（在“Options for Target”对话框“Target”标签的“Code Generation”下选择“Use MicroLIB”），否则程序不能正常工作。

Printf()支持的格式字符如表 4.5 所示。

表 4.5　printf()支持的格式字符

格式字符	说　明	格式字符	说　明
%c	输出单个字符	%s	输出字符串
%d	输出带符号十进制整数	%u	输出无符号十进制整数
%e	输出指数形式实数	%f	输出小数形式实数
%x	输出无符号十六进制整数（字母小写）	%X	输出无符号十六进制整数（字母大写）
%p	输出十六进制指针值	%%	输出百分号

4.4.2　软件调试与分析

HAL 工程和 LL 工程的软件调试与分析方法相似，下面以 LL 工程为例介绍软件调试与分析方法，步骤如下：

（1）打开终端仿真软件，设置端口号和波特率（例如“COM25”和“9600”）。

（2）在 Keil 中单击“Debug”菜单下的“Start/Stop Debug Session”（开始/停止调试会话）菜单项，或单击文件工具栏中的“Start/Stop Debug Session”（开始/停止调试会话）按钮，将程序下载到开发板并进入调试界面。

（3）选择“Peripherals”（设备）>“System Viewer”（系统观察器）>“RCC”菜单项打开“RCC”对话框，对话框中包含 RCC 的所有寄存器及其默认值，其中 APB2ENR 寄存器的内容如图 4.6（a）所示，USART1EN 的默认值均为 0（时钟禁止）。

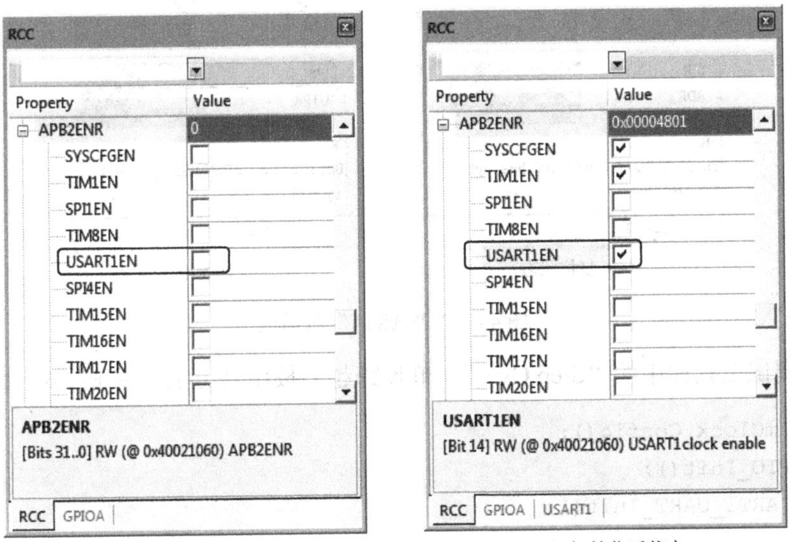

（a）复位状态　　（b）初始化后状态

图 4.6　“RCC”对话框

选择“Peripherals”（设备）>“System Viewer”（系统观察器）>“GPIO”>“GPIOA”菜单项打开“GPIOA”对话框，如图 4.7（a）所示，其中 PA9 和 PA10 的模式值 MODER9 和 MODER10 均为 0x03（模拟，复位状态）。

（4）选择“Peripherals”（设备）>“System Viewer”（系统观察器）>“USART”>“USART1”菜单项打开“USART1”对话框，如图 4.8（a）所示，其中除了 ISR 的 TXE 和 TC 位为 1 外，其他值全为 0（参见表 4.2 和表 4.4）。

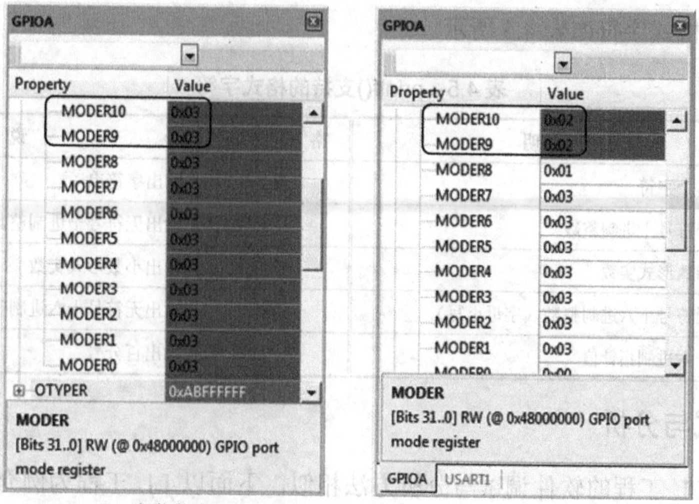

（a）复位状态　　（b）初始化后状态

图 4.7 “GPIOA”对话框

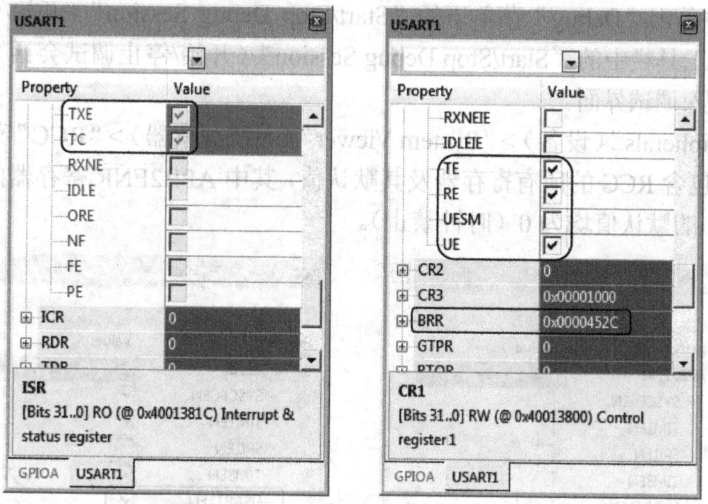

（a）复位状态　　（b）初始化后状态

图 4.8 “USART1”对话框

（5）单击调试工具栏中的“Step Over”（单步跨越）按钮 运行下列语句：

```
SystemClock_Config();
MX_GPIO_Init();
MX_USART1_UART_Init();
```

“RCC”对话框中 USART1EN 的值变为 1（时钟允许），如图 4.6（b）所示。

“GPIOA”对话框中 PA9 和 PA10 的模式值 MODER9 和 MODER10 变为 0x02（复用），如图 4.7（b）所示。

“USART1”对话框中 CR1 的 TE、RE 和 UE 位置 1（参见表 4.3），如图 4.8（b）所示。CR3 的 OVRDIS 位置 1（禁止过载检测），BRR 的值为 0x452C（17708，170MHz/9600）。

（6）单击 UART_Proc()中的下列语句：

```
UART1_Transmit(ucLcd, 20);        /* 发送20个字符 */
```

① 单击“Run to Cursor Line”（运行到光标行）按钮 {}，运行到上列语句。

② 单击“Step Over”（单步跨越）按钮运行上列语句，超级终端中显示“ （9个空格）001 （8个空格）”。

③ 单击“Step Over”（单步跨越）按钮运行下列语句：

```
printf("%03u\r\n", ucSec);          /* 发送秒值和回车换行 */
```

超级终端中显示“001”并回车换行。

（7）单击UART_Proc()中下列语句的左侧设置断点。

```
ucSec = (ucUrx[0]-0x30)*10+ucUrx[1]-0x30;
```

（8）单击“Run”（运行）按钮连续运行程序，超级终端中显示变化的秒值。

（9）在超级终端中发送两个字符（例如“12”），程序停在断点处，单击“Step Over”（单步跨越）按钮运行上列语句，ucSec的值变为0x0C（12）。单击断点取消断点。

（10）重新连续运行程序，超级终端中的秒值从“012”开始计时。

（11）单击“Stop”（停止）按钮停止运行程序。

（12）单击“Debug”菜单下的“Start/Stop Debug Session”（开始/停止调试会话）菜单项，或单击文件工具栏中的“Start/Stop Debug Session”（开始/停止调试会话）按钮，退出调试界面。

第5章 串行设备接口SPI

串行设备接口 SPI 是工业标准串行协议，通常用于嵌入式系统，将微处理器连接到各种片外传感器、转换器、存储器和控制设备。

SPI 可以实现主设备或从设备协议，当配置为主设备时，SPI 可以连接多达 16 个独立的从设备，发送数据和接收数据寄存器的宽度可配置为 8 位或 16 位。

SPI 使用 2 根数据线、1 根时钟线和 1 根控制线实现串行通信：

- 主出从入 MOSI：主设备输出数据，从设备输入数据
- 主入从出 MISO：主设备输入数据，从设备输出数据
- 串行时钟 SCK：主设备输出，从设备输入，用于同步数据位
- 从设备选择 NSS：主设备输出，从设备输入，低电平有效

SPI 时钟极性和时钟相位所有组合的信号波形如图 5.1 所示。

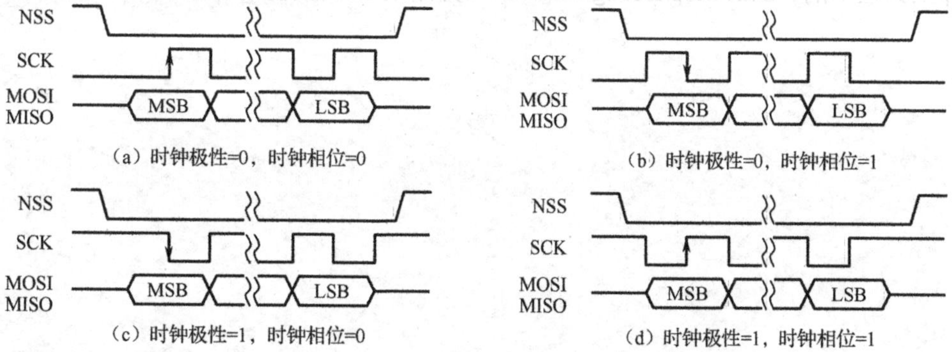

图 5.1　SPI 时钟极性和时钟相位所有组合的信号波形

SCK 时钟极性为 0 时初始电平是低电平，为 1 时初始电平是高电平。

SCK 时钟相位为 0 时第一个边沿采样数据，为 1 时第二个边沿采样数据。

5.1 SPI 简介

SPI 由收发数据和收发控制两部分组成，如图 5.2 所示。

收发数据部分包括发送缓冲区 Tx FIFO、接收缓存区 Rx FIFO 和移位寄存器。

SPI 配置为主设备时，发送缓冲区的数据由移位寄存器并串转换后通过 MOSI 输出，MISO 输入的数据由移位寄存器串并转换后送至接收缓存区，移位时钟由主设备产生，并通过 SCK 输出到从设备。

SPI 配置为从设备时，发送缓冲区的数据由移位寄存器并串转换后通过 MISO 输出，MOSI 输入的数据由移位寄存器串并转换后送至接收缓存区，移位时钟由主设备产生，并通过 SCK 输入到从设备。

注意：主设备和从设备的移位寄存器都在主设备的 SCK 作用下移位，因此从设备不能主动发送数据，只能将数据写入发送缓冲区，等待主设备读取。

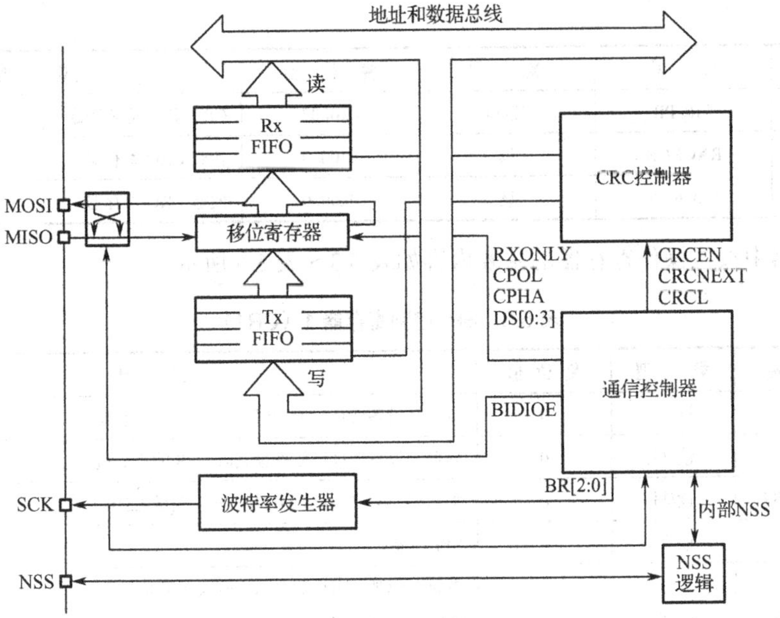

图 5.2　SPI 方框图

收发控制部分包括通信控制器、波特率发生器、CRC 控制器和 NSS 逻辑等，通信控制器控制移位寄存器、波特率发生器、CRC 控制器和 NSS 逻辑实现数据的收发。

图中 NSS 是一个可选的引脚，用来选择从设备。NSS 的功能是“片选引脚”，让主设备可以单独地与特定从设备通信，避免数据线上的冲突。NSS 有硬件和软件两种模式，通过 CR1 寄存器的 SSM（软件从设备管理）位进行设置。

当 SPI 连接多个从设备时，MOSI、MISO 和 SCK 连接所有的从设备，但每个从设备（硬件模式，SSM 为 0）的 NSS 引脚必须连接到主设备（软件模式，SSM 为 1）的一个通用 I/O 引脚，主设备通过使能不同的通用 I/O 引脚实现与对应从设备的数据通信。

SPI 使用的 GPIO 引脚如表 5.1 所示。

表 5.1　SPI 使用的 GPIO 引脚

SPI 引脚	GPIO 引脚				
	SPI1	**SPI2**	**SPI3**	**主模式配置**	**从模式配置**
MOSI	PA7/PB5	PB15/PA11	PC12/PB5	复用推挽	复用推挽
MISO	PA6/PB4	PB14/PA10	PC11/PB4		
SCK	PA5/PB3	PB13	PC10/PB3		
NSS	PA4/PA15	PB12	PA4/PA15		

SPI 的主要寄存器如表 5.2 所示。

表 5.2　SPI 主要寄存器

偏移地址	名　称	类　型	复位值	说　明
0x00	**CR1**	读/写	**0x0000**	控制寄存器 1（详见表 5.3）
0x04	**CR2**	读/写	**0x0700**	控制寄存器 2（DS=8 位，详见表 5.4）
0x08	**SR**	读	**0x0002**	状态寄存器（TXE=1，详见表 5.5）
0x0C	**DR**	读/写	**0x0000**	数据寄存器（8/16 位）

续表

偏移地址	名　称	类　型	复位值	说　明
0x10	CRCPR	读/写	0x0007	CRC 多项式寄存器
0x14	RXCRCR	读	0x0000	接收 CRC 寄存器
0x18	TXCRCR	读	0x0000	发送 CRC 寄存器

SPI 寄存器中按位操作寄存器的主要内容如表 5.3～表 5.5 所示。

表 5.3　SPI 控制寄存器 1（CR1）

位	名　称	类　型	复位值	说　明
9	SSM	读/写	0	软件从设备管理：0—硬件模式，1—软件模式
8	SSI	读/写	0	内部从设备选择：软件模式时 NSS 的引脚值
7	LSBFIRST	读/写	0	帧格式：0—先发送 MSB，1—先发送 LSB
6	**SPE**	**读/写**	**0**	**SPI 使能**
5:3	BR[2:0]	读/写	000	波特率控制（主设备有效，f_{PCLK} 分频值）： 000—2，001—4，**010—8**，011—16， 100—32，101—64，110—128，111—256
2	**MSTR**	**读/写**	**0**	**主设备选择：0—从设备，1—主设备**
1	CPOL	读/写	0	时钟极性：0—空闲时低电平，1—空闲时高电平
0	CPHA	读/写	0	时钟相位：0—第一个边沿采样，1—第二个边沿采样

表 5.4　SPI 控制寄存器 2（CR2）

位	名　称	类　型	复位值	说　明
11:8	DS[3:0]	读/写	0111	数据大小：0011—4 位，**0111—8 位**，1111—16 位
7	TXEIE	读/写	0	发送缓冲器空中断允许：0—禁止，1—允许
6	RXNEIE	读/写	0	接收缓冲器非空中断允许：0—禁止，1—允许
5	ERRIE	读/写	0	错误中断允许：0—禁止，1—允许
4	FRF	读/写	0	帧格式：0—Motorola，1—TI

表 5.5　SPI 状态寄存器（SR）

位	名　称	类　型	复位值	说　明
1	**TXE**	**读**	**1**	**发送缓冲区空（写 DR 清除）**
0	**RXNE**	**读**	**0**	**接收缓冲区不空（读 DR 清除）**

5.2　SPI 配置

SPI 的配置步骤如下：

① 在 STM32CubeMX 中打开 HAL.ioc 或 LL.ioc。

② 在 Pinout & Configuration 标签中单击左侧 Categories 下 Connectivity 中的“SPI2”。

③ 在 SPI2 模式下选择模式“Full-Duplex Master”（全双工主设备）。

④ 选择配置下的 GPIO Settings 标签，SPI2 的 GPIO 默认配置如图 5.3 所示。

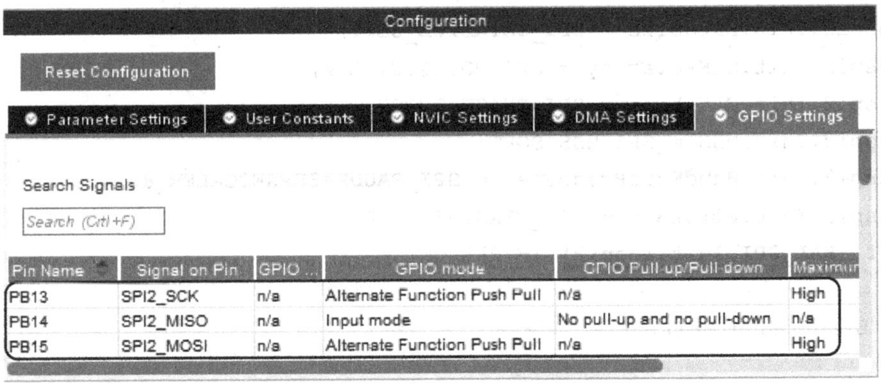

图 5.3　SPI2 的 GPIO 默认配置

- PB13：SPI2_SCK，复用推挽模式，高速输出
- PB14：SPI2_MISO，输入模式，不上拉下拉
- PB15：SPI2_MOSI，复用推挽模式，高速输出

⑤ 选择配置下的 Parameter Settings 标签，SPI2 的默认配置如图 5.4 所示。

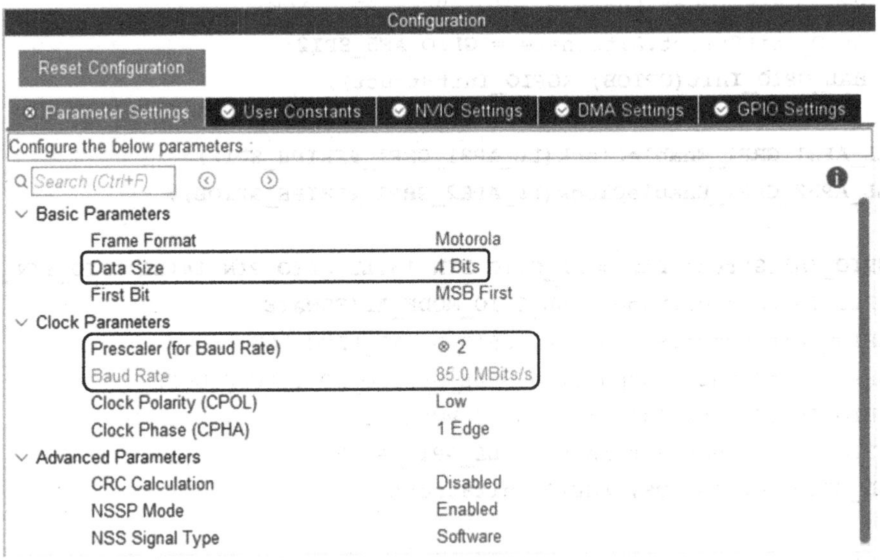

图 5.4　SPI2 的默认配置

- 基本参数：帧格式—Motorola，数据大小—4 位，先发送 MSB
- 时钟参数：预分频—2（波特率—85.0 MBits/s），时钟极性—低，时钟相位—第 1 边沿

数据大小可以选择“4 位”“8 位”或“16 位”等，先发送位可以选择“MSB First”或“LSB First”，预分频可以选择“2”“4”“8”或“256”等。

- 将“Data Size”修改为“8”Bits
- 将“Prescaler (for Baud Rate)”修改为“8”，“Baud Rate”变为“21.25”MBits/s

SPI 配置完成后生成的相应 HAL 和 LL 初始化程序分别在 HAL\Core\Src\spi.c 和 LL\Core\Src\spi.c 中，其中主要代码如下：

```
/* HAL 工程 */
  hspi2.Instance = SPI2;
  hspi2.Init.Mode = SPI_MODE_MASTER;
  hspi2.Init.Direction = SPI_DIRECTION_2LINES;
```

```
hspi2.Init.DataSize = SPI_DATASIZE_8BIT;
hspi2.Init.CLKPolarity = SPI_POLARITY_LOW;
hspi2.Init.CLKPhase = SPI_PHASE_1EDGE;
hspi2.Init.NSS = SPI_NSS_SOFT;
hspi2.Init.BaudRatePrescaler = SPI_BAUDRATEPRESCALER_8;
hspi2.Init.FirstBit = SPI_FIRSTBIT_MSB;
if (HAL_SPI_Init(&hspi2) != HAL_OK)
{
  Error_Handler();
}
  __HAL_RCC_SPI2_CLK_ENABLE();
  __HAL_RCC_GPIOB_CLK_ENABLE();

  GPIO_InitStruct.Pin = GPIO_PIN_13|GPIO_PIN_14|GPIO_PIN_15;
  GPIO_InitStruct.Mode = GPIO_MODE_AF_PP;
  GPIO_InitStruct.Pull = GPIO_NOPULL;
  GPIO_InitStruct.Speed = GPIO_SPEED_FREQ_LOW;
  GPIO_InitStruct.Alternate = GPIO_AF5_SPI2;
  HAL_GPIO_Init(GPIOB, &GPIO_InitStruct);
/* LL工程 */
 LL_APB1_GRP1_EnableClock(LL_APB1_GRP1_PERIPH_SPI2);
 LL_APB2_GRP1_EnableClock(LL_APB2_GRP1_PERIPH_GPIOB);

 GPIO_InitStruct.Pin = LL_GPIO_PIN_13|LL_GPIO_PIN_14|LL_GPIO_PIN_15;
 GPIO_InitStruct.Mode = LL_GPIO_MODE_ALTERNATE;
 GPIO_InitStruct.Speed = LL_GPIO_SPEED_FREQ_LOW;
 GPIO_InitStruct.OutputType = LL_GPIO_OUTPUT_PUSHPULL;
 GPIO_InitStruct.Pull = LL_GPIO_PULL_NO;
 GPIO_InitStruct.Alternate = LL_GPIO_AF_5;
 LL_GPIO_Init(GPIOB, &GPIO_InitStruct);

 SPI_InitStruct.TransferDirection = LL_SPI_FULL_DUPLEX;
 SPI_InitStruct.Mode = LL_SPI_MODE_MASTER;
 SPI_InitStruct.DataWidth = LL_SPI_DATAWIDTH_8BIT;
 SPI_InitStruct.ClockPolarity = LL_SPI_POLARITY_LOW;
 SPI_InitStruct.ClockPhase = LL_SPI_PHASE_1EDGE;
 SPI_InitStruct.NSS = LL_SPI_NSS_SOFT;
 SPI_InitStruct.BaudRate = LL_SPI_BAUDRATEPRESCALER_DIV8;
 SPI_InitStruct.BitOrder = LL_SPI_MSB_FIRST;
 LL_SPI_Init(SPI2, &SPI_InitStruct);
```

5.3 SPI 库函数

SPI 库函数包括 HAL 库函数和 LL 库函数。

5.3.1 SPI HAL 库函数

基本的 SPI HAL 库函数在 stm32g4xx_hal_spi.h 中声明如下：

```
HAL_StatusTypeDef HAL_SPI_Init(SPI_HandleTypeDef *hspi)
HAL_StatusTypeDef HAL_SPI_TransmitReceive(SPI_HandleTypeDef *hspi,
  uint8_t *pTxData, uint8_t *pRxData, uint16_t Size, uint32_t Timeout)
```

（1）初始化 SPI

```
HAL_StatusTypeDef HAL_SPI_Init(SPI_HandleTypeDef *hspi)
```

参数说明：

★ hspi：SPI 句柄，在 stm32g4xx_hal_spi.h 中定义如下：

```
typedef struct __SPI_HandleTypeDef
{
  SPI_TypeDef          *Instance;        /* SPI 名称 */
  SPI_InitTypeDef      Init;             /* SPI 初始化参数 */
  ……………………………………………………………………
} SPI_HandleTypeDef;
```

其中 SPI_InitTypeDef 在 stm32g4xx_hal_spi.h 中定义如下：

```
typedef struct
{
  uint32_t Mode;                         /* 模式(主设备/从设备) */
  uint32_t Direction;                    /* 方向 */
  uint32_t DataSize;                     /* 数据位数(8位/16位) */
  ……………………………………………………………………
} SPI_InitTypeDef;
```

返回值：HAL 状态，HAL 状态在 stm32g4xx_hal_def.h 中定义。

（2）SPI 发送接收

```
HAL_StatusTypeDef HAL_SPI_TransmitReceive(SPI_HandleTypeDef *hspi,
  uint8_t *pTxData, uint8_t *pRxData, uint16_t Size, uint32_t Timeout)
```

参数说明：

★ hspi：SPI 句柄。
★ pTxData：发送数据缓存指针。
★ pRxData：接收数据缓存指针。
★ Size：数据长度。
★ Timeout：超时。

返回值：HAL 状态，HAL_OK 等。

5.3.2 SPI LL 库函数

基本的 SPI LL 库函数在 stm32g4xx_ll_spi.h 中声明如下：

```
ErrorStatus LL_SPI_Init(SPI_TypeDef *SPIx,
  LL_SPI_InitTypeDef *SPI_InitStruct)
```

```
void LL_SPI_Enable(SPI_TypeDef *SPIx)
uint32_t LL_SPI_IsActiveFlag_TXE(SPI_TypeDef *SPIx)
uint32_t LL_SPI_IsActiveFlag_RXNE(SPI_TypeDef *SPIx)
void LL_SPI_TransmitData8(SPI_TypeDef *SPIx, uint8_t TxData)
uint8_t LL_SPI_ReceiveData8(SPI_TypeDef *SPIx)
```

（1）初始化 SPI

```
ErrorStatus LL_SPI_Init(SPI_TypeDef *SPIx,
  LL_SPI_InitTypeDef *SPI_InitStruct)
```

参数说明：

★ SPIx：SPI 名称。

★ SPI_InitStruct：SPI 初始化参数指针，SPI 初始化参数在 stm32g4xx_ll_spi.h 中定义如下：

```
typedef struct
{
  uint32_t TransferDirection;           /* 方向 */
  uint32_t Mode;                        /* 模式(主设备/从设备) */
  uint32_t DataWidth;                   /* 数据宽度(8位/16位) */
  ……
} LL_SPI_InitTypeDef;
```

返回值：错误状态，错误状态在 stm32g4xx.h 中定义。

（2）SPI 使能

```
void LL_SPI_Enable(SPI_TypeDef *SPIx)
```

参数说明：

★ SPIx：SPI 名称。

（3）SPI 发送缓存空

```
uint32_t LL_SPI_IsActiveFlag_TXE(SPI_TypeDef *SPIx)
```

参数说明：

★ SPIx：SPI 名称。

返回值：0—发送缓存不空，1—发送缓存空。

（4）SPI 接收缓存不空

```
uint32_t LL_SPI_IsActiveFlag_RXNE(SPI_TypeDef *SPIx)
```

参数说明：

★ SPIx：SPI 名称。

返回值：0—接收缓存空，1—接收缓存不空。

（5）SPI 发送 8 位数据

```
void LL_SPI_TransmitData8(SPI_TypeDef *SPIx, uint8_t TxData)
```

参数说明：

★ SPIx：SPI 名称。

★ TxData：发送值。

（6）SPI 接收 8 位数据

```
uint8_t LL_SPI_ReceiveData8(SPI_TypeDef *SPIx)
```

参数说明：

★ SPIx：SPI 名称。

返回值：接收值。

5.4 SPI 设计实例

SPI 系统包括 STM32 MCU（内嵌 SysTick）、按键、LED、LCD 显示屏、UART1 接口（PA9-TX1、PA10-RX1）和串行 FLASH GD25Q16C，GD25Q16C 通过 SPI2 接口（PB12-CS，PB13-SCK，PB14-MISO，PB15-MOSI）与 MCU 连接。系统硬件方框图如图 5.5 所示。

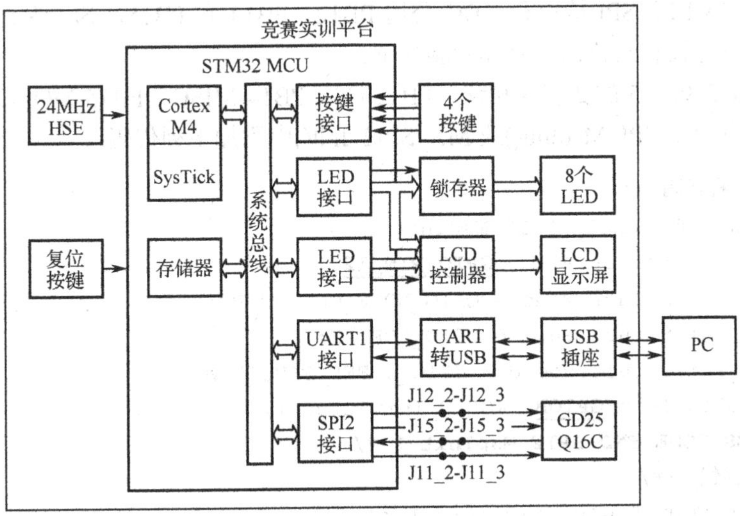

图 5.5　SPI 系统硬件方框图

GD25Q16C 是兆易公司生产的 16Mbit SPI 接口 FLASH，2MB 存储空间分为 64 或 32 块（每块 32KB 或 64KB），每块分为 8 或 16 扇区（每扇区 4KB），每扇区分为 16 页（每页 256B），页编程时间为 0.6ms，扇区擦除时间为 45ms，块擦除时间为 150ms 或 250ms，整片擦除时间为 7s。

GD25Q16C 常用命令如表 5.6 所示。

表 5.6　GD25Q16C 常用命令

名　称	字节 1	字节 2	字节 3	字节 4	字节 5	字节 6	n 字节
允许写	06H						
禁止写	04H						
读状态寄存器	05H	(S7～S0)	(S7～S0)	(S7～S0)	(S7～S0)	(S7～S0)	(S7～S0)
读状态寄存器 1	35H	(S17～S8)	(S17～S8)	(S17～S8)	(S17～S8)	(S17～S8)	(S17～S8)
写状态寄存器	01H	S7～S0	S15～S8				
读数据	03H	A23～A16	A15～A8	A7～A0	(数据 1)	(数据 2)	(连续数据)
编程页	02H	A23～A16	A15～A8	A7～A0	数据 1	数据 2	数据 3～256
擦除扇区	20H	A23～A16	A15～A8	A7～A0			

GD25Q16C 状态寄存器主要内容如表 5.7 所示。

表 5.7　GD25Q16C 状态寄存器主要内容

位	名　称	说　明	位	名　称	说　明
S0	WIP	正在写入/编程/擦除	S1	WEL	写允许锁存
S2～S6	BP0～BP4	块保护	S7～S8	SRP0～SRP1	状态寄存器保护

5.4.1　软件设计与实现

SPI 的软件设计与实现在 USART 实现的基础上修改完成：

- 将“044_USART”文件夹复制粘贴并重命名为“054_SPI”文件夹。

SPI 的软件设计与实现包括硬件接口设置与修改、硬件接口函数设计与实现、GD25Q16C 操作函数设计与实现和数据处理函数设计与实现。

（1）硬件接口设置与修改

CT117E-M4（V1.2）SPI 接口和 ADC 公用 PB12、PB14 和 PB15，为了保证系统正常工作，需要对硬件接口进行设置与修改，具体步骤如下：

① 将 J11、J12 和 J15 的 2 和 3 相连（PB12-CS，PB14-MISO，PB15-MOSI）。

② 在 spi.c 的 MX_SPI_MspInit()或 MX_SPI2_Init()中添加下列代码：

```
/* HAL 工程代码 */
  /* USER CODE BEGIN SPI2_MspInit 1 */
    GPIO_InitStruct.Pin = GPIO_PIN_12;
    GPIO_InitStruct.Mode = GPIO_MODE_OUTPUT_PP;
    GPIO_InitStruct.Pull = GPIO_NOPULL;
    GPIO_InitStruct.Speed = GPIO_SPEED_FREQ_LOW;
    HAL_GPIO_Init(GPIOB, &GPIO_InitStruct);
  /* USER CODE END SPI2_MspInit 1 */
/* LL 工程代码 */
  /* USER CODE BEGIN SPI2_Init 1 */
  GPIO_InitStruct.Pin = LL_GPIO_PIN_12;
  GPIO_InitStruct.Mode = LL_GPIO_MODE_OUTPUT;
  GPIO_InitStruct.Speed = LL_GPIO_SPEED_FREQ_LOW;
  GPIO_InitStruct.OutputType = LL_GPIO_OUTPUT_PUSHPULL;
  GPIO_InitStruct.Pull = LL_GPIO_PULL_NO;
  LL_GPIO_Init(GPIOB, &GPIO_InitStruct);
  /* USER CODE END SPI2_Init 1 */
```

（2）硬件接口函数设计与实现

硬件接口函数设计与实现的步骤如下：

① 在 spi.h 中添加下列代码：

```
/* USER CODE BEGIN Prototypes */
void SPI_WriteRead(uint8_t *ucTxData, uint8_t *ucRxData, uint16_t usSize);
void SPI_ControlNSS(uint8_t ucControl);
/* USER CODE END Prototypes */
```

② 在 spi.c 的 MX_SPI2_Init()后部添加下列代码：

```
/* USER CODE BEGIN SPI2_Init 2 */
/* HAL 工程代码 */
```

```
  HAL_GPIO_WritePin(GPIOB, GPIO_PIN_12, GPIO_PIN_SET);   /* PB12(NSS)置位 */
/* LL工程代码 */
  LL_GPIO_SetOutputPin(GPIOB, LL_GPIO_PIN_12);           /* PB12 (NSS) 置位 */
  LL_SPI_Enable(SPI2);                                   /* SPI2 允许 */
/* USER CODE END SPI2_Init 2 */
```

③ 在 spi.c 的后部添加下列代码：

```
/* USER CODE BEGIN 1 */
void SPI_WriteRead(uint8_t *ucTxData, uint8_t *ucRxData, uint16_t usSize)
{
/* HAL工程代码 */
  HAL_SPI_TransmitReceive(&hspi2, ucTxData, ucRxData, usSize, 10);
/* LL工程代码 */
  for (uint16_t i=0; i<usSize; i++)
  {
    while(LL_SPI_IsActiveFlag_TXE(SPI2) == 0);       /* 等待发送寄存器空 */
    LL_SPI_TransmitData8(SPI2, ucTxData[i]);         /* 发送数据 */
    while(LL_SPI_IsActiveFlag_RXNE(SPI2) == 0);      /* 等待接收寄存器不空 */
    ucRxData[i] = LL_SPI_ReceiveData8(SPI2);         /* 接收数据 */
  }
}

void SPI_ControlNSS(uint8_t ucControl)               /* SPI NSS 控制 */
{
  if (ucControl == 0)
  {
    HAL_GPIO_WritePin(GPIOB, GPIO_PIN_12, GPIO_PIN_RESET);
//  LL_GPIO_ResetOutputPin(GPIOB, LL_GPIO_PIN_12);
  }
  else
  {
    HAL_GPIO_WritePin(GPIOB, GPIO_PIN_12, GPIO_PIN_SET);
//  LL_GPIO_SetOutputPin(GPIOB, LL_GPIO_PIN_12);
  }
}
/* USER CODE END 1 */
```

（3）GD25Q16C 操作函数设计与实现

GD25Q16C 操作函数设计与实现的步骤如下：

① 在“054_SPI”文件夹中新建 flash.h 文件，核心内容如下：

```
#include "main.h"
void FLASH_ReadData(uint32_t uwAddress, uint8_t *ucData, uint16_t usSize);
void FLASH_ProgramPage(uint32_t uwAddress, uint8_t *ucData);
void FLASH_EraseSector(uint32_t uwAddress);
```

② 在“054_SPI”文件夹中新建 flash.c 文件，核心内容如下：

```
#include "spi.h"
/* 允许写 */
```

```c
void FLASH_WriteEnable(void)
{
  uint8_t ucData[1] = {6};

  SPI_ControlNSS(0);
  SPI_WriteRead(ucData, ucData, 1);
  SPI_ControlNSS(1);
}
/* 读状态 */
uint8_t FLASH_ReadStatus(void)
{
  uint8_t ucData[2] = {5, 0};

  SPI_ControlNSS(0);
  SPI_WriteRead(ucData, ucData, 2);
  SPI_ControlNSS(1);
  return ucData[1];
}
/* 写命令（地址范围 0～0x1fffff） */
void FLASH_WriteCommand(uint8_t ucCommand, uint32_t uwAddress)
{
  uint8_t ucBuff[4];

  while (FLASH_ReadStatus() & 1);
  SPI_ControlNSS(0);
  ucBuff[0] = ucCommand;
  ucBuff[1] = uwAddress >> 16;
  ucBuff[2] = uwAddress >> 8;
  ucBuff[3] = uwAddress;
  SPI_WriteRead(ucBuff, ucBuff, 4);
}
/* 读数据（1～64KByte） */
void FLASH_ReadData(uint32_t uwAddress, uint8_t *ucData, uint16_t usSize)
{
  FLASH_WriteCommand(3, uwAddress);
  SPI_WriteRead(ucData, ucData, usSize);
  SPI_ControlNSS(1);
}
/* 编程页（1～256Byte） */
void FLASH_ProgramPage(uint32_t uwAddress, uint8_t *ucData)
{
  FLASH_WriteEnable();
  FLASH_WriteCommand(2, uwAddress);
  SPI_WriteRead(ucData, ucData, 256);
  SPI_ControlNSS(1);
}
/* 擦除扇区（4KByte） */
void FLASH_EraseSector(uint32_t uwAddress)
```

```
{
  FLASH_WriteEnable();
  FLASH_WriteCommand(0x20, uwAddress);
  SPI_ControlNSS(1);
}
```

③ 将 flash.c 添加到工程中。

（4）数据处理函数设计与实现

数据处理函数设计与实现的步骤如下：

① 在 main.c 中包含下列头文件：

```
#include "flash.h"
```

② 在 main.c 中定义如下全局变量：

```
uint8_t ucData[256];                    /* FLASH 页数据 */
```

③ 在 main.c 中声明如下函数：

```
void UART_Tran(void);                   /* UART 发送 */
```

④ 在 main()的初始化部分取消下列语句前的注释：

```
// MX_SPI2_Init();
```

⑤ 在 while (1)前添加如下代码：

```
/* 读数据 1 */
  FLASH_ReadData(0, ucData, 256);
  UART_Tran();
/* 编程页 */
  for (uint8_t i=0; i<255; i++)
    ucData[i] = 0x5a;
  FLASH_ProgramPage(0, ucData);
/* 读数据 2 */
  FLASH_ReadData(0, ucData, 256);
  UART_Tran();
/* 擦除扇区 */
  FLASH_EraseSector(0);
/* 读数据 3 */
  FLASH_ReadData(0, ucData, 256);
  UART_Tran();
```

⑥ 在 fputc()后添加如下代码：

```
void UART_Tran(void)
{
  uint8_t i=0;
  do {
    printf("%02X:%2X ", i, ucData[i]);
    i++;
  } while (i!=0);
```

```
    printf("\r\n\r\n");
}
```

打开串口终端，编译下载程序，串口终端显示 FLASH 编程前、编程后和擦除扇区后第 0 页的数据，分别是 0xff、0x5a 和 0xff。

注意：FLASH 编程前编程页的内容必须是 0xff，编程页一次写入 1～256 字节数据（1 页内）。如果要修改数据，必须先读数据进行修改，然后擦除扇区再进行编程。而擦除扇区一次擦除 1 个扇区（16 页），对扇区内其他有数据的页也必须先读数据，擦除扇区后再将数据通过编程写回去。

5.4.2 软件调试与分析

HAL 工程和 LL 工程的软件调试与分析方法相似，下面以 LL 工程为例介绍软件调试与分析方法，步骤如下：

（1）打开终端仿真软件，设置端口号和波特率（例如“COM25”和“9600”）。

（2）在 Keil 中单击“Debug”菜单下的“Start/Stop Debug Session”（开始/停止调试会话）菜单项，或单击文件工具栏中的“Start/Stop Debug Session”（开始/停止调试会话）按钮，将程序下载到开发板并进入调试界面。

（3）单击调试工具栏中的“Step Over”（单步跨越）按钮运行下列语句：

```
SystemClock_Config();
MX_GPIO_Init();
MX_USART1_UART_Init();
MX_SPI2_Init();
```

（4）选择“Peripherals”（设备）>“System Viewer”（系统观察器）>“RCC”菜单项打开“RCC”对话框，其中 APB1ENR1 寄存器的内容如图 5.6（a）所示，SPI2EN 的值为 1（时钟允许）。

（5）选择“Peripherals”（设备）>“System Viewer”（系统观察器）>“GPIO”>“GPIOB”菜单项打开“GPIOB”对话框，其中 MODER 寄存器的内容如图 5.6(b)所示，PB12 的模式值 MODER12 为 0x01（通用输出），PB13～PB15 的模式值 MODER13～MODER15 为 0x02（复用）。

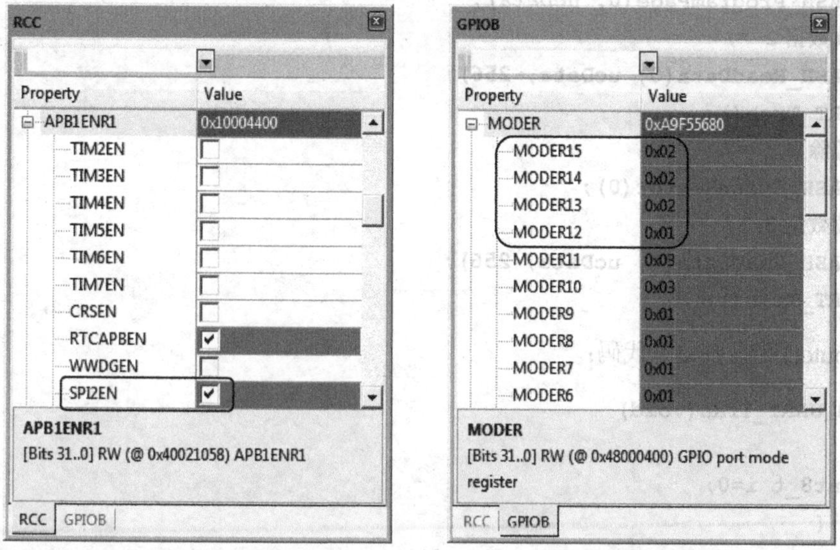

（a）“RCC”对话框　　（b）“GPIOB”对话框

图 5.6 “RCC”对话框和“GPIOB”对话框

（6）选择“Peripherals”（设备）>“System Viewer”（系统观察器）>“SPI”>“SPI2”菜单项打开“SPI2”对话框，如图 5.7（a）所示，其中 CR1 的值为 0x0354，CR2 的值为 0x1700，SR 的值为 0x0002，CR1 寄存器内容如图 5.7（b）所示。

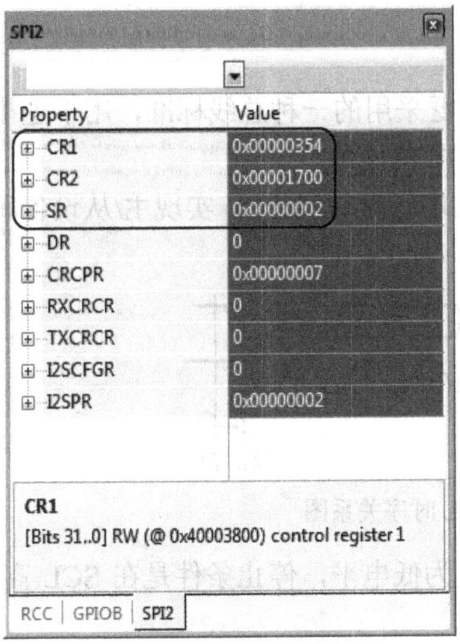

（a）全部寄存器内容

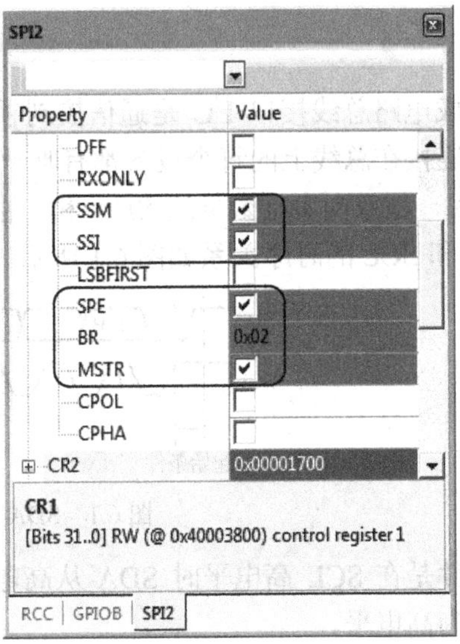

（b）CR1 寄存器内容

图 5.7 “SPI2”对话框

（7）单击“Step Over”（单步跨越）按钮运行下列语句：

```
/* 读数据 1 */
  GD25Q16_ReadData(0, ucData, 256);
  UART_Tran();
```

超级终端中显示读数据 1（256 个 0xff）。

（8）单击下列语句：

```
  GD25Q16_EraseSector(0);
```

单击“Run to Cursor Line”（运行到光标行）按钮，运行到上列语句，超级终端中显示读数据 2（255 个 0x5a 和 1 个 0xff，？）。

（9）单击“Step Over”（单步跨越）按钮运行下列语句：

```
/* 读数据 3 */
  GD25Q16_ReadData(0, ucData, 256);
  UART_Tran();
```

超级终端中显示读数据 3（256 个 0xff）。

（10）单击“Debug”菜单下的“Start/Stop Debug Session”（开始/停止调试会话）菜单项，或单击文件工具栏中的“Start/Stop Debug Session”（开始/停止调试会话）按钮，退出调试界面。

第 6 章　内部集成电路总线接口 I^2C

内部集成电路总线接口 I^2C 是通信控制领域广泛采用的一种总线标准，用于连接微控制器和外围设备，连接在总线上的每个设备都有唯一的 7/10 位地址。

I^2C 使用一根双向串行数据线 SDA 和一根双向串行时钟线 SCL 实现主/从设备间的多主串行通信，SDA 和 SCL 的时序关系如图 6.1 所示。

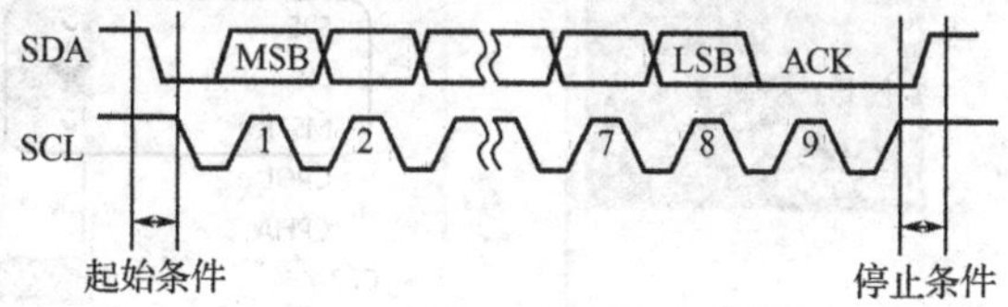

图 6.1　SDA 和 SCL 时序关系图

起始条件是在 SCL 高电平时 SDA 从高电平变为低电平，停止条件是在 SCL 高电平时 SDA 从低电平变为高电平。

SDA 上的数据必须在 SCL 高电平时保持稳定，低电平时可以改变。发送器发送数据后释放 SDA（高电平），接收器接收数据后必须在 SCL 低电平时将 SDA 变为低电平，并在 SCL 高电平时保持稳定，作为对发送器的应答（ACK）。

6.1　I^2C 简介

I^2C 由数据和时钟两部分组成。数据部分包括数据寄存器、数据移位寄存器和数据控制等。时钟部分包括控制状态寄存器、时钟控制寄存器、控制逻辑电路和时钟控制等，控制状态寄存器通过控制逻辑电路等控制时钟的行为。

I^2C 可以工作在标准模式（输入时钟频率最低 2MHz，SCL 频率最高 100kHz），也可以工作在快速模式（输入时钟频率最低 4MHz，SCL 频率最高 400kHz）。

I^2C 使用的 GPIO 引脚如表 6.1 所示。

表 6.1　I^2C 使用的 GPIO 引脚

I^2C 引脚	GPIO 引脚			
	I2C1	I2C2	I2C3	配　置
SDA	PA14/PB7/PB9	PA8	PB5/PC9/PC11	复用开漏
SCL	PA13/PA15/PB8	PA9/PC4	PA8/PC8	复用开漏

I^2C 的主要寄存器如表 6.2 所示。

表 6.2　I^2C 主要寄存器

偏移地址	名　称	类　型	复位值	说　明
0x00	**CR1**	读/写	**0x0000 0000**	**控制寄存器 1（详见表 6.3）**
0x04	**CR2**	读/写	**0x0000 0000**	**控制寄存器 2（详见表 6.4）**
0x08	OAR1	读/写	0x0000	自身地址寄存器 1

续表

偏移地址	名称	类型	复位值	说明
0x0C	OAR2	读/写	0x0000	自身地址寄存器 2
0x10	**TIMINGR**	**读/写**	**0x0000 0000**	**定时寄存器**
0x14	TIMEOUTR	读/写	0x0000 0000	超时寄存器
0x18	**ISR**	**读**	**0x0000 0001**	**中断和状态寄存器（详见表 6.5）**
0x1C	ICR	写	0x0000 0000	中断清除寄存器
0x20	PECR	读	0x00	PEC 寄存器
0x24	**RXDR**	**读**	**0x00**	**接收数据寄存器（8 位）**
0x28	**TXDR**	**读/写**	**0x00**	**发送数据寄存器（8 位）**

I^2C 寄存器中按位操作寄存器的主要内容如表 6.3～表 6.5 所示。

表 6.3　I^2C 控制寄存器 1（CR1）

位	名称	类型	复位值	说明
0	PE	读/写	0	I^2C 使能

表 6.4　I^2C 控制寄存器 2（CR2）

位	名称	类型	复位值	说明
25	AUTOEND	读/写	0	自动结束模式：0—软件结束模式，1—自动结束模式
23:16	NBYTES[7:0]	读/写	0	字节数：0～255
10	RD_WRN	读/写	0	传输方向：0—写，1—读
9:0	SADD[9:0]	读/写	0	从设备地址

表 6.5　I^2C 中断和状态寄存器（ISR）

位	名称	类型	复位值	说明
6	TC	读	0	传输完成
2	RXNE	读	0	接收数据寄存器不空（接收，读 RXDR 清除）
1	TXIS	读/设置	0	发送中断状态（发送，写 TXDR 清除）
0	TXE	读/设置	1	发送数据寄存器空（发送，写 TXDR 清除）

6.2　I^2C 配置

I^2C 的配置步骤如下：

① 在 STM32CubeMX 中打开 HAL.ioc 或 LL.ioc。

② 在 Pinout & Configuration 标签中单击左侧 Categories 下 Connectivity 中的“I2C1”。

③ 在 I2C1 模式下选择模式“I2C”。

④ 选择配置下的 GPIO Settings 标签，I2C1 的 GPIO 默认配置如图 6.2 所示。

- PA15：I2C1_SCL，复用开漏模式
- PB7：I2C1_SDA，复用开漏模式

⑤ 选择配置下的 Parameter Settings 标签，I2C1 的默认配置如图 6.3 所示。

- 定时配置：I^2C 速度模式—标准模式，I^2C 时钟频率—100kHz

● 从设备特性：地址长度选择—7 位

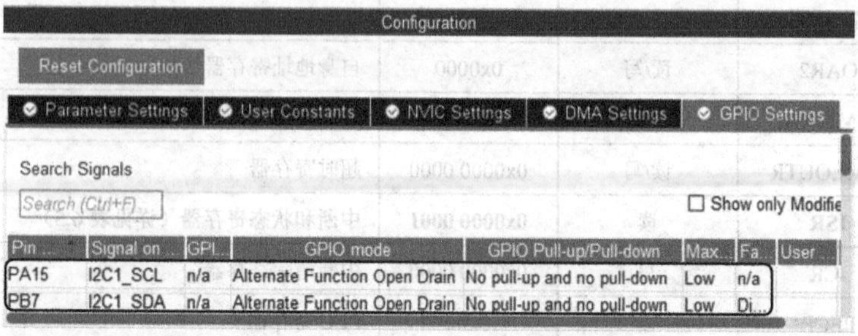

图 6.2　I2C1 的 GPIO 默认配置

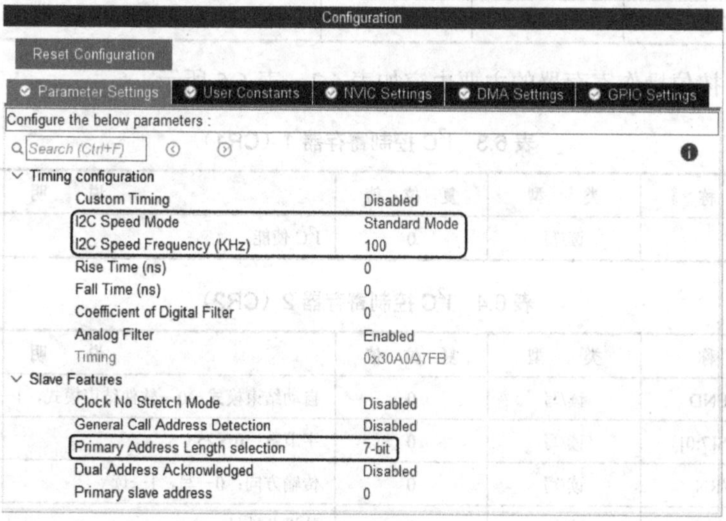

图 6.3　I2C1 的默认配置

I2C1 配置完成后生成的相应 HAL 和 LL 初始化程序分别在 HAL\Core\Src\i2c.c 和 LL\Core\Src\i2c.c 中，其中主要代码如下：

```
/* HAL 工程 */
  hi2c1.Instance = I2C1;
  hi2c1.Init.Timing = 0x30A0A7FB;
  hi2c1.Init.OwnAddress1 = 0;
  hi2c1.Init.AddressingMode = I2C_ADDRESSINGMODE_7BIT;
  hi2c1.Init.DualAddressMode = I2C_DUALADDRESS_DISABLE;
  hi2c1.Init.OwnAddress2 = 0;
  hi2c1.Init.OwnAddress2Masks = I2C_OA2_NOMASK;
  hi2c1.Init.GeneralCallMode = I2C_GENERALCALL_DISABLE;
  hi2c1.Init.NoStretchMode = I2C_NOSTRETCH_DISABLE;
  if (HAL_I2C_Init(&hi2c1) != HAL_OK)
  {
    Error_Handler();
  }
    __HAL_RCC_GPIOA_CLK_ENABLE();
    __HAL_RCC_GPIOB_CLK_ENABLE();

    GPIO_InitStruct.Pin = GPIO_PIN_15;
```

```
    GPIO_InitStruct.Mode = GPIO_MODE_AF_OD;
    GPIO_InitStruct.Pull = GPIO_NOPULL;
    GPIO_InitStruct.Speed = GPIO_SPEED_FREQ_LOW;
    GPIO_InitStruct.Alternate = GPIO_AF4_I2C1;
    HAL_GPIO_Init(GPIOA, &GPIO_InitStruct);

    __HAL_RCC_I2C1_CLK_ENABLE();
/* LL工程 */
  LL_APB2_GRP1_EnableClock(LL_APB2_GRP1_PERIPH_GPIOA);
  LL_APB2_GRP1_EnableClock(LL_APB2_GRP1_PERIPH_GPIOB);

  GPIO_InitStruct.Pin = LL_GPIO_PIN_15;
  GPIO_InitStruct.Mode = LL_GPIO_MODE_ALTERNATE;
  GPIO_InitStruct.Speed = LL_GPIO_SPEED_FREQ_LOW;
  GPIO_InitStruct.OutputType = LL_GPIO_OUTPUT_OPENDRAIN;
  GPIO_InitStruct.Pull = LL_GPIO_PULL_NO;
  GPIO_InitStruct.Alternate = LL_GPIO_AF_4;
  LL_GPIO_Init(GPIOA, &GPIO_InitStruct);

  LL_APB1_GRP1_EnableClock(LL_APB1_GRP1_PERIPH_I2C1);

  I2C_InitStruct.PeripheralMode = LL_I2C_MODE_I2C;
  I2C_InitStruct.Timing = 0x30A0A7FB;
  I2C_InitStruct.AnalogFilter = LL_I2C_ANALOGFILTER_ENABLE;
  I2C_InitStruct.DigitalFilter = 0;
  I2C_InitStruct.OwnAddress1 = 0;
  I2C_InitStruct.TypeAcknowledge = LL_I2C_ACK;
  I2C_InitStruct.OwnAddrSize = LL_I2C_OWNADDRESS1_7BIT;
  LL_I2C_Init(I2C1, &I2C_InitStruct);
  LL_I2C_EnableAutoEndMode(I2C1);
```

6.3 I²C 库函数

I²C 库函数包括 HAL 库函数和 LL 库函数。

6.3.1 I²C HAL 库函数

基本的 I²C HAL 库函数在 stm32g4xx_hal_i2c.h 中声明如下：

```
HAL_StatusTypeDef HAL_I2C_Init(I2C_HandleTypeDef *hi2c)
HAL_StatusTypeDef HAL_I2C_Master_Transmit(I2C_HandleTypeDef *hi2c,
  uint16_t DevAddress, uint8_t *pData, uint16_t Size, uint32_t Timeout)
HAL_StatusTypeDef HAL_I2C_Master_Receive(I2C_HandleTypeDef *hi2c,
  uint16_t DevAddress, uint8_t *pData, uint16_t Size, uint32_t Timeout)
HAL_StatusTypeDef HAL_I2C_Mem_Write(I2C_HandleTypeDef *hi2c,
  uint16_t DevAddress, uint16_t MemAddress, uint16_t MemAddSize,
  uint8_t *pData, uint16_t Size, uint32_t Timeout)
HAL_StatusTypeDef HAL_I2C_Mem_Read(I2C_HandleTypeDef *hi2c,
```

```
    uint16_t DevAddress, uint16_t MemAddress, uint16_t MemAddSize,
    uint8_t *pData, uint16_t Size, uint32_t Timeout)
```

（1）初始化 I^2C

```
HAL_StatusTypeDef HAL_I2C_Init(I2C_HandleTypeDef *hi2c)
```

参数说明：

★ hi2c：I^2C 句柄，在 stm32g4xx_hal_i2c.h 中定义如下：

```
typedef struct __I2C_HandleTypeDef
{
  I2C_TypeDef *Instance;                /* I2C名称 */
  I2C_InitTypeDef Init;                 /* 初始化参数 */
……………………………………………………………………………………
} I2C_HandleTypeDef;
```

其中 I2C_InitTypeDef 在 stm32l0xx_hal_i2c.h 中定义如下：

```
typedef struct
{
  uint32_t Timing;                      /* 定时值 */
  uint32_t AddressingMode;              /* 地址模式（7位或10位） */
……………………………………………………………………………………
} I2C_InitTypeDef;
```

返回值：HAL 状态，HAL_OK 等。

（2）I^2C 主设备发送

```
HAL_StatusTypeDef HAL_I2C_Master_Transmit(I2C_HandleTypeDef *hi2c,
 uint16_t DevAddress, uint_8 *pData, uint16_t Size, uint16_t Timeout)
```

参数说明：

★ hi2c：I^2C 句柄，在 stm32g4xx_hal_i2c.h 中定义

★ DevAddress：器件地址

★ pData：发送数据指针

★ Size：发送数据数量

★ Timeout：超时（ms）

返回值：HAL 状态，HAL_OK 等。

（3）I^2C 主设备接收

```
HAL_StatusTypeDef HAL_I2C_Master_Receive(I2C_HandleTypeDef *hi2c,
 uint16_t DevAddress, uint_8 *pData, uint16_t Size, uint16_t Timeout)
```

参数说明：

★ hi2c：I^2C 句柄，在 stm32g4xx_hal_i2c.h 中定义

★ DevAddress：器件地址

★ pData：接收数据指针

★ Size：接收数据数量

★ Timeout：超时（ms）

返回值：HAL 状态，HAL_OK 等。

（4）I^2C 存储器写

```
HAL_StatusTypeDef HAL_I2C_Mem_Write(I2C_HandleTypeDef *hi2c,
  uint16_t DevAddress, uint16_t MemAddress, uint16_t MemAddSize,
  uint8_t *pData, uint16_t Size, uint16_t Timeout)
```

参数说明：

★ hi2c：I^2C 句柄，在 stm32g4xx_hal_i2c.h 中定义

★ DevAddress：器件地址

★ MemAddress：存储器地址

★ MemAddSize：存储器地址大小（1—8 位地址或 2—16 位地址）

★ pData：写数据指针

★ Size：写数据数量

★ Timeout：超时（ms）

返回值：HAL 状态，HAL_OK 等。

（5）I^2C 存储器读

```
HAL_StatusTypeDef HAL_I2C_Mem_Read(I2C_HandleTypeDef *hi2c,
  uint16_t DevAddress, uint16_t MemAddress, uint16_t MemAddSize,
  uint8_t *pData, uint16_t Size, uint16_t Timeout)
```

参数说明：

★ hi2c：I^2C 句柄，在 stm32g4xx_hal_i2c.h 中定义

★ DevAddress：器件地址

★ MemAddress：存储器地址

★ MemAddSize：存储器地址大小（1—8 位地址或 2—16 位地址）

★ pData：读数据指针

★ Size：读数据数量

★ Timeout：超时（ms）

返回值：HAL 状态，HAL_OK 等。

6.3.2 I^2C LL 库函数

基本的 I^2C LL 库函数在 stm32g4xx_ll_i2c.h 中声明如下：

```
uint32_t LL_I2C_Init(I2C_TypeDef *I2Cx, LL_I2C_InitTypeDef *I2C_InitStruct)
void LL_I2C_EnableAutoEndMode(I2C_TypeDef *I2Cx)
void LL_I2C_HandleTransfer(I2C_TypeDef *I2Cx, uint32_t SlaveAddr,
  uint32_t SlaveAddrSize, uint32_t TransferSize, uint32_t EndMode,
  uint32_t Request)
uint32_t LL_I2C_IsActiveFlag_TXIS(I2C_TypeDef *I2Cx)
uint32_t LL_I2C_IsActiveFlag_TXE(I2C_TypeDef *I2Cx)
uint32_t LL_I2C_IsActiveFlag_TC(I2C_TypeDef *I2Cx)
uint32_t LL_I2C_IsActiveFlag_RXNE(I2C_TypeDef *I2Cx)
void LL_I2C_TransmitData8(I2C_TypeDef *I2Cx, uint8_t Data)
uint8_t LL_I2C_ReceiveData8(I2C_TypeDef *I2Cx)
```

（1）初始化 I^2C

```
uint32_t LL_I2C_Init(I2C_TypeDef *I2Cx, LL_I2C_InitTypeDef *I2C_InitStruct)
```

参数说明：

★ I2Cx：I^2C 名称

★ LL_I2C_InitTypeDef：I^2C 初始化参数结构体指针，I^2C 初始化参数结构体在 stm32g4xx_ll_i2c.h 中定义如下：

```
typedef struct
{
  uint32_t PeripheralMode;          /* 设备模式（I2C、SMBUS 主设备或 SMBUS 从设备） */
  uint32_t Timing;                  /* 定时 */
……………………………………………………………………
  uint32_t OwnAddrSize;             /* 自身地址位数（7 位或 10 位） */
} LL_I2C_InitTypeDef;
```

返回值：0—成功。

（2）允许自动结束模式

```
void LL_I2C_EnableAutoEndMode(I2C_TypeDef *I2Cx)
```

参数说明：

★ I2Cx：I^2C 名称

（3）管理传输

```
void LL_I2C_HandleTransfer(I2C_TypeDef *I2Cx, uint32_t SlaveAddr,
 uint32_t SlaveAddrSize, uint32_t TransferSize, uint32_t EndMode,
 uint32_t Request)
```

参数说明：

★ I2Cx：I^2C 名称

★ SlaveAddr：从设备地址

★ SlaveAddrSize：从设备地址大小：7 位或 10 位

★ TransferSize：传输数据字节数

★ EndMode：结束模式，自动结束（STOP）或软件结束（RESTART）等

★ Request：请求类型，开始读或开始写等

（4）检测发送中断状态

```
uint32_t LL_I2C_IsActiveFlag_TXIS(I2C_TypeDef *I2Cx)
```

参数说明：

★ I2Cx：I^2C 名称

返回值：TXIS 状态（0 或 1）。

（5）检测发送寄存器空状态

```
uint32_t LL_I2C_IsActiveFlag_TXE(I2C_TypeDef *I2Cx)
```

参数说明：

★ I2Cx：I^2C 名称

返回值：TXE 状态（0 或 1）。

（6）检测传输完成状态

```
uint32_t LL_I2C_IsActiveFlag_TC(I2C_TypeDef *I2Cx)
```

参数说明：
★ I2Cx：I^2C 名称
返回值：TC 状态（0 或 1）。
（7）检测接收寄存器非空状态

```
uint32_t LL_I2C_IsActiveFlag_RXNE(I2C_TypeDef *I2Cx)
```

参数说明：
★ I2Cx：I^2C 名称
返回值：RXNE 状态（0 或 1）。
（8）发送 8 位数据

```
void LL_I2C_TransmitData8(I2C_TypeDef *I2Cx, uint8_t Data)
```

参数说明：
★ I2Cx：I^2C 名称
★ Data：发送数据
（9）接收 8 位数据

```
uint8_t LL_I2C_ReceiveData8(I2C_TypeDef* I2Cx)
```

参数说明：
★ I2Cx：I^2C 名称
返回值：接收数据

6.4 I^2C 设计实例

I^2C 系统包括 STM32 MCU（内嵌 SysTick）、按键、LED、LCD 显示屏、UART1 接口和串行 EEPROM 24C02，24C02 通过 I2C1 接口（PA15-SCL 和 PB7-SDA）与 MCU 连接。系统硬件方框图如图 6.4 所示。

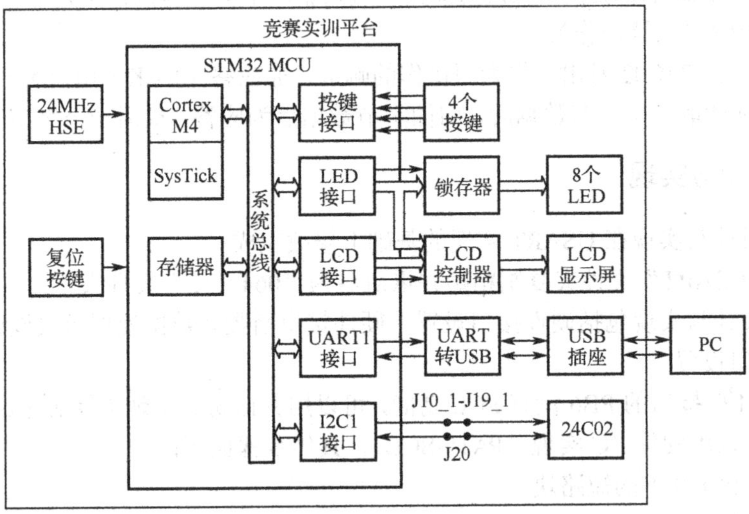

图 6.4　I^2C 系统硬件方框图

24C02 是 2kbit 串行 EEPROM，内部组织为 256B*8bit，支持 8B 页写，写周期内部定时（小于 5ms)，2 线串行接口，可实现 8 个器件共用 1 个接口，工作电压为 2.7～5.5V，8 引脚封装，引脚说明如表 6.6 所示。

表 6.6　24C02 引脚说明

引　脚	功　能	方　向	说　明	引　脚	功　能	方　向	说　明
1	A0	输入	器件地址 0	5	SDA	双向	串行数据
2	A1	输入	器件地址 1	6	SCL	输入	串行时钟
3	A2	输入	器件地址 2	7	WP	输入	写保护
4	GND	—	地	8	VCC	输入	电源（2.7～5.5V）

24C02 的字节数据写格式如图 6.5 所示。

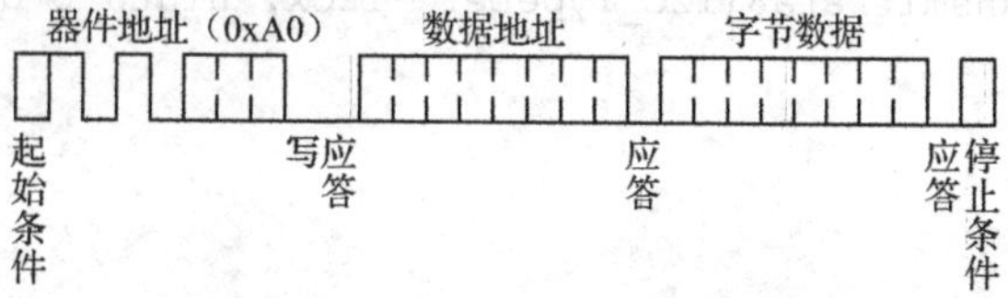

图 6.5　24C02 字节数据写格式

写数据时，写数据地址和写字节数据一起进行，7 位器件地址后的读写操作位为 0（写操作），应答由 24C02 发出，作为写操作的响应。

24C02 的字节数据读格式如图 6.6 所示。

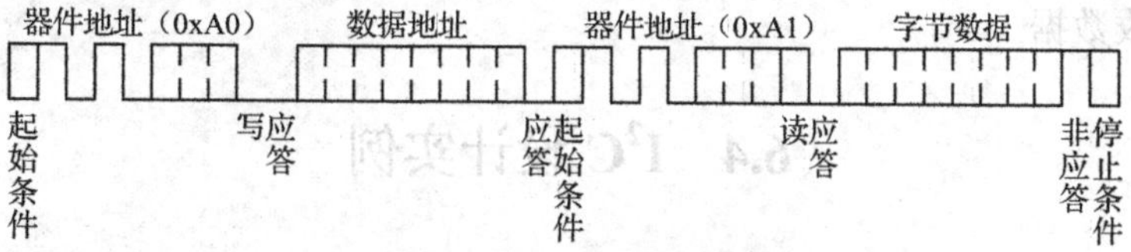

图 6.6　24C02 字节数据读格式

读数据时，控制器的操作包含两步：写数据地址和读字节数据。写数据地址和读字节数据前，控制器首先发送 7 位器件地址和 1 位读写操作，写数据地址前读写操作位为 0（写操作），读字节数据前读写操作位为 1（读操作）。

应答（ACK）由 24C02 发出，作为写操作的响应，非应答（NAK）由控制器发出，作为读操作的响应。当连续读取多个字节数据时，前面字节数据后为应答，最后一个字节数据后为非应答。

6.4.1　软件设计与实现

I^2C 的软件设计与实现在 USART 实现的基础上修改完成：

- 将“044_USART”文件夹复制粘贴并重命名为“064_I2C”文件夹。

I^2C 的软件设计与实现包括硬件接口设置、硬件接口函数和数据处理函数设计与实现。

（1）硬件接口设置

CT117E-M4 I^2C 接口的 PB6 没有 SCL 功能，可以用并口仿真实现（参见竞赛资源包中的底层驱动代码），也可以用硬件 I^2C 实现（PA15-SCL），具体步骤如下：

① 拔掉 J10 和 J19 上的短路块。

② 用短路块连接 J10_1（PA15）和 J19_1（SCL）。

（2）硬件接口函数设计与实现

硬件接口函数实现 I^2C 接口的底层操作，具体实现步骤是：

① 在 i2c.h 中添加下列内容：

```
/* USER CODE BEGIN Prototypes */
void EEPROM_Read(uint8_t *ucBuf, uint8_t ucAddr, uint8_t ucNum);
void EEPROM_Write(uint8_t *ucBuf, uint8_t ucAddr, uint8_t ucNum);
/* USER CODE END Prototypes */
```

② 在 i2c.c 的最后添加下列代码：

```
/* EEPROM 读 */
void EEPROM_Read(uint8_t *ucBuf, uint8_t ucAddr, uint8_t ucNum)
{
/* HAL 工程代码 */
  HAL_I2C_Mem_Read(&hi2c1, 0xa0, ucAddr, 1, ucBuf, ucNum, 100);
/* LL 工程代码 */
  LL_I2C_HandleTransfer(I2C1, 0xa0, LL_I2C_ADDRSLAVE_7BIT, 1,
    LL_I2C_MODE_SOFTEND, LL_I2C_GENERATE_START_WRITE);
  while(!LL_I2C_IsActiveFlag_TXIS(I2C1));             /* 等待发送就绪 */
//while(!LL_I2C_IsActiveFlag_TXE(I2C1));              /* 等待发送寄存器空 */
  LL_I2C_TransmitData8(I2C1, ucAddr);                 /* 发送数据地址 */
  while(!LL_I2C_IsActiveFlag_TC(I2C1));               /* 等待发送完成 */
//while(!LL_I2C_IsActiveFlag_TXE(I2C1));              /* 等待发送寄存器空 */
  LL_I2C_HandleTransfer(I2C1, 0xa0, LL_I2C_ADDRSLAVE_7BIT, ucNum,
    LL_I2C_MODE_AUTOEND, LL_I2C_GENERATE_START_READ);
  for (uint8_t i=0; i<ucNum; i++)
  {
    while (!LL_I2C_IsActiveFlag_RXNE(I2C1));          /* 等待接收寄存器不空 */
    ucBuf[i] = LL_I2C_ReceiveData8(I2C1);             /* 接收数据 */
  }
}
/* EEPROM 写 */
void EEPROM_Write(uint8_t *ucBuf, uint8_t ucAddr, uint8_t ucNum)
{
/* HAL 工程代码 */
  HAL_I2C_Mem_Write(&hi2c1, 0xa0, ucAddr, 1, ucBuf, ucNum, 100);
/* LL 工程代码 */
  LL_I2C_HandleTransfer(I2C1, 0xA0, LL_I2C_ADDRSLAVE_7BIT, ucNum+1,
    LL_I2C_MODE_AUTOEND, LL_I2C_GENERATE_START_WRITE);
  while(!LL_I2C_IsActiveFlag_TXIS(I2C1));             /* 等待发送就绪 */
  LL_I2C_TransmitData8(I2C1, ucAddr);                 /* 发送数据地址 */
  for (uint8_t i=0; i<ucNum; i++)
  {
    while (!LL_I2C_IsActiveFlag_TXE(I2C1)) ;          /* 等待发送寄存器空 */
    LL_I2C_TransmitData8(I2C1, ucBuf[i]);             /* 发送数据 */
  }
}
```

（3）数据处理函数设计与实现

数据处理函数设计与实现的具体步骤是：

① 在 main.c 中声明下列全局变量：

```
uint8_t ucCnt;                                    /* 启动次数 */
```

② 在 main()的初始化部分取消下列注释：

```
// MX_I2C1_Init();
```

③ 在 main()的初始化部分添加下列代码：

```
EEPROM_Read((uint8_t *)&ucCnt, 0, 1);         /* 存储器读 */
ucCnt++;
EEPROM_Write((uint8_t *)&ucCnt, 0, 1);        /* 存储器写 */
```

④ 将 LCD_Proc()中的下列代码：

```
sprintf((char*)ucLcd, "         %03u         ", ucSec);
LCD_DisplayStringLine(Line4, ucLcd);
LCD_DisplayChar(Line5, Column9, ucLcd[9]);
LCD_SetTextColor(Red);
LCD_DisplayChar(Line5, Column10, ucLcd[10]);
LCD_SetTextColor(White);
LCD_DisplayChar(Line5, Column11, ucLcd[11]);
LCD_SetTextColor(Red);
LCD_DisplayStringLine(Line6, ucLcd);
LCD_SetTextColor(White);
```

替换为：

```
sprintf((char*)ucLcd, " SEC:%03u  CNT:%03u ", ucSec, ucCnt);
LCD_DisplayStringLine(Line2, ucLcd);
```

⑤ 将 UART_Proc()中的下列代码：

```
UART_Transmit(ucLcd, 20);                 /* 发送 20 个字符 */
printf("%03u\r\n", ucSec);                /* 发送秒值和回车换行 */
```

替换为：

```
printf("%s %03u\r\n", ucLcd, ucSec);
```

编译下载程序，LCD 和串口终端显示秒值和启动次数，按下竞赛实训平台上的复位按钮，启动次数加 1。

6.4.2 软件调试与分析

HAL 工程和 LL 工程的软件调试与分析方法相似，下面以 LL 工程为例介绍软件调试与分析方法，步骤如下：

（1）打开终端仿真软件，设置端口号和波特率（例如“COM25”和“9600”）。

（2）在 Keil 中单击“Debug”菜单下的“Start/Stop Debug Session”（开始/停止调试会话）菜单项，或单击文件工具栏中的“Start/Stop Debug Session”（开始/停止调试会话）按钮，将程序下载到开发板并进入调试界面。

（3）单击调试工具栏中的“Step Over”（单步跨越）按钮 运行下列语句：

```
SystemClock_Config();
MX_GPIO_Init();
MX_USART1_UART_Init();
MX_I2C1_Init();
```

（4）选择“Peripherals”（设备）>“System Viewer”（系统观察器）>“RCC”菜单项打开“RCC”对话框，其中 APB1ENR1 寄存器的内容如图 6.7（a）所示，I2C1EN 的值为 1（时钟允许）。

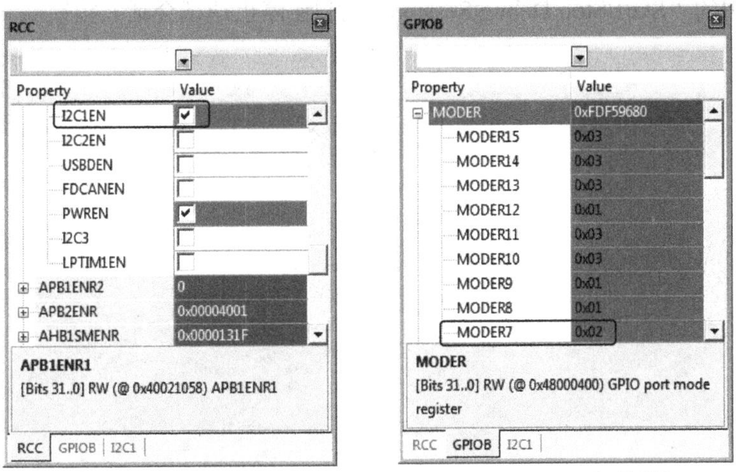

（a）“RCC”对话框　　（b）“GPIOB”对话框

图 6.7　“RCC”对话框和“GPIOB”对话框

（5）选择“Peripherals”（设备）>“System Viewer”（系统观察器）>“GPIO”>“GPIOB”菜单项打开“GPIOB”对话框，如图 6.7（b）所示，其中 PB7 的模式值 MODER7 为 0x02（复用）。

（6）选择“Peripherals”（设备）>“System Viewer”（系统观察器）>“I2C”>“I2C1”菜单项打开“I2C1”对话框，如图 6.8（a）所示，其中 CR1 寄存器的值为 1（PE=1：设备允许），如图 6.8（b）所示。

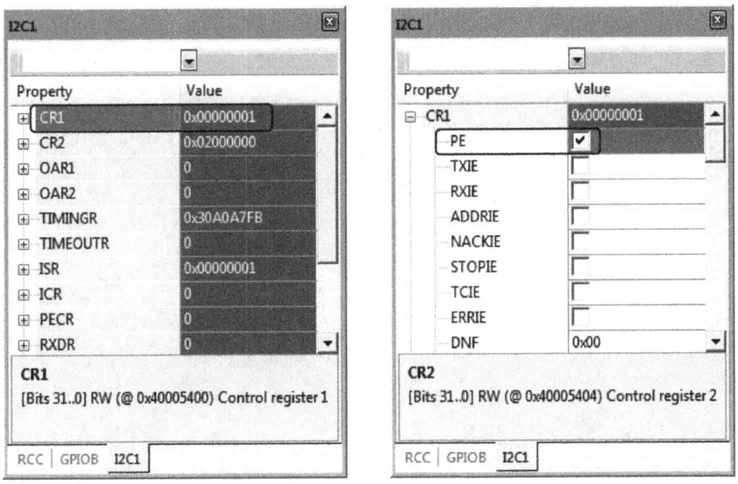

（a）全部寄存器内容　　（b）CR1 寄存器内容

图 6.8　“I2C1”对话框

（7）单击“Step Over”（单步跨越）按钮运行下列语句：

```
EEPROM_Read((uint8_t *)&ucCnt, 0, 1);    /* 存储器读 */
```

将 EEPROM 中存放的系统启动次数读到 ucCnt 中。

（8）单击“Step Over”（单步跨越）按钮运行下列语句：

```
EEPROM_Write((uint8_t *)&ucCnt, 0, 1); /* 存储器写 */
```

将 ucCnt 加 1 后写回 EEPROM。

（9）单击“Debug”菜单下的“Start/Stop Debug Session”（开始/停止调试会话）菜单项，或单击文件工具栏中的“Start/Stop Debug Session”（开始/停止调试会话）按钮，退出调试界面。

第 7 章　模数转换器 ADC

模数转换器 ADC 的主要功能是将模拟信号转换为数字信号，以便于微控制器进行数据处理。ADC 按转换原理分为逐次逼近型、双积分型和Σ-Δ型。

逐次逼近型 ADC 通过逐次比较将模拟信号转换为数字信号，转换速度快，但精度较低，是最常用的 ADC。双积分型 ADC 通过两次积分将模拟信号转换为数字信号，精度高，抗干扰能力强，但速度较慢，主要用于万用表等测量仪器。Σ-Δ型 ADC 具有逐次逼近型和双积分型的双重优点，正在逐步广泛地得到应用。

7.1　ADC 简介

STM32 ADC 主要由输入选择和扫描控制、12 位逐次逼近模数转换器（SAR ADC）、触发使能和边沿选择、数据寄存器、AHB 接口和模拟看门狗等部分组成。

输入通道多达 19 个，可以实现单次、连续、扫描和不连续转换，转换结果存放在 16 位数据寄存器中，可以通过 AHB 接口读取。转换通道分为规则通道和注入通道两组。

规则通道由最多 16 个通道组成，按顺序转换，通道数和转换顺序存放在规则序列寄存器 SQR1～SQR4 中，转换结果存放在规则通道数据寄存器 DR 中。

注入通道由最多 4 个通道组成，可插入转换，通道数和转换顺序存放在注入序列寄存器 JSQR 中，转换结果分别存放在注入通道数据寄存器 JDR1～JDR4 中。

ADC 使用的 GPIO 引脚如表 7.1 所示。

表 7.1　ADC 使用的 GPIO 引脚

ADC1 引脚	GPIO 引脚	GPIO 配置	ADC2 引脚	GPIO 引脚	GPIO 配置
INP1	PA0	模拟	INP1	PA0	模拟
INN1 INP2	PA1	模拟	INN1 INP2	PA1	模拟
INN2 INP3	PA2	模拟	INN2 INP3	PA6	模拟
INN3 INP4	PA3	模拟	INN3 INP4	PA7	模拟
INN4 INP5	PB14-MCP4017	模拟	INN4 INP5	PC4	模拟
INN5 INP6	PC0	模拟	INN5 INP6	PC0	模拟
INN6 INP7	PC1	模拟	INN6 INP7	PC1	模拟
INN7 INP8	PC2	模拟	INN7 INP8	PC2	模拟
INN8 INP9	PC3	模拟	INN8 INP9	PC3	模拟

续表

ADC1 引脚	GPIO 引脚	GPIO 配置	ADC2 引脚	GPIO 引脚	GPIO 配置
INN9 INP10	PF0	模拟	INN9 INP10	PF1	模拟
INN10 INP11	**PB12-R38**	模拟	INN10 INP11	PC5	模拟
INN11 INP12	PB1	模拟	INN11 INP12	PB2	模拟
V_{OPAMP1}	—	—	INN12 INP13	**PA5-AKEY**	模拟
INP14	PB11	模拟	INN13 INP14	PB11	模拟
INN14 INP15	PB0	模拟	INN14 INP15	**PB15-R37**	模拟
V_{TS}	—	—	V_{OPAMP2}	—	—
$V_{BAT}/3$	—	—	INP17	PA4	模拟
V_{REFINT}	—	—	V_{OPAMP3}	—	—

ADC 的主要寄存器如表 7.2 所示。

表 7.2　ADC 主要寄存器

偏移地址	名　称	类　型	复位值	说　明
0x00	**ISR**	**读/写 1 清除**	**0x0000 0000**	**中断和状态寄存器（详见表 7.3）**
0x04	IER	读/写	0x0000 0000	中断使能寄存器
0x08	**CR**	**读/写**	**0x2000 0000**	**控制寄存器（详见表 7.4）**
0x0C	**CFGR**	**读/写**	**0x8000 0000**	**配置寄存器（详见表 7.5）**
0x10	CFGR2	读/写	0x0000 0000	配置寄存器 2
0x14	**SMPR1**	**读/写**	**0x0000 0000**	**采样时间寄存器 1（详见表 7.6）**
0x18	**SMPR2**	**读/写**	**0x0000 0000**	**采样时间寄存器 2（详见表 7.7）**
0x20	TR1	读/写	0x0FFF 0000	模拟看门狗阈值寄存器 1
0x24	TR2	读/写	0x00FF 0000	模拟看门狗阈值寄存器 2
0x28	TR3	读/写	0x00FF 0000	模拟看门狗阈值寄存器 3
0x30	**SQR1**	**读/写**	**0x0000 0000**	**规则序列寄存器 1（详见表 7.9）**
0x34	SQR2	读/写	0x0000 0000	规则序列寄存器 2
0x38	SQR3	读/写	0x0000 0000	规则序列寄存器 3
0x3C	SQR4	读/写	0x0000 0000	规则序列寄存器 4
0x40	DR	读	0x0000 0000	规则数据寄存器（12 位无符号数）
0x4C	JSQR	读/写	0x0000 0000	注入序列寄存器
0x60	OFR1	读/写	0x0000 0000	注入偏移寄存器 1
0x64	OFR2	读/写	0x0000 0000	注入偏移寄存器 2
0x68	OFR3	读/写	0x0000 0000	注入偏移寄存器 3
0x6C	OFR4	读/写	0x0000 0000	注入偏移寄存器 4

续表

偏移地址	名　称	类　型	复位值	说　明
0x80	JDR1	读	0x0000 0000	注入数据寄存器 1（13 位有符号数）
0x84	JDR2	读	0x0000 0000	注入数据寄存器 2（13 位有符号数）
0x88	JDR3	读	0x0000 0000	注入数据寄存器 3（13 位有符号数）
0x8C	JDR4	读	0x0000 0000	注入数据寄存器 4（13 位有符号数）
0xA0	AWD2CR	读/写	0x0000 0000	模拟看门狗 2 配置寄存器
0xA4	AWD3CR	读/写	0x0000 0000	模拟看门狗 3 配置寄存器
0xB0	DIFSEL	读/写	0x0000 0000	差分模式选择寄存器
0xB4	CALFACT	读/写	0x0000 0000	校准因子寄存器
0xC0	GCOMP	读/写	0x0000 0000	增益补偿寄存器

ADC 按位操作寄存器的内容如表 7.3～表 7.9 所示。

表 7.3　ADC 中断和状态寄存器（ISR）

位	名　称	类　型	复位值	说　明
2	EOC	读/写 1 清除	0	转换结束（读 DR 清除）
0	ADRDY	读/写 1 清除	0	ADC 就绪

表 7.4　ADC 控制寄存器（CR）

位	名　称	类　型	复位值	说　明
31	ADCAL	读/设置	0	ADC 校准
30	ADCALDIF	读/写	0	差分模式校准，0—单端模式校准
29	DEEPPWD	读/写	1	深度关断，0—正常工作
28	ADVREGEN	读/写	0	稳压器使能
2	ADSTART	读/设置	0	规则转换启动
0	ADEN	读/设置	0	ADC 使能

表 7.5　ADC 配置寄存器（CFGR）

位	名　称	类　型	复位值	说　明
31	JQDIS	读/写	1	注入队列禁止
14	AUTDLY	读/写	0	延迟转换（用于多个规则通道的 HAL 查询输入）

表 7.6　ADC 采样时间寄存器 1（SMPR1）

位	名　称	类　型	复位值	说　明
17:15	SMP5[2:0]	读/写	000	通道 5 采样时间（详见表 7.8）

表 7.7　ADC 采样时间寄存器 2（SMPR2）

位	名　称	类　型	复位值	说　明
17:15	SMP15[2:0]	读/写	000	通道 15 采样时间（详见表 7.8）
5:3	SMP11[2:0]	读/写	000	通道 11 采样时间（详见表 7.8）

表 7.8　ADC 采样时间周期数

SMPx[2:0]	000	001	010	011	100	101	110	111
周期数[1]	2.5	6.5	12.5	24.5	47.5	92.5	247.5	640.5

表 7.9　ADC 规则序列寄存器 1（SQR1）

位	名称	类型	复位值	说　明
16:12	SQ2[4:0]	读/写	00000	规则通道序列中的第 2 个转换通道号（0～18）
10:6	SQ1[4:0]	读/写	00000	规则通道序列中的第 1 个转换通道号（0～18）
3:0	L[3:0]	读/写	0000	规则通道序列长度（0～15-1～16 个转换）

7.2　ADC 配置

ADC 的配置步骤如下：

① 在 STM32CubeMX 中打开 HAL.ioc 或 LL.ioc。

② 在 Pinout & Configuration 标签中单击左侧 Categories 下 Analog 中的“ADC1”。

③ 在 ADC1 模式下做如下选择：

- IN5　　IN5 Single-ended
- IN11　　IN11 Single-ended

④ 选择配置下的 GPIO Settings 标签，ADC1 的 GPIO 默认配置如图 7.1 所示。

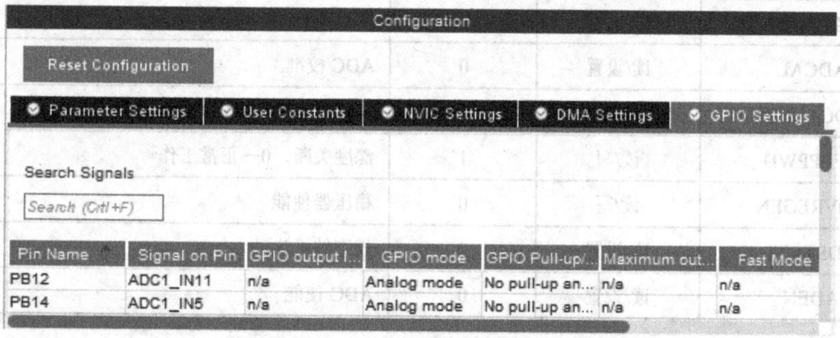

图 7.1　ADC1 的 GPIO 默认配置

- PB12：ADC1_IN11，模拟模式，无上拉/下拉，接 R38
- PB14：ADC1_IN5，模拟模式，无上拉/下拉，接 MCP407

⑤ 选择配置下的 Parameter Settings 标签，ADC1 的配置如图 7.2 所示。

在默认配置的基础上做如下设置：

- Low Power Auto Wait　　Enable（参见表 7.5，仅用于 HAL，LL 不影响）
- Number Of Conversion　　2（Scan Conversion Mode 变为 Enabled）
- Rank 1 的 Channel　　Channel 11
- Rank 2 的 Sampling Time　　92.5 Cycles（过小时转换结果将受 Rank 1 影响）

⑥ 在“Analog”下选择“ADC2”，在 ADC2 模式中做如下选择：

- 选中 IN15 Single-ended（单端）

ADC2 的 GPIO 设置为：PB15- ADC2_IN15（接 R37）。

ADC 配置完成后生成的相应 HAL 和 LL 初始化程序分别在 HAL\Core\Src\adc.c 和 LL\Core\Src\adc.c 中，核心代码如下（以 ADC1 为例）：

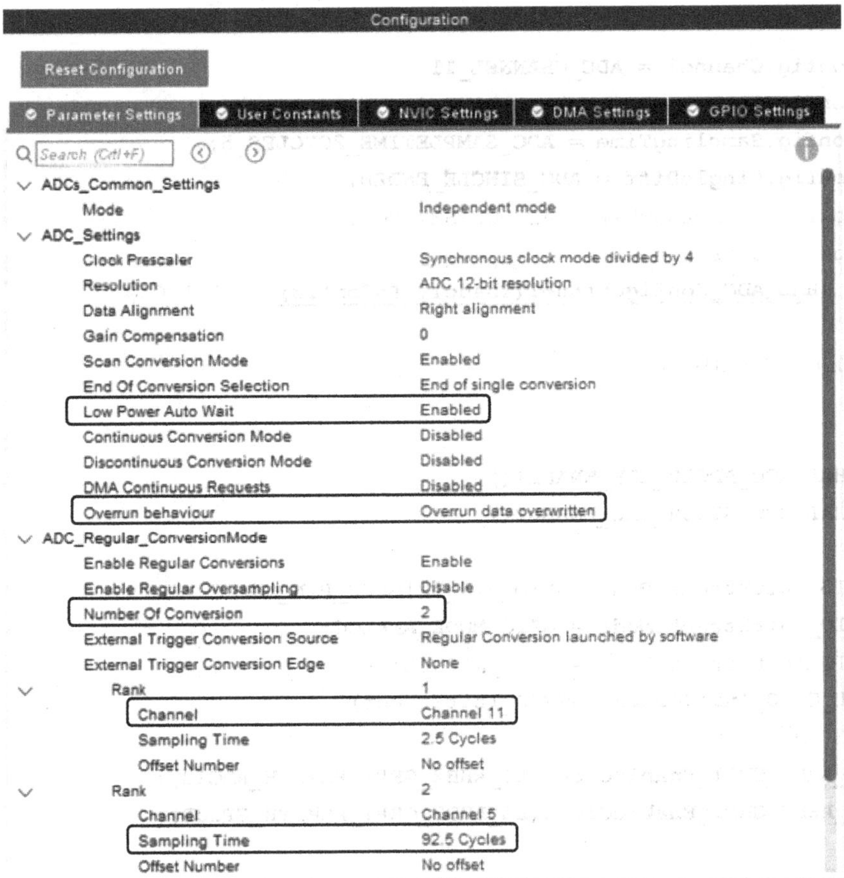

图 7.2　ADC1 配置

```
/* HAL 工程 */
hadc1.Instance = ADC1;
hadc1.Init.ClockPrescaler = ADC_CLOCK_SYNC_PCLK_DIV4;
hadc1.Init.Resolution = ADC_RESOLUTION_12B;
hadc1.Init.DataAlign = ADC_DATAALIGN_RIGHT;
hadc1.Init.GainCompensation = 0;
hadc1.Init.ScanConvMode = ADC_SCAN_ENABLE;
hadc1.Init.EOCSelection = ADC_EOC_SINGLE_CONV;
hadc1.Init.LowPowerAutoWait = ENABLE;
hadc1.Init.ContinuousConvMode = DISABLE;
hadc1.Init.NbrOfConversion = 2;
hadc1.Init.DiscontinuousConvMode = DISABLE;
hadc1.Init.ExternalTrigConv = ADC_SOFTWARE_START;
hadc1.Init.ExternalTrigConvEdge = ADC_EXTERNALTRIGCONVEDGE_NONE;
hadc1.Init.DMAContinuousRequests = DISABLE;
hadc1.Init.Overrun = ADC_OVR_DATA_PRESERVED;
hadc1.Init.OversamplingMode = DISABLE;
if (HAL_ADC_Init(&hadc1) != HAL_OK)
{
  Error_Handler();
}
```

```
sConfig.Channel = ADC_CHANNEL_11;
sConfig.Rank = ADC_REGULAR_RANK_1;
sConfig.SamplingTime = ADC_SAMPLETIME_2CYCLES_5;
sConfig.SingleDiff = ADC_SINGLE_ENDED;
sConfig.OffsetNumber = ADC_OFFSET_NONE;
sConfig.Offset = 0;
if (HAL_ADC_ConfigChannel(&hadc1, &sConfig) != HAL_OK)
{
  Error_Handler();
}

__HAL_RCC_ADC12_CLK_ENABLE();
__HAL_RCC_GPIOB_CLK_ENABLE();

GPIO_InitStruct.Pin = GPIO_PIN_12|GPIO_PIN_14;
GPIO_InitStruct.Mode = GPIO_MODE_ANALOG;
GPIO_InitStruct.Pull = GPIO_NOPULL;
HAL_GPIO_Init(GPIOB, &GPIO_InitStruct);
/* LL工程 */
LL_AHB2_GRP1_EnableClock(LL_AHB2_GRP1_PERIPH_ADC12);
LL_AHB2_GRP1_EnableClock(LL_AHB2_GRP1_PERIPH_GPIOB);

GPIO_InitStruct.Pin = LL_GPIO_PIN_12;
GPIO_InitStruct.Mode = LL_GPIO_MODE_ANALOG;
GPIO_InitStruct.Pull = LL_GPIO_PULL_NO;
LL_GPIO_Init(GPIOB, &GPIO_InitStruct);

ADC_InitStruct.Resolution = LL_ADC_RESOLUTION_12B;
ADC_InitStruct.DataAlignment = LL_ADC_DATA_ALIGN_RIGHT;
ADC_InitStruct.LowPowerMode = LL_ADC_LP_AUTOWAIT;
LL_ADC_Init(ADC1, &ADC_InitStruct);
ADC_REG_InitStruct.TriggerSource = LL_ADC_REG_TRIG_SOFTWARE;
ADC_REG_InitStruct.SequencerLength = LL_ADC_REG_SEQ_SCAN_ENABLE_2RANKS;
ADC_REG_InitStruct.SequencerDiscont = LL_ADC_REG_SEQ_DISCONT_DISABLE;
ADC_REG_InitStruct.ContinuousMode = LL_ADC_REG_CONV_SINGLE;
ADC_REG_InitStruct.DMATransfer = LL_ADC_REG_DMA_TRANSFER_NONE;
ADC_REG_InitStruct.Overrun = LL_ADC_REG_OVR_DATA_PRESERVED;
LL_ADC_REG_Init(ADC1, &ADC_REG_InitStruct);

LL_ADC_REG_SetSequencerRanks(ADC1, LL_ADC_REG_RANK_1,
  LL_ADC_CHANNEL_11);
LL_ADC_SetChannelSamplingTime(ADC1, LL_ADC_CHANNEL_11,
  LL_ADC_SAMPLINGTIME_2CYCLES_5);
LL_ADC_SetChannelSingleDiff(ADC1, LL_ADC_CHANNEL_11,
  LL_ADC_SINGLE_ENDED);
```

7.3 ADC 库函数

ADC 库函数包括 HAL 库函数和 LL 库函数。

7.3.1 ADC HAL 库函数

基本的 ADC HAL 库函数在 stm32g4xx_hal_adc.h 和 stm32g4xx_hal_adc_ex.h 中声明如下：

```
HAL_StatusTypeDef HAL_ADC_Init(ADC_HandleTypeDef *hadc);
HAL_StatusTypeDef HAL_ADC_ConfigChannel(ADC_HandleTypeDef *hadc,
  ADC_ChannelConfTypeDef *sConfig);
HAL_StatusTypeDef HAL_ADCEx_Calibration_Start(ADC_HandleTypeDef *hadc,
  uint32_t SingleDiff);
HAL_StatusTypeDef HAL_ADC_Start(ADC_HandleTypeDef *hadc);
HAL_StatusTypeDef HAL_ADC_PollForConversion(ADC_HandleTypeDef *hadc,
  uint32_t Timeout);
uint32_t HAL_ADC_GetValue(ADC_HandleTypeDef *hadc);
```

（1）初始化 ADC

```
HAL_StatusTypeDef HAL_ADC_Init(ADC_HandleTypeDef *hadc);
```

参数说明：

★ hadc：ADC 句柄，在 stm32g4xx_hal_adc.h 中定义如下：

```
typedef struct __ADC_HandleTypeDef
{
  ADC_TypeDef           *Instance;              /* ADC 名称 */
  ADC_InitTypeDef       Init;                   /* ADC 初始化参数 */
  DMA_HandleTypeDef     *DMA_Handle;
  HAL_LockTypeDef       Lock;
  __IO uint32_t         State;
  __IO uint32_t         ErrorCode;
  ……………………………………
} ADC_HandleTypeDef;
```

其中 ADC_InitTypeDef 在 stm32g4xx_hal_adc.h 中定义如下（见图 7.2）：

```
typedef struct
{
  uint32_t ClockPrescaler;                      /* 时钟预分频 */
  uint32_t Resolution;                          /* 分辨率 */
  uint32_t DataAlign;                           /* 数据对齐 */
  uint32_t GainCompensation;                    /* 增益补偿 */
  uint32_t ScanConvMode;                        /* 扫描模式 */
  uint32_t EOCSelection;                        /* EOC 选择 */
  FunctionalState LowPowerAutoWait;             /* 低功耗自动等待 */
  FunctionalState ContinuousConvMode;           /* 连续模式 */
  uint32_t NbrOfConversion;                     /* 规则通道数(1-16) */
```

```
  FunctionalState DiscontinuousConvMode;      /* 不连续模式 */
  uint32_t NbrOfDiscConversion;               /* 不连续通道数(1-16) */
  uint32_t ExternalTrigConv;                  /* 外部触发 */
  uint32_t ExternalTrigConvEdge               /* 外部触发边沿 */
  uint32_t SamplingMode;                      /* 采样模式 */
  FunctionalState DMAContinuousRequests;      /* DMA 连续请求 */
  uint32_t Overrun;                           /* 超载 */
  FunctionalState OversamplingMode;           /* 过采样模式 */
  ADC_OversamplingTypeDef Oversampling;       /* 过采样 */
} ADC_InitTypeDef;
```

返回值：HAL 状态，HAL 状态在 stm32g4xx_hal_def.h 中定义如下：

```
typedef enum
{
  HAL_OK       = 0x00U,
  HAL_ERROR    = 0x01U,
  HAL_BUSY     = 0x02U,
  HAL_TIMEOUT = 0x03U
} HAL_StatusTypeDef;
```

（2）配置 ADC 通道

```
HAL_StatusTypeDef HAL_ADC_ConfigChannel(ADC_HandleTypeDef *hadc,
  ADC_ChannelConfTypeDef *sConfig);
```

参数说明：

★ hadc：ADC 句柄。

★ sConfig：ADC 配置参数，在 stm32g4xx_hal_adc.h 中定义如下：

```
typedef struct
{
  uint32_t Channel;                   /* 通道 */
  uint32_t Rank;                      /* 顺序 */
  uint32_t SamplingTime;              /* 采样时间 */
  uint32_t SingleDiff;                /* 单端/差分 */
  ……
} ADC_ChannelConfTypeDef;
```

其中 Channel、Rank 和 SamplingTime 在 stm32g4xx_hal_adc.h 中定义如下：

```
#define ADC_CHANNEL_0                 (LL_ADC_CHANNEL_0)
……
#define ADC_CHANNEL_18                (LL_ADC_CHANNEL_18)

#define ADC_REGULAR_RANK_1            (LL_ADC_REG_RANK_1)
……
#define ADC_REGULAR_RANK_16           (LL_ADC_REG_RANK_16)

#define ADC_SAMPLETIME_2CYCLE_5       (LL_ADC_SAMPLINGTIME_2CYCLES_5)
```

……………………………………………………………

```
#define ADC_SAMPLETIME_640CYCLES_5    (LL_ADC_SAMPLINGTIME_640CYCLES_5)
```

从上述定义可以看出：ADC HAL 使用了 ADC LL。

返回值：HAL 状态，HAL_OK 等。

（3）完成 ADC 校准

```
HAL_StatusTypeDef HAL_ADCEx_Calibration_Start(ADC_HandleTypeDef *hadc,
  uint32_t SingleDiff);
```

参数说明：

★ hadc：ADC 句柄。

★ SingleDiff：单端（ADC_SINGLE_ENDED）或差分（ADC_DIFFERENTIAL_ENDED）。

返回值：HAL 状态，HAL_OK 等。

（4）启动 ADC 转换

```
HAL_StatusTypeDef HAL_ADC_Start(ADC_HandleTypeDef *hadc);
```

参数说明：

★ hadc：ADC 句柄。

返回值：HAL 状态，HAL_OK 等。

（5）等待 ADC 转换完成

```
HAL_StatusTypeDef HAL_ADC_PollForConversion(ADC_HandleTypeDef *hadc,
  uint32_t Timeout);
```

参数说明：

★ hadc：ADC 句柄。

★ Timeout：超时（ms）。

返回值：HAL 状态，HAL_OK 等。

（6）获取 ADC 转换值

```
uint32_t HAL_ADC_GetValue(ADC_HandleTypeDef *hadc);
```

参数说明：

★ hadc：ADC 句柄。

返回值：ADC 转换值。

7.3.2 ADC LL 库函数

基本的 ADC LL 库函数在 stm32g4xx_ll_adc.h 中声明如下：

```
ErrorStatus LL_ADC_Init(ADC_TypeDef *ADCx, LL_ADC_InitTypeDef *ADC_InitStruct);
ErrorStatus LL_ADC_REG_Init(ADC_TypeDef *ADCx,
  LL_ADC_REG_InitTypeDef *ADC_REG_InitStruct);
void LL_ADC_DisableDeepPowerDown(ADC_TypeDef *ADCx);
void LL_ADC_EnableInternalRegulator(ADC_TypeDef *ADCx);
void LL_ADC_REG_SetSequencerRanks(ADC_TypeDef *ADCx, uint32_t Rank,
  uint32_t Channel);
void LL_ADC_SetChannelSamplingTime(ADC_TypeDef *ADCx, uint32_t Channel,
```

```
  uint32_t SamplingTime);
void LL_ADC_StartCalibration(ADC_TypeDef *ADCx, uint32_t SingleDiff);
uint32_t LL_ADC_IsCalibrationOnGoing(ADC_TypeDef *ADCx);
void LL_ADC_Enable(ADC_TypeDef *ADCx);
void LL_ADC_REG_StartConversion(ADC_TypeDef *ADCx);
uint32_t LL_ADC_IsActiveFlag_EOC(ADC_TypeDef *ADCx);
uint16_t LL_ADC_REG_ReadConversionData12(ADC_TypeDef *ADCx);
```

（1）初始化 ADC

```
ErrorStatus LL_ADC_Init(ADC_TypeDef *ADCx, LL_ADC_InitTypeDef *ADC_InitStruct);
```

参数说明：

★ ADCx：ADC 名称。

★ ADC_InitStruct：ADC 初始化结构体，在 stm32g4xx_ll_adc.h 中定义如下：

```
typedef struct
{
  uint32_t Resolution;              /* 分辨率 */
  uint32_t DataAlignment;           /* 数据对齐 */
  uint32_t LowPowerMode;            /* 低功耗模式 */
} LL_ADC_InitTypeDef;
```

返回值：错误状态，在 stm32g4xx.h 中定义如下：

```
typedef enum
{
  SUCCESS = 0,
  ERROR = !SUCCESS
} ErrorStatus;
```

（2）初始化 ADC 规则通道

```
ErrorStatus LL_ADC_REG_Init(ADC_TypeDef *ADCx,
  LL_ADC_REG_InitTypeDef *ADC_REG_InitStruct);
```

参数说明：

★ ADCx：ADC 名称。

★ ADC_REG_InitStruct：ADC 规则通道初始化结构体，在 stm32g4xx_ll_adc.h 中定义如下：

```
typedef struct
{
  uint32_t TriggerSource;               /* 触发源 */
  uint32_t SequencerLength;             /* 序列长度 */
  uint32_t SequencerDiscont;            /* 序列不连续模式 */
  uint32_t ContinuousMode;              /* 序列连续模式 */
  uint32_t DMATransfer;                 /* DMA 模式 */
  uint32_t Overrun;                     /* 超载 */
} LL_ADC_REG_InitTypeDef;
```

返回值：错误状态。

（3）禁止深度关断

```
void LL_ADC_DisableDeepPowerDown(ADC_TypeDef *ADCx);
```

参数说明：

★ ADCx：ADC 名称。

（4）允许内部稳压器

```
void LL_ADC_EnableInternalRegulator(ADC_TypeDef *ADCx);
```

参数说明：

★ ADCx：ADC 名称。

（5）设置规则通道

```
void LL_ADC_REG_SetSequencerRanks(ADC_TypeDef *ADCx, uint32_t Rank,
  uint32_t Channel);
```

参数说明：

★ ADCx：ADC 名称。

★ Rank：顺序（1～16）。

★ Channel：ADC 通道（0～18）。

（6）设置采样时间

```
void LL_ADC_SetChannelSamplingTime(ADC_TypeDef *ADCx, uint32_t Channel,
  uint32_t SamplingTime);
```

参数说明：

★ ADCx：ADC 名称。

★ Channel：ADC 通道（0～18）。

★ SamplingTime：采样时间。

（7）启动校准

```
void LL_ADC_StartCalibration(ADC_TypeDef *ADCx, uint32_t SingleDiff);
```

参数说明：

★ ADCx：ADC 名称。

★ SingleDiff：单端（LL_ADC_SINGLE_ENDED）或差分（LL_ADC_DIFFERENTIAL_ENDED）。

（8）获取校准状态

```
uint32_t LL_ADC_IsCalibrationOnGoing(ADC_TypeDef *ADCx);
```

参数说明：

★ ADCx：ADC 名称。

返回值：0—校准完成，1—校准正在进行。

（9）允许 ADC

```
void LL_ADC_Enable(ADC_TypeDef *ADCx);
```

参数说明：

★ ADCx：ADC 名称。

（10）启动规则通道转换

```
void LL_ADC_REG_StartConversion(ADC_TypeDef *ADCx);
```

参数说明：

★ ADCx：ADC 名称。

（11）获取 EOC 标志

```
uint32_t LL_ADC_IsActiveFlag_EOC(ADC_TypeDef *ADCx);
```

参数说明：

★ ADCx：ADC 名称。

返回值：EOC 标志（0 或 1）。

（12）获取转换数据

```
uint16_t LL_ADC_REG_ReadConversionData12(ADC_TypeDef *ADCx);
```

★ ADCx：ADC 名称。

返回值：转换数据。

7.4 ADC 设计实例

ADC 系统包括 STM32 MCU（内嵌 SysTick）、按键、LED、LCD 显示屏、UART1 接口、串行 EEPROM 24C02、数字电位器 MCP4017、ADC1 和 ADC2。系统硬件方框图如图 7.3 所示。

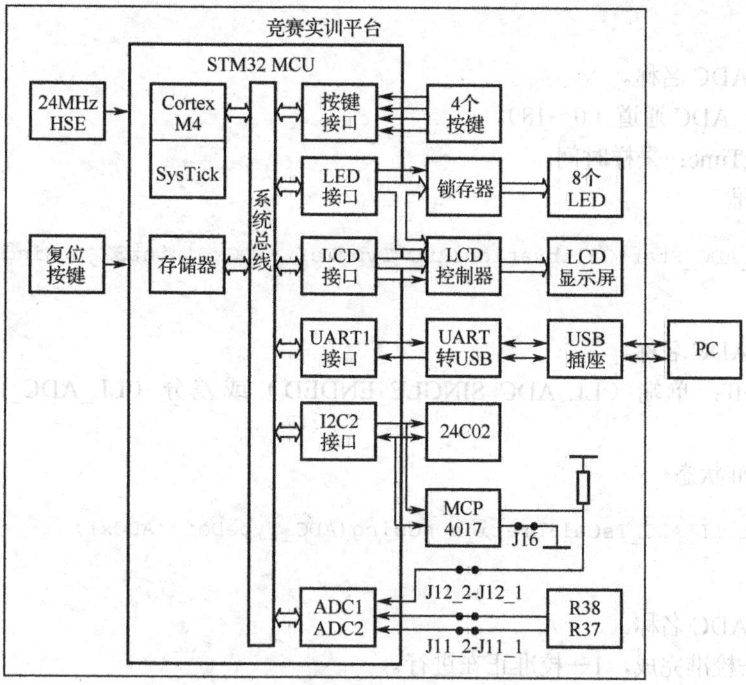

图 7.3 ADC 系统硬件方框图

MCP4017 通过 I2C1 接口进行控制，MCP4017 和电阻分压后通过 J15_1/J15_2 连接 ADC1 的 CH5(PB14)，电位器 R38 通过 J12_1/J12_2 连接 ADC1 的 IN11(PB12)，电位器 R37 通过 J11_1/J11_2 连接 ADC2 的 IN15（PB15）。

7.4.1 软件设计与实现

下面编程实现用 B1 按键通过 I2C1 接口改变 MCP4017 的阻值，从而改变 ADC1-IN5 的输入电压，用 R38 改变 ADC1-IN11 的输入电压，用 R37 改变 ADC2-IN15 的输入电压，用 ADC1 采集两路输入电压进行 AD 转换，用 ADC2 采集一路输入电压进行 AD 转换，转换结果显示在 LCD 上。

ADC 软件设计与实现在 I^2C 实现的基础上修改完成：

- 将“064_I2C”文件夹复制粘贴并重命名为“074_ADC”文件夹。
- 将“Core/Src”文件夹中的“adc.c”复制粘贴到“074_ADC”文件夹中，并在 Keil 中删除“adc.c”前的路径“../Core/Src/”，以方便修改。

ADC 的软件设计与实现包括硬件接口设置、接口函数和数据处理函数设计与实现。

（1）硬件接口设置

CT117E-M4（V1.2）SPI 接口和 ADC 公用 PB12、PB14 和 PB15，为了保证系统正常工作，需要对硬件接口进行设置，具体步骤如下：

① 将 J11、J12 和 J15 的 1 和 2 相连(PB14-ADC1_IN5，PB12-ADC1_IN11，PB15-ADC2_IN15)。

② 对于 HAL 工程，在 adc.c 的 MX_ADC1_Init()中将下列语句：

```
sConfig.Channel = ADC_CHANNEL_14;
sConfig.Channel = ADC_CHANNEL_4;
```

修改为：

```
sConfig.Channel = ADC_CHANNEL_11;
sConfig.Channel = ADC_CHANNEL_5;
```

在 adc.c 的 MX_ADC2_Init()中将下列语句：

```
sConfig.Channel = ADC_CHANNEL_13;
```

修改为：

```
sConfig.Channel = ADC_CHANNEL_15;
```

在 adc.c 的 HAL_ADC_MspInit()中注释下列语句：

```
// GPIO_InitStruct.Pin = GPIO_PIN_3;
// GPIO_InitStruct.Mode = GPIO_MODE_ANALOG;
// GPIO_InitStruct.Pull = GPIO_NOPULL;
// HAL_GPIO_Init(GPIOA, &GPIO_InitStruct);
```

在 adc.c 的 HAL_ADC_MspInit()中将下列语句：

```
GPIO_InitStruct.Pin = GPIO_PIN_11;
GPIO_InitStruct.Pin = GPIO_PIN_5;
HAL_GPIO_Init(GPIOA, &GPIO_InitStruct);
```

修改为（可以忽略，因为引脚的默认模式是“模拟”）：

```
GPIO_InitStruct.Pin = GPIO_PIN_12|GPIO_PIN_14;
GPIO_InitStruct.Pin = GPIO_PIN_15;
HAL_GPIO_Init(GPIOB, &GPIO_InitStruct);
```

③ 对于 LL 工程，在 adc.c 的 MX_ADC1_Init()中注释下列语句：

```
//  GPIO_InitStruct.Pin = LL_GPIO_PIN_3;
//  GPIO_InitStruct.Mode = LL_GPIO_MODE_ANALOG;
//  GPIO_InitStruct.Pull = LL_GPIO_PULL_NO;
//  LL_GPIO_Init(GPIOA, &GPIO_InitStruct);
```

在 adc.c 的 MX_ADC1_Init()中将下列语句：

```
GPIO_InitStruct.Pin = LL_GPIO_PIN_11;

LL_ADC_REG_SetSequencerRanks(ADC1, LL_ADC_REG_RANK_1, LL_ADC_CHANNEL_14);
LL_ADC_SetChannelSamplingTime(ADC1, LL_ADC_CHANNEL_14,
  LL_ADC_SAMPLINGTIME_2CYCLES_5);
LL_ADC_SetChannelSingleDiff(ADC1, LL_ADC_CHANNEL_14, LL_ADC_SINGLE_ENDED);

LL_ADC_REG_SetSequencerRanks(ADC1, LL_ADC_REG_RANK_2, LL_ADC_CHANNEL_4);
LL_ADC_SetChannelSamplingTime(ADC1, LL_ADC_CHANNEL_4,
  LL_ADC_SAMPLINGTIME_92CYCLES_5);
LL_ADC_SetChannelSingleDiff(ADC1, LL_ADC_CHANNEL_4, LL_ADC_SINGLE_ENDED);
```

修改为：

```
GPIO_InitStruct.Pin = LL_GPIO_PIN_12|LL_GPIO_PIN_14;

LL_ADC_REG_SetSequencerRanks(ADC1, LL_ADC_REG_RANK_1, LL_ADC_CHANNEL_11);
LL_ADC_SetChannelSamplingTime(ADC1, LL_ADC_CHANNEL_11,
  LL_ADC_SAMPLINGTIME_2CYCLES_5);
LL_ADC_SetChannelSingleDiff(ADC1, LL_ADC_CHANNEL_11, LL_ADC_SINGLE_ENDED);

LL_ADC_REG_SetSequencerRanks(ADC1, LL_ADC_REG_RANK_2, LL_ADC_CHANNEL_5);
LL_ADC_SetChannelSamplingTime(ADC1, LL_ADC_CHANNEL_5,
  LL_ADC_SAMPLINGTIME_92CYCLES_5);
LL_ADC_SetChannelSingleDiff(ADC1, LL_ADC_CHANNEL_5, LL_ADC_SINGLE_ENDED);
```

在 adc.c 的 MX_ADC2_Init()中将下列语句：

```
GPIO_InitStruct.Pin = LL_GPIO_PIN_5;
LL_GPIO_Init(GPIOA, &GPIO_InitStruct);

LL_ADC_REG_SetSequencerRanks(ADC1, LL_ADC_REG_RANK_1, LL_ADC_CHANNEL_13);
LL_ADC_SetChannelSamplingTime(ADC1, LL_ADC_CHANNEL_13,
  LL_ADC_SAMPLINGTIME_2CYCLES_5);
LL_ADC_SetChannelSingleDiff(ADC1, LL_ADC_CHANNEL_13, LL_ADC_SINGLE_ENDED);
```

修改为：

```
GPIO_InitStruct.Pin = LL_GPIO_PIN_15;
LL_GPIO_Init(GPIOB, &GPIO_InitStruct);

LL_ADC_REG_SetSequencerRanks(ADC1, LL_ADC_REG_RANK_1, LL_ADC_CHANNEL_15);
```

```
  LL_ADC_SetChannelSamplingTime(ADC1, LL_ADC_CHANNEL_15,
    LL_ADC_SAMPLINGTIME_2CYCLES_5);
  LL_ADC_SetChannelSingleDiff(ADC1, LL_ADC_CHANNEL_15, LL_ADC_SINGLE_ENDED);
```

（2）接口函数设计与实现

接口函数设计与实现的步骤如下：

① 在 i2c.h 中添加下列函数声明：

```
void MCP_Write(uint8_t ucVal);   /* MCP 写 */
```

② 在 i2c.c 的 EEPROM_Write()后添加下列代码：

```
/* MCP 写 */
void MCP_Write(uint8_t ucVal)
{
/* HAL 工程代码 */
  HAL_I2C_Master_Transmit(&hi2c1, 0x5e, &ucVal, 1, 100);
/* LL 工程代码 */
  LL_I2C_HandleTransfer(I2C1, 0x5e, LL_I2C_ADDRSLAVE_7BIT, 1,
    LL_I2C_MODE_AUTOEND, LL_I2C_GENERATE_START_WRITE);
  while(!LL_I2C_IsActiveFlag_TXIS(I2C1));         /* 等待发送就绪 */
  LL_I2C_TransmitData8(I2C1, ucVal);               /* 发送数据 */
}
```

③ 在 adc.h 中添加下列代码：

```
/* USER CODE BEGIN Prototypes */
void ADC1_Read(uint16_t *pusBuf);    /* ADC1 读取 */
uint16_t ADC2_Read(void);            /* ADC2 读取 */
/* USER CODE END Prototypes */
```

④ 在 adc.c 中 MX_ADC1_Init()的后部添加下列代码：

```
  /* USER CODE BEGIN ADC1_Init 2 */
/* HAL 工程代码 */
  HAL_ADCEx_Calibration_Start(&hadc1, ADC_SINGLE_ENDED);
/* LL 工程代码 */
  LL_ADC_StartCalibration(ADC1, LL_ADC_SINGLE_ENDED);
  while (LL_ADC_IsCalibrationOnGoing(ADC1));
  LL_ADC_Enable(ADC1);
  /* USER CODE END ADC1_Init 2 */
```

⑤ 在 adc.c 中 MX_ADC2_Init()的后部添加下列代码：

```
  /* USER CODE BEGIN ADC2_Init 2 */
/* HAL 工程代码 */
  HAL_ADCEx_Calibration_Start(&hadc2, ADC_SINGLE_ENDED);
/* LL 工程代码 */
  LL_ADC_StartCalibration(ADC2, LL_ADC_SINGLE_ENDED);
  while (LL_ADC_IsCalibrationOnGoing(ADC2));
  LL_ADC_Enable(ADC2);
  /* USER CODE END ADC2_Init 2 */
```

⑥ 在 adc.c 的后部添加下列代码：

```
/* USER CODE BEGIN 1 */
void ADC1_Read(uint16_t *pusBuf) /* ADC1 读取 */
{
/* HAL 工程代码 */
  HAL_ADC_Start(&hadc1);
  if (HAL_ADC_PollForConversion(&hadc1, 10) == HAL_OK)
    pusBuf[0] = HAL_ADC_GetValue(&hadc1);
  if (HAL_ADC_PollForConversion(&hadc1, 10) == HAL_OK)
    pusBuf[1] = HAL_ADC_GetValue(&hadc1);
/* LL 工程代码 */
  LL_ADC_REG_StartConversion(ADC1);
  while (LL_ADC_IsActiveFlag_EOC(ADC1) == 0);
  pusBuf[0] = LL_ADC_REG_ReadConversionData12(ADC1);
  while (LL_ADC_IsActiveFlag_EOC(ADC1) == 0);
  pusBuf[1] = LL_ADC_REG_ReadConversionData12(ADC1);
}

uint16_t ADC2_Read(void)              /* ADC2 读取 */
{
/* HAL 工程代码 */
  HAL_ADC_Start(&hadc2);
  if (HAL_ADC_PollForConversion(&hadc2, 10) == HAL_OK)
    return HAL_ADC_GetValue(&hadc2);
  else
    return 0;
/* LL 工程代码 */
  LL_ADC_REG_StartConversion(ADC2);
  while (LL_ADC_IsActiveFlag_EOC(ADC2) == 0);
  return LL_ADC_REG_ReadConversionData12(ADC2);
}
/* USER CODE END 1 */
```

（3）数据处理函数设计与实现

数据处理函数设计与实现的步骤如下：

① 在 main.c 中声明下列全局变量：

```
uint8_t ucMcp=0x0f;                  /* MCP 值 */
uint16_t usAdc[3];                   /* ADC 转换值 */
uint8_t ucTadc;                      /* ADC 刷新时间 */
```

② 在 main.c 中声明如下函数：

```
void ADC_Proc(void);                 /* ADC 处理 */
```

③ 在 main()的初始化部分取消下列注释：

```
// MX_ADC1_Init();
// MX_ADC2_Init();
```

④ 在 main()的 EEPROM_Write()后添加下列代码:

```
MCP_Write(ucMcp);                    /* MCP 写 */
```

⑤ 在 while (1)中添加如下代码:

```
  ADC_Proc();                        /* ADC 处理 */
```

⑥ 在 KEY_Proc()的 case 1 中添加下列代码:

```
    ucMcp += 0x10;
    if (ucMcp == 0x8f)
      ucMcp = 0x0f;
    MCP_Write(ucMcp);
```

⑦ 在 LCD_Proc()中添加下列代码:

```
sprintf((char *)ucLcd, " R37:%04u  B1: 0x%02X", usAdc[2], ucMcp);
LCD_DisplayStringLine(Line4, ucLcd);
sprintf((char *)ucLcd, " R38:%04u  MCP:%03u", usAdc[0], usAdc[1]);
LCD_DisplayStringLine(Line5, ucLcd);
```

⑧ 在 fputc()后添加下列代码:

```
void ADC_Proc(void)                  /* ADC 处理 */
{
  if (ucTadc < 100)                  /* 100ms 未到 */
    return;
  ucTadc = 0;

  ADC1_Read(usAdc);
  usAdc[2] = ADC2_Read();
}
```

⑨ 在 stm32g4xx_it.c 中添加下列外部变量声明:

```
extern uint8_t ucTadc;               /* ADC 刷新计时 */
```

在 stm32g4xx_it.c 的 SysTick_Handler()中添加下列代码:

```
ucTadc++;                            /* ADC 刷新计时 */
```

编译下载程序，旋转电位器 R37 或 R38，LCD 上的显示值从 0000 变化到 4095。每按一下 B1 按键，B1 后显示值加 0x10，加到 0x7F 后返回 0x0F，MCP 后的显示值随之变化（2240～3730）。

7.4.2 软件调试与分析

下面以 LL 工程为例介绍软件调试与分析方法，步骤如下：

（1）在 Keil 中单击“Debug”菜单下的“Start/Stop Debug Session”（开始/停止调试会话）菜单项，或单击文件工具栏中的“Start/Stop Debug Session”（开始/停止调试会话）按钮，将程序下载到开发板并进入调试界面。

（2）单击调试工具栏中的“Step Over”（单步跨越）按钮运行下列语句：

```
MX_GPIO_Init();
```

```
MX_ADC1_Init();
MX_ADC2_Init();
```

（3）选择“Peripherals”（设备）>“System Viewer”（系统观察器）>“RCC”菜单项打开“RCC”对话框，其中 AHB2ENR 寄存器的内容如图 7.4（a）所示，ADC12EN 的值为 1（时钟允许）。

（4）选择“Peripherals”（设备）>“System Viewer”（系统观察器）>“GPIO”>“GPIOB”菜单项打开“GPIOB”对话框，如图 7.4（b）所示，其中 PB12～PB15 的模式值 MODER12～MODER15 均为 0x03（模拟，复位状态）。

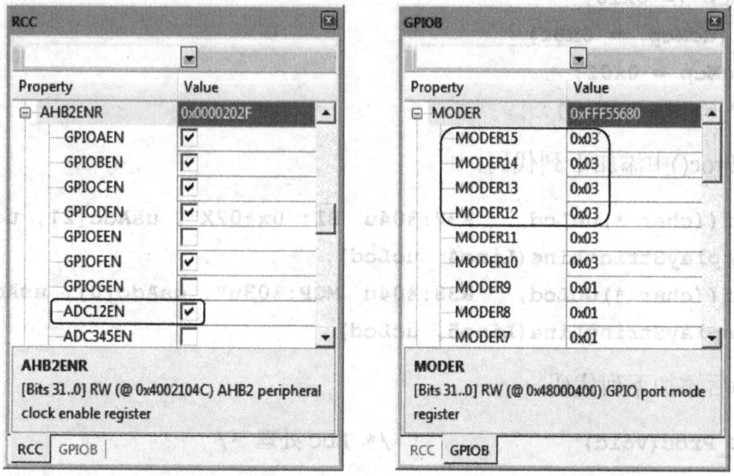

（a）“RCC”对话框　　（b）“GPIOB”对话框

图 7.4 “RCC”对话框和“GPIOB”对话框

（5）选择“Peripherals”（设备）>“System Viewer”（系统观察器）>“ADC”>“ADC1”菜单项打开“ADC1”对话框，其中 CR 寄存器的值为 0x10000001（ADVREGEN=1：稳压器允许；ADEN=1：ADC 允许），如图 7.5（a）所示，SQR1 寄存器的值为 0x000052C1（L=0x01：2 个通道；SQ1=0x0B：第 1 个通道是通道 11；SQ2=0x05：第 2 个通道是通道 5），如图 7.5（b）所示。

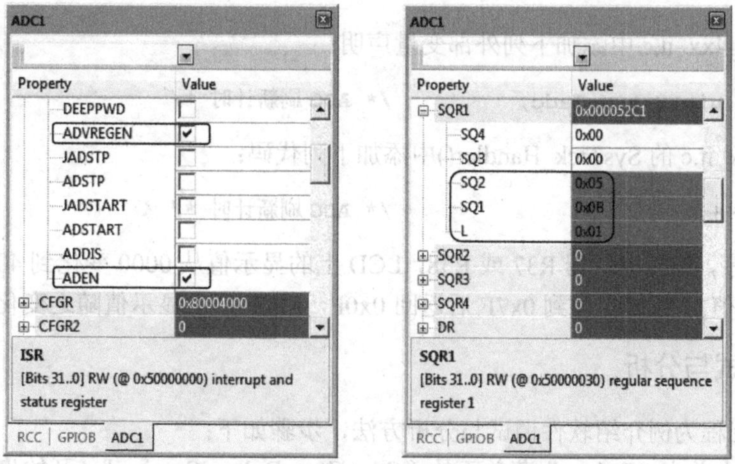

（a）CR 寄存器内容　　（b）SQR1 寄存器内容

图 7.5 “ADC1”对话框

用相同的方法打开“ADC2”对话框，其中 CR 寄存器的值为 0x10000001（ADVREGEN=1：稳压器允许；ADEN=1：ADC 允许），SQR1 寄存器的值为 0x03C0（L=0：1 个通道，SQ1=0x0F：

第 1 个通道是通道 15。

（6）单击 ADC_Proc()中的“ucTadc = 0”，再单击“Run to Cursor Line”（运行到光标行）按钮 {}，运行到“ucTadc = 0”。

（7）单击“Step Over”（单步跨越）按钮运行下列语句：

```
ADC1_Read(usAdc);
usAdc[2] = ADC2_Read();
```

将 ADC 结果存放在 usAdc 中。

（8）单击“Run”（运行）按钮连续运行程序，LCD 上显示 ADC 结果。

（9）单击“Debug”菜单下的“Start/Stop Debug Session”（开始/停止调试会话）菜单项，或单击文件工具栏中的“Start/Stop Debug Session”（开始/停止调试会话）按钮，退出调试界面。

第 8 章　定时器 TIM

STM32 定时器除系统滴答定时器 SysTick 外，还有高级控制定时器 TIM1/TIM8、通用定时器 TIM2～TIM4、基本定时器 TIM6/TIM7、实时时钟 RTC、独立看门狗 IWDG 和窗口看门狗 WWDG 等。

高级控制定时器除了具有刹车输入 BKIN、互补输出 CHxN 和重复次数计数器外与通用定时器的主要功能基本相同，两者都包含基本定时器的功能。RTC 提供时钟日历的功能。IWDG 和 WWDG 用来检测和解决软件错误引起的故障。

8.1　TIM 简介

定时器主要由时钟控制、时基单元、输入捕获和输出比较等部分组成。

时钟控制包含触发控制器、从模式控制器和编码器接口等，可以选择内部时钟（默认值）、外部时钟模式和内部触发。

时基单元包含 16 位计数器 CNT、预分频器 PSC、自动重装载寄存器 ARR 和重复次数计数器 RCR。计数器可以向上计数、向下计数或向上向下双向计数，计数器时钟由预分频器对多种时钟源分频得到，计数器初值来自自动重装载寄存器，重复次数计数器实现重复计数。

时基单元是定时器的核心，也是基本定时器的主要功能单元。

输入捕获包含输入滤波器和边沿检测器、预分频器和捕获/比较寄存器等，可以捕获计数器的值到捕获/比较寄存器，也可以测量 PWM 信号的周期和脉冲宽度。

输出比较包含捕获/比较寄存器、死区发生器 DTG 和输出控制，可以输出单脉冲，也可以输出 PWM 信号。

TIM 使用的 GPIO 引脚如表 8.1 所示。

表 8.1　TIM 使用的 GPIO 引脚

定时器引脚	GPIO 引脚					
	TIM1	TIM8	TIM2	TIM3	TIM4	配　置
CH1	PA8/PC0	PA15/PB6/PC6	PA0/PA5/**PA15**/PD3	**PA6**/PB4/PC6	PA11/PB6/PD12	复用推挽
CH2	PA9/PC1	PA14/PB8/PC7	**PA1**/PB3/PD4	PA4/PA7/PB5/PC7	PA12/PB7/PD13	
CH3	PA10/PC2	PB9/PC8	PA2/PA9/PB10/PD7	PB0/PC8	PA13/PB8/PD14	
CH4	PA11/PC3	PC9/PD1	PA3/PA10/PB11/PD6	PB1/PB7/PC9	PB9/PD15	
CH1N	**PA7**/PA11/PB13/PC13	PA7/PB3/PC10				
CH2N	PA12/PB0/PB14	PB0/PB4/PC11				
CH3N	PB1/PB9/PB15	PB1/PB5/PC12				
CH4N	PC5	PC13/PD0				

TIM 的主要寄存器如表 8.2 所示。

表 8.2　TIM 主要寄存器

偏移地址	名　称	类　型	复位值	说　明
0x00	CR1	读/写	0x0000	控制寄存器 1
0x04	CR2	读/写	0x0000	控制寄存器 2
0x08	**SMCR**	**读/写**	**0x0000**	**从模式控制寄存器（详见表 8.3）**
0x0C	DIER	读/写	0x0000	DMA/中断使能寄存器
0x10	**SR**	**读/写 0 清除**	**0x0000**	**状态寄存器（详见表 8.4）**
0x14	EGR	写	0x0000	事件生成寄存器
0x18	**CCMR1**	**读/写**	**0x0000**	**捕获/比较模式寄存器 1（详见表 8.5 和表 8.6）**
0x1C	**CCMR2**	**读/写**	**0x0000**	**捕获/比较模式寄存器 2**
0x20	**CCER**	**读/写**	**0x0000**	**捕获/比较使能寄存器（详见表 8.7）**
0x24	CNT	读/写	0x0000	计数器（16 位计数值）
0x28	PSC	读/写	0x0000	预分频器（16 位预分频值）
0x2C	ARR	读/写	0xFFFF	自动重装载寄存器（16 位自动重装载值）
0x30	RCR	读/写	0x0000	重复计数寄存器
0x34	CCR1	读/写	0x0000	捕获/比较寄存器 1（16 位捕获/比较 1 值）
0x38	CCR2	读/写	0x0000	捕获/比较寄存器 2（16 位捕获/比较 2 值）
0x3C	CCR3	读/写	0x0000	捕获/比较寄存器 3（16 位捕获/比较 3 值）
0x40	CCR4	读/写	0x0000	捕获/比较寄存器 4（16 位捕获/比较 4 值）
0x44	BDTR	读/写	0x0000	刹车和死区寄存器（高级控制定时器，详见表 8.8）

TIM 寄存器中按位操作寄存器的主要内容如表 8.3～表 8.8 所示。

表 8.3　TIM 从模式控制寄存器（SMCR）

位	名　称	类　型	复位值	说　明
6:4	TS[2:0]	读/写	000	触发选择：000—ITR0，001—ITR1，010—ITR2，011—ITR3 100—TI1F_ED，**101—TI1FP1**，**110—TI2FP2**，111—ETRF
2:0	SMS[2:0]	读/写	000	从模式选择：000—关闭从模式，001—编码器模式1，010—编码器模式2，011—编码器模式3，**100—复位模式**，101—门控模式，110—触发模式，111—外部时钟模式

表 8.4　TIM 状态寄存器（SR）

位	名　称	类　型	复位值	说　明
2	CC2IF	读/写 0 清除	0	捕获/比较 2 中断标志（读 CCR2 清除）
1	CC1IF	读/写 0 清除	0	捕获/比较 1 中断标志（读 CCR1 清除）
0	UIF	读/写 0 清除	0	更新中断标志（基本功能）

表 8.5　TIM 捕获/比较模式寄存器 1（CCMR1）（输入捕获模式）

位	名　称	类　型	复位值	说　明
9:8	CC2S[1:0]	读/写	00	捕获/比较 2 选择：00—输出比较，01—输入捕获 TI2， **10—输入捕获 TI1**，11—输入捕获 TRC

续表

位	名　称	类　型	复 位 值	说　明
1:0	CC1S[1:0]	读/写	00	捕获/比较 1 选择：00—输出比较，**01—输入捕获 TI1**，10—输入捕获 TI2，11—输入捕获 TRC

表 8.6　TIM 捕获/比较模式寄存器 1（CCMR1）（输出比较模式）

位	名　称	类　型	复 位 值	说　明
6:4	OC1M[2:0]	读/写	000	输出比较 1 模式：110—PWM1，111—PWM2

表 8.7　TIM 捕获/比较使能寄存器（CCER）

位	名　称	类　型	复 位 值	说　明
5	CC2P	读/写	0	捕获/比较 2 极性：捕获：0—上升沿，1—下降沿；比较：0—高电平有效，1—低电平有效
4	CC2E	读/写	0	捕获/比较 2 使能：0—禁止，1—允许
3	CC1NP	读/写	0	捕获/比较 1 互补输出极性（高级控制定时器）
2	CC1NE	读/写	0	捕获/比较 1 互补输出使能（高级控制定时器）：0—禁止，1—允许
1	CC1P	读/写	0	捕获/比较 1 极性（同 CC2P）
0	CC1E	读/写	0	捕获/比较 1 使能：0—禁止，1—允许

表 8.8　TIM 刹车和死区寄存器（BDTR）（高级控制定时器）

位	名　称	类　型	复 位 值	说　明
15	MOE	读/写	0	主输出使能

8.2　TIM 配置

将 PA7-TIM1_CH1N 和 PA6-TIM3_CH1 分别配置为 2kHz 和 1kHz PWM 输出并将 PA1-TIM2_CH2 配置为 PWM 捕捉的步骤如下：

① 在 STM32CubeMX 中打开 HAL.ioc 或 LL.ioc。

② 在 Pinout & Configuration 标签中单击左侧 Categories 下 Timers 中的“TIM1”。

③ 在 TIM1 模式下选择 Channel1 为“PWM Generation CH1N”，TIM1 默认的 GPIO 设置为 PA7-TIM1_CH1N（输出频率为 2kHz、占空比为 10%的矩形波），如图 8.1 所示。

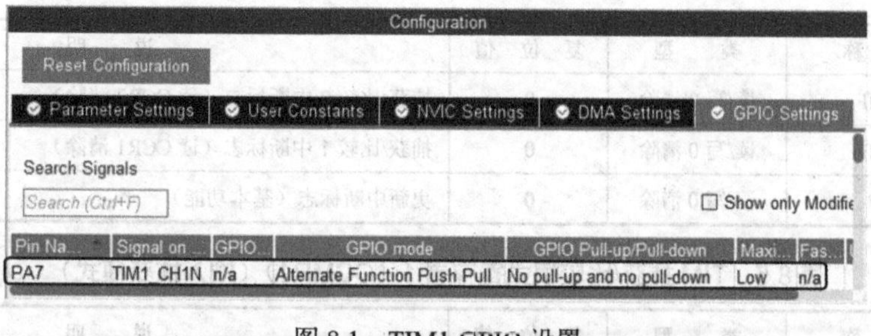

图 8.1　TIM1 GPIO 设置

- PA7：TIM1_CH1N，复用推挽模式，不上拉/下拉，低速模式。

④ 选择 Parameter Settings 标签，在默认配置的基础上做如下配置，如图 8.2 所示。

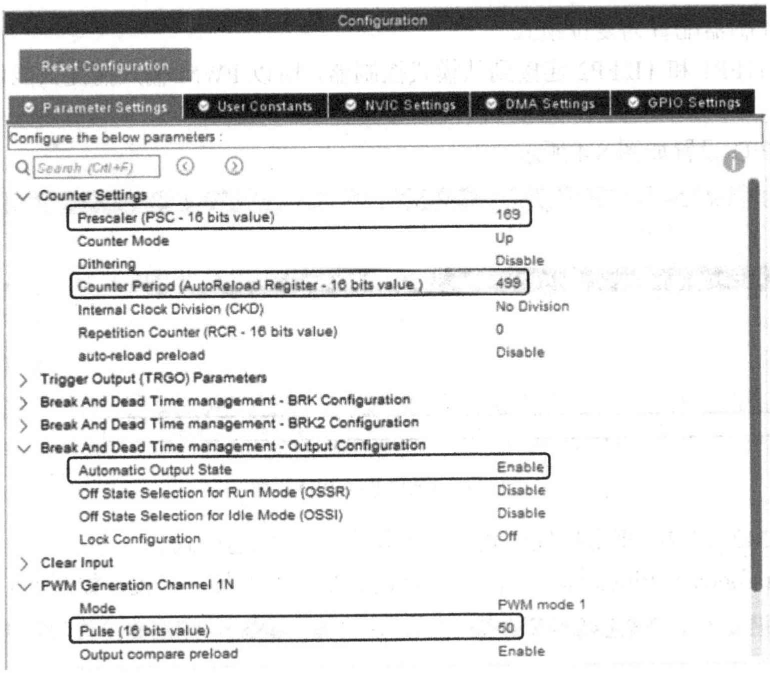

图 8.2　TIM1 参数配置

- Prescaler (PSC - 16 bits value)　169（170/(169+1)=1MHz）
- Counter Period (AutoReload Register - 16 bits value)　499（频率为 1MHz/500=2kHz）
- Automatic Output State　Enable（允许输出）
- PWM Generation Channel 1N 的 Pulse (16 bits value)　50（占空比为 50/500×100%=10%）

⑤ 选择 Timers 中的"TIM2"，在 TIM2 模式下做如下选择，如图 8.3 所示：

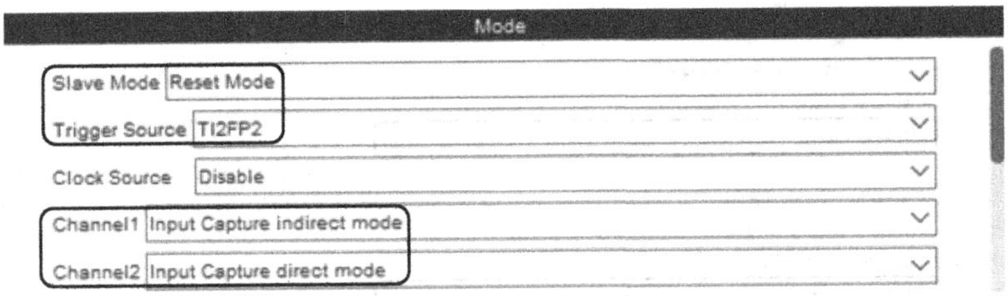

图 8.3　TIM2 模式选择

- Slave Mode　Reset Mode（复位模式）
- Trigger Source　TI2FP2（GPIO 设置为 PA1-TIM2_CH2）
- Channel2　Input Capture direct mode（直接输入捕捉模式）
- Channel1　Input Capture indirect mode（间接输入捕捉模式）

或

- Trigger Source　TI1FP1（GPIO 设置为 PA5 或 PA15-TIM2_CH1）
- Channel1　Input Capture direct mode（直接输入捕捉模式）
- Channel2　Input Capture indirect mode（间接输入捕捉模式）

PWM 输入捕捉是输入捕获的特例，特点如下：

- 矩形波同时输入到定时器的两个通道（1 个直接输入，1 个间接输入）
- 两个通道均为边沿有效，但极性相反（见图 8.5）
- 其中一个 TIxFPx 信号作为触发输入信号

● 从模式控制器配置为复位模式

因为只有 TI1FP1 和 TI2FP2 连接到从模式控制器，所以 PWM 输入捕捉只能使用 TIMx_ CH1 或 TIMx_CH2。

TIM2 的 GPIO 设置如图 8.4 所示。

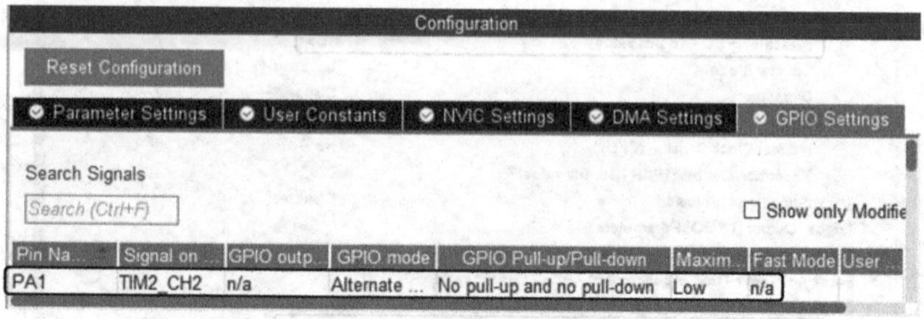

图 8.4　TIM2 的 GPIO 设置

● PA1：TIM2_CH2，复用推挽模式，不上拉/下拉，低速模式。

⑥ 选择 Parameter Settings 标签，在默认配置的基础上做如下配置，如图 8.5 所示。

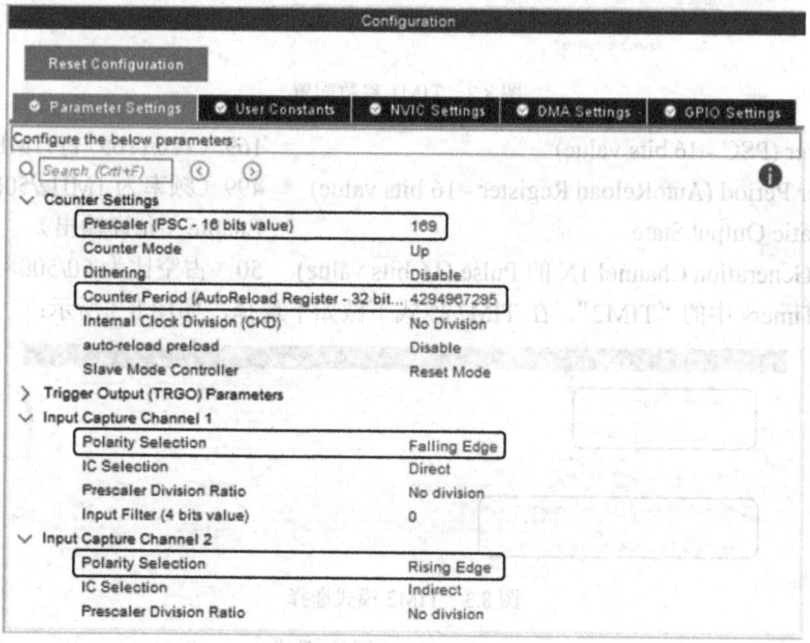

图 8.5　TIM2 参数配置

● Prescaler (PSC - 16 bits value)　　169（170/(169+1)=1MHz）
● Counter Period (AutoReload Register - 32 bits value)　　4294967295（最大值）
● Input Capture Channel 1 的 Polarity Selection　　Falling Edge（下降沿，测量脉冲宽度）
● Input Capture Channel 2 的 Polarity Selection　　Rising Edge（上升沿，测量周期）

⑦ 选择 Timers 中的“TIM3”，在 TIM3 模式下选择 Channel1 为“PWM Generation CH1”，TIM3 默认的 GPIO 设置为 PA6-TIM3_CH1（输出频率为 1kHz、占空比为 10%的矩形波），如图 8.6 所示。

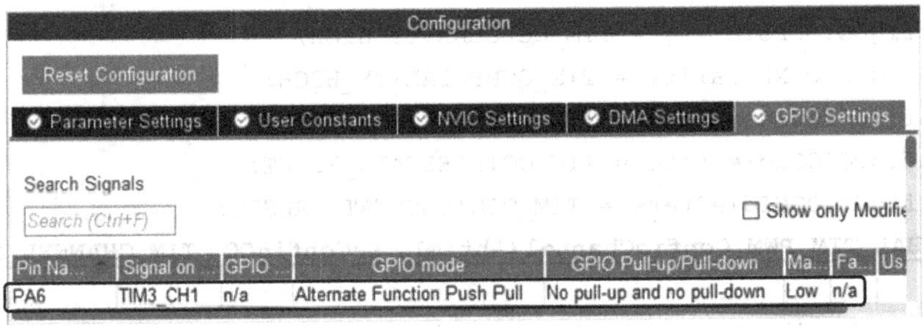

图 8.6　TIM3 的 GPIO 设置

⑧ 选择 Parameter Settings 标签，在默认配置的基础上做如下配置，如图 8.7 所示。

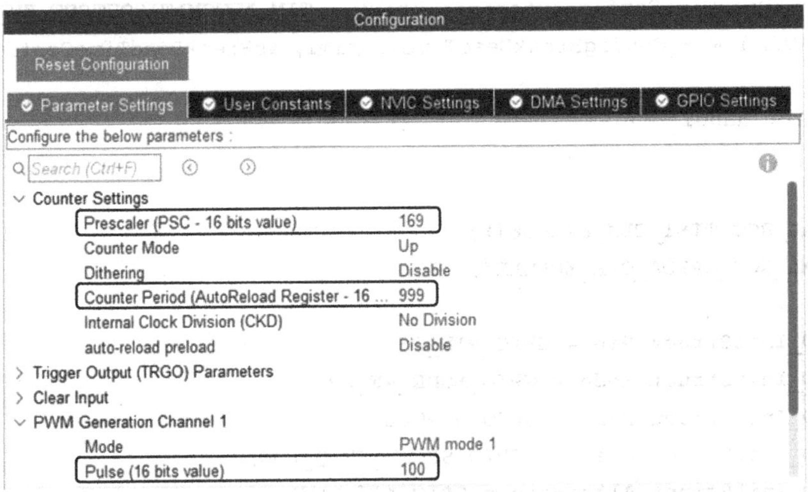

图 8.7　TIM3 参数配置

- Prescaler (PSC - 16 bits value)　　169（170/(169+1)=1MHz）
- Counter Period (AutoReload Register - 16 bits value)　　999（频率为 1MHz/1000=1kHz）
- PWM Generation Channel 1 的 Pulse (16 bits value)　　100（占空比为 100/1000×100%=10%）

TIM 配置完成后生成的相应 HAL 和 LL 初始化程序分别在 HAL\Core\Src\tim.c 和 LL\Core\Src\tim.c 中，核心代码如下（以 TIM1 为例）：

```
/* HAL工程 */
  htim1.Instance = TIM1;
  htim1.Init.Prescaler = 169;
  htim1.Init.CounterMode = TIM_COUNTERMODE_UP;
  htim1.Init.Period = 499;
  htim1.Init.ClockDivision = TIM_CLOCKDIVISION_DIV1;
  htim1.Init.RepetitionCounter = 0;
  htim1.Init.AutoReloadPreload = TIM_AUTORELOAD_PRELOAD_DISABLE;
  if (HAL_TIM_PWM_Init(&htim1) != HAL_OK)
  {
    Error_Handler();
  }

  sConfigOC.OCMode = TIM_OCMODE_PWM1;
  sConfigOC.Pulse = 50;
```

```
sConfigOC.OCPolarity = TIM_OCPOLARITY_HIGH;
sConfigOC.OCNPolarity = TIM_OCNPOLARITY_HIGH;
sConfigOC.OCFastMode = TIM_OCFAST_DISABLE;
sConfigOC.OCIdleState = TIM_OCIDLESTATE_RESET;
sConfigOC.OCNIdleState = TIM_OCNIDLESTATE_RESET;
if (HAL_TIM_PWM_ConfigChannel(&htim1, &sConfigOC, TIM_CHANNEL_1) != HAL_OK)
{
  Error_Handler();
}

sBreakDeadTimeConfig.AutomaticOutput = TIM_AUTOMATICOUTPUT_ENABLE;
if (HAL_TIMEx_ConfigBreakDeadTime(&htim1, &sBreakDeadTimeConfig) != HAL_OK)
{
  Error_Handler();
}

__HAL_RCC_TIM1_CLK_ENABLE();
__HAL_RCC_GPIOA_CLK_ENABLE();

GPIO_InitStruct.Pin = GPIO_PIN_7;
GPIO_InitStruct.Mode = GPIO_MODE_AF_PP;
GPIO_InitStruct.Pull = GPIO_NOPULL;
GPIO_InitStruct.Speed = GPIO_SPEED_FREQ_LOW;
GPIO_InitStruct.Alternate = GPIO_AF6_TIM1;
HAL_GPIO_Init(GPIOA, &GPIO_InitStruct);
/* LL工程 */
LL_APB2_GRP1_EnableClock(LL_APB2_GRP1_PERIPH_TIM1);

TIM_InitStruct.Prescaler = 169;
TIM_InitStruct.CounterMode = LL_TIM_COUNTERMODE_UP;
TIM_InitStruct.Autoreload = 499;
TIM_InitStruct.ClockDivision = LL_TIM_CLOCKDIVISION_DIV1;
TIM_InitStruct.RepetitionCounter = 0;
LL_TIM_Init(TIM1, &TIM_InitStruct);
TIM_OC_InitStruct.OCMode = LL_TIM_OCMODE_PWM1;
TIM_OC_InitStruct.OCState = LL_TIM_OCSTATE_DISABLE;
TIM_OC_InitStruct.OCNState = LL_TIM_OCSTATE_DISABLE;
TIM_OC_InitStruct.CompareValue = 50;
TIM_OC_InitStruct.OCPolarity = LL_TIM_OCPOLARITY_HIGH;
TIM_OC_InitStruct.OCNPolarity = LL_TIM_OCPOLARITY_HIGH;
TIM_OC_InitStruct.OCIdleState = LL_TIM_OCIDLESTATE_LOW;
TIM_OC_InitStruct.OCNIdleState = LL_TIM_OCIDLESTATE_LOW;
LL_TIM_OC_Init(TIM1, LL_TIM_CHANNEL_CH1, &TIM_OC_InitStruct);
TIM_BDTRInitStruct.AutomaticOutput = LL_TIM_AUTOMATICOUTPUT_ENABLE;
LL_TIM_BDTR_Init(TIM1, &TIM_BDTRInitStruct);
```

```
LL_AHB2_GRP1_EnableClock(LL_AHB2_GRP1_PERIPH_GPIOA);

GPIO_InitStruct.Pin = LL_GPIO_PIN_7;
GPIO_InitStruct.Mode = LL_GPIO_MODE_ALTERNATE;
GPIO_InitStruct.Speed = LL_GPIO_SPEED_FREQ_LOW;
GPIO_InitStruct.OutputType = LL_GPIO_OUTPUT_PUSHPULL;
GPIO_InitStruct.Pull = LL_GPIO_PULL_NO;
GPIO_InitStruct.Alternate = LL_GPIO_AF_6;
LL_GPIO_Init(GPIOA, &GPIO_InitStruct);
```

8.3 TIM 库函数

TIM 库函数包括 HAL 库函数和 LL 库函数。

8.3.1 TIM HAL 库函数

基本的 TIM HAL 库函数在 stm32g4xx_hal_tim.h 中声明如下：

```
HAL_StatusTypeDef HAL_TIM_Base_Init(TIM_HandleTypeDef *htim)
HAL_StatusTypeDef HAL_TIM_PWM_Init(TIM_HandleTypeDef *htim)
HAL_StatusTypeDef HAL_TIM_IC_Init(TIM_HandleTypeDef *htim)
HAL_StatusTypeDef HAL_TIM_SlaveConfigSynchro(TIM_HandleTypeDef *htim,
  TIM_SlaveConfigTypeDef *sSlaveConfig)
HAL_StatusTypeDef HAL_TIM_PWM_ConfigChannel(TIM_HandleTypeDef *htim,
  TIM_OC_InitTypeDef *sConfig, uint32_t Channel)
HAL_StatusTypeDef HAL_TIM_IC_ConfigChannel(TIM_HandleTypeDef *htim,
  TIM_IC_InitTypeDef *sConfig, uint32_t Channel)
HAL_StatusTypeDef HAL_TIM_PWM_Start(TIM_HandleTypeDef *htim,
  uint32_t Channel)
HAL_StatusTypeDef HAL_TIM_IC_Start(TIM_HandleTypeDef *htim,
  uint32_t Channel)
uint32_t HAL_TIM_ReadCapturedValue(TIM_HandleTypeDef *htim,
  uint32_t Channel)
```

注意：HAL 没有单独写 ARR 和 CCRx 的外部函数，可以使用宏定义或直接写寄存器。

（1）初始化 TIM 时基

```
HAL_StatusTypeDef HAL_TIM_Base_Init(TIM_HandleTypeDef *htim)
```

参数说明：

★ htim：TIM 句柄，在 stm32g4xx_hal_tim.h 中定义如下：

```
typedef struct __TIM_HandleTypeDef
{
  TIM_TypeDef              *Instance;          /* TIM 名称 */
  TIM_Base_InitTypeDef     Init;               /* TIM 时基初始化参数 */
  ……………………………………………………………………………………
} TIM_HandleTypeDef;
```

其中 TIM_Base_InitTypeDef 在 stm32g4xx_hal_tim.h 中定义如下：

```
typedef struct
{
  uint32_t Prescaler;                        /* 预分频（-1）*/
  uint32_t CounterMode;                      /* 计数模式 */
  uint32_t Period;                           /* 周期（-1）*/
  ..............................................................
} TIM_Base_InitTypeDef;
```

返回值：HAL 状态，在 stm32g4xx_hal_def.h 中定义

（2）初始化 PWM

```
HAL_StatusTypeDef HAL_TIM_PWM_Init(TIM_HandleTypeDef *htim)
```

参数说明：

★ htim：TIM 句柄，在 stm32g4xx_hal_tim.h 中定义

返回值：HAL 状态，在 stm32g4xx_hal_def.h 中定义

（3）初始化 IC（输入捕捉）

```
HAL_StatusTypeDef HAL_TIM_IC_Init(TIM_HandleTypeDef *htim)
```

参数说明：

★ htim：TIM 句柄，在 stm32g4xx_hal_tim.h 中定义

返回值：HAL 状态，在 stm32g4xx_hal_def.h 中定义

（4）配置从模式

```
HAL_StatusTypeDef HAL_TIM_SlaveConfigSynchro(TIM_HandleTypeDef *htim,
  TIM_SlaveConfigTypeDef *sSlaveConfig)
```

参数说明：

★ htim：TIM 句柄，在 stm32g4xx_hal_tim.h 中定义

★ sSlaveConfig：从模式配置，在 stm32g4xx_hal_tim.h 中定义如下：

```
typedef struct
{
  uint32_t  SlaveMode;                 /* 从模式选择 */
  uint32_t  InputTrigger;              /* 输入触发源 */
  uint32_t  TriggerPolarity;           /* 输入触发极性 */
  uint32_t  TriggerPrescaler;          /* 输入触发预分频 */
  uint32_t  TriggerFilter;             /* 输入触发滤波 */
} TIM_SlaveConfigTypeDef;
```

返回值：HAL 状态，在 stm32g4xx_hal_def.h 中定义

（5）配置 PWM 通道

```
HAL_StatusTypeDef HAL_TIM_PWM_ConfigChannel(TIM_HandleTypeDef *htim,
  TIM_OC_InitTypeDef *sConfig, uint32_t Channel)
```

参数说明：

★ htim：TIM 句柄，在 stm32g4xx_hal_tim.h 中定义

★ sConfig：输出比较初始化参数，在 stm32g4xx_hal_tim.h 中定义如下：

```
typedef struct
{
  uint32_t OCMode;                     /* 输出模式 */
  uint32_t Pulse;                      /* 脉冲宽度 */
  ……………………………………………………………
} TIM_OC_InitTypeDef;
```

★ Channel：通道号，在 stm32g4xx_hal_tim.h 中定义如下：

```
#define TIM_CHANNEL_1              0x00000000U
#define TIM_CHANNEL_2              0x00000004U
#define TIM_CHANNEL_3              0x00000008U
#define TIM_CHANNEL_4              0x0000000CU
```

注意：HAL 库中没有定义 TIM_CHANNEL_1N（2U）。

返回值：HAL 状态，在 stm32g4xx_hal_def.h 中定义

（6）配置 IC 通道

```
HAL_StatusTypeDef HAL_TIM_IC_ConfigChannel(TIM_HandleTypeDef *htim,
  TIM_IC_InitTypeDef *sConfig, uint32_t Channel)
```

参数说明：

★ htim：TIM 句柄，在 stm32g4xx_hal_tim.h 中定义

★ sConfig：输入捕捉初始化参数，在 stm32g4xx_hal_tim.h 中定义如下：

```
typedef struct
{
  uint32_t  ICPolarity;                /* 输入捕捉极性 */
  uint32_t ICSelection;                /* 输入捕捉选择 */
  uint32_t ICPrescaler;                /* 输入捕捉预分频 */
  uint32_t ICFilter;                   /* 输入捕捉滤波 */
} TIM_IC_InitTypeDef;
```

★ Channel：通道号，在 stm32g4xx_hal_tim.h 中定义

返回值：HAL 状态，在 stm32g4xx_hal_def.h 中定义

（7）启动 PWM

```
HAL_StatusTypeDef HAL_TIM_PWM_Start(TIM_HandleTypeDef *htim,
  uint32_t Channel)
```

参数说明：

★ htim：TIM 句柄，在 stm32g4xx_hal_tim.h 中定义

★ Channel：通道号，在 stm32g4xx_hal_tim.h 中定义

返回值：HAL 状态，在 stm32g4xx_hal_def.h 中定义

（8）启动 IC

```
HAL_StatusTypeDef HAL_TIM_IC_Start(TIM_HandleTypeDef *htim,
  uint32_t Channel)
```

参数说明：

★ htim：TIM 句柄，在 stm32g4xx_hal_tim.h 中定义

★ Channel：通道号，在 stm32g4xx_hal_tim.h 中定义

返回值：HAL 状态，在 stm32g4xx_hal_def.h 中定义

（9）读取捕捉值

```
uint32_t HAL_TIM_ReadCapturedValue(TIM_HandleTypeDef *htim,
  uint32_t Channel)
```

参数说明：

★ htim：TIM 句柄，在 stm32g4xx_hal_tim.h 中定义

★ Channel：通道号，在 stm32g4xx_hal_tim.h 中定义

返回值：捕捉值

8.3.2 TIM LL 库函数

基本的 TIM LL 库函数在 stm32g4xx_ll_tim.h 中声明如下：

```
ErrorStatus LL_TIM_Init(TIM_TypeDef *TIMx, LL_TIM_InitTypeDef *TIM_InitStruct)
ErrorStatus LL_TIM_OC_Init(TIM_TypeDef *TIMx, uint32_t Channel,
  LL_TIM_OC_InitTypeDef *TIM_OC_InitStruct)
void LL_TIM_EnableCounter(TIM_TypeDef *TIMx)
void LL_TIM_CC_EnableChannel(TIM_TypeDef *TIMx, uint32_t Channels)
void LL_TIM_SetAutoReload(TIM_TypeDef *TIMx, uint32_t AutoReload)
void LL_TIM_OC_SetCompareCH1(TIM_TypeDef *TIMx, uint32_t CompareValue)
uint32_t LL_TIM_IC_GetCaptureCH1(TIM_TypeDef *TIMx)
```

（1）初始化 TIM 时基

```
ErrorStatus LL_TIM_Init(TIM_TypeDef *TIMx, LL_TIM_InitTypeDef *TIM_InitStruct)
```

参数说明：

★ TIMx：TIM 名称

★ TIM_InitStruct：TIM 初始化结构体指针，在 stm32g4xx_ll_tim.h 中定义如下：

```
typedef struct
{
  uint16_t Prescaler;                         /* 预分频（-1）*/
  uint32_t CounterMode;                       /* 计数模式 */
  uint32_t Autoreload;                        /* 自动重装值（-1）*/
  ......................................................................
} LL_TIM_InitTypeDef;
```

返回值：错误状态，在 stm32g4xx.h 中定义

（2）初始化 TIM 输出通道

```
ErrorStatus LL_TIM_OC_Init(TIM_TypeDef *TIMx, uint32_t Channel,
  LL_TIM_OC_InitTypeDef *TIM_OC_InitStruct)
```

参数说明：

★ TIMx：TIM 名称

★ Channel：通道号，在 stm32g4xx_ll_tim.h 中定义如下（见表 8.7）：

```
#define LL_TIM_CHANNEL_CH1        TIM_CCER_CC1E
#define LL_TIM_CHANNEL_CH2        TIM_CCER_CC2E
......
```

★ TIM_OC_InitStruct：TIM 输出通道初始化结构体指针，在 stm32g4xx_ll_tim.h 中定义如下：

```
typedef struct
{
  uint32_t OCMode;                /* 输出模式 */
  uint32_t OCState;               /* 输出状态 */
  uint32_t OCNState;              /* 互补输出状态 */
  uint32_t CompareValue;          /* 输出比较值 */
  ......
} LL_TIM_OC_InitTypeDef;
```

返回值：错误状态，在 stm32g4xx.h 中定义

（3）允许 TIM 计数器

```
void LL_TIM_EnableCounter(TIM_TypeDef *TIMx)
```

参数说明：

★ TIMx：TIM 名称

（4）允许捕捉/比较通道

```
void LL_TIM_CC_EnableChannel(TIM_TypeDef *TIMx, uint32_t Channels)
```

参数说明：

★ TIMx：TIM 名称

★ Channels：通道号，在 stm32g4xx_ll_tim.h 中定义如下（见表 8.7）：

```
#define LL_TIM_CHANNEL_CH1        TIM_CCER_CC1E
#define LL_TIM_CHANNEL_CH1N       TIM_CCER_CC1NE
#define LL_TIM_CHANNEL_CH2        TIM_CCER_CC2E
......
```

注意：Channels 可以是多个通道的组合。

（5）设置自动重装值

```
void LL_TIM_SetAutoReload(TIM_TypeDef *TIMx, uint32_t AutoReload)
```

参数说明：

★ TIMx：TIM 名称

★ AutoReload：自动重装值

（6）设置输出通道 1 比较值

```
void LL_TIM_OC_SetCompareCH1(TIM_TypeDef *TIMx, uint32_t CompareValue)
```

参数说明：

★ TIMx：TIM 名称

★ CompareValue：比较值

（7）获取输入通道 1 捕捉值

```
uint32_t LL_TIM_IC_GetCaptureCH1(TIM_TypeDef *TIMx)
```

参数说明：

★ TIMx：TIM 名称

返回值：捕捉值（+1）

8.4 TIM 设计实例

TIM 系统包括 STM32 MCU（内嵌 SysTick）、按键、LED、LCD 显示屏、UART1 接口、串行 EEPROM 24C02、数字电位器 MCP4017、ADC1、ADC2 和 TIM1～TIM3。硬件方框图如图 8.8 所示。

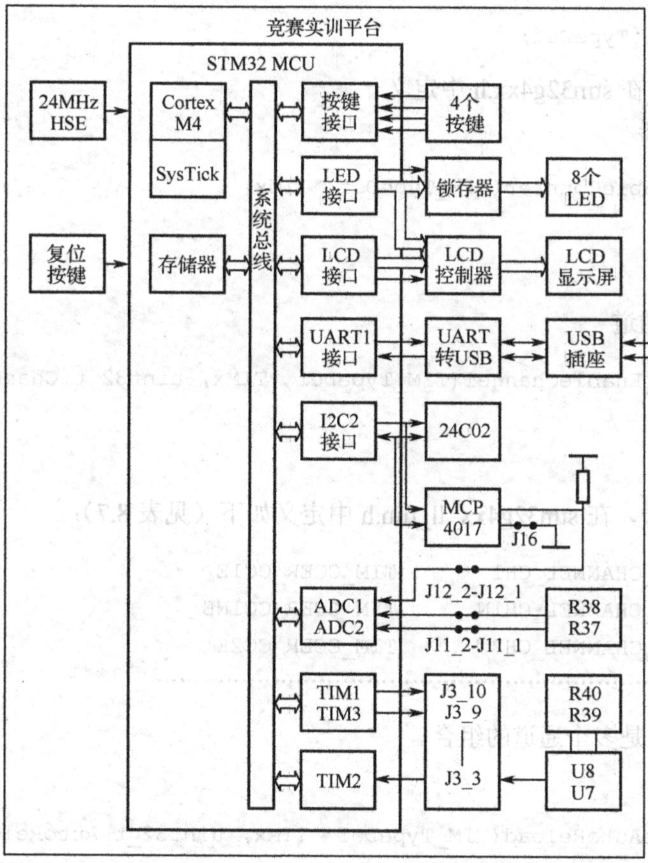

图 8.8　TIM 系统硬件方框图

TIM1 和 TIM3 分别通过 CH1N（PA7）和 CH1（PA6）输出 2kHz 和 1kHz 的矩形波，TIM2 通过 CH2（PA1）输入 TIM1 或 TIM3 或 U7 或 U8 产生的矩形波，用 CH1 和 CH2 测量矩形波的周期和脉冲宽度。TIM1 或 TIM3 产生的矩形波的脉冲宽度可以通过 B2 按键改变，U7 或 U8 产生的矩形波的频率和脉冲宽度可以分别通过电位器 R39 或 R40 调节。

8.4.1 软件设计与实现

TIM 软件设计与实现在 ADC 实现的基础上修改完成：

● 将“074_ADC”文件夹复制粘贴并重命名为“084_TIM”文件夹。

TIM 软件设计与实现包括接口函数和处理函数设计与实现。

（1）接口函数设计与实现

接口函数设计与实现的步骤如下：

① 在 tim.h 中添加下列函数声明：

```
/* USER CODE BEGIN Prototypes */
void TIM1_SetAutoReload(uint16_t usAuto);      /* 设置 TIM1 自动重装值 */
void TIM3_SetAutoReload(uint16_t usAuto);      /* 设置 TIM3 自动重装值 */
void TIM1_SetCompare1(uint16_t usComp);        /* 设置 TIM1 输出比较值 1 */
void TIM3_SetCompare1(uint16_t usComp);        /* 设置 TIM3 输出比较值 1 */
void TIM2_GetCapture(uint16_t *pusBuf);        /* 获取 TIM2 输入捕获值 */
/* USER CODE END Prototypes */
```

② 在 tim.c 的 MX_TIM1_Init()中添加下列代码：

```
  /* USER CODE BEGIN TIM1_Init 2 */
/* HAL 工程代码 */
  HAL_TIM_PWM_Start(&htim1, 2);                 /* 启动 TIM1_CH1N PWM */
  /* 注意：HAL 没有定义 TIM_CHANNEL_1N（2） */
/* LL 工程代码 */
  LL_TIM_CC_EnableChannel(TIM1, LL_TIM_CHANNEL_CH1N);/* 允许 TIM1_CH1N */
  LL_TIM_EnableCounter(TIM1);                   /* 允许 TIM1 */
  /* USER CODE END TIM1_Init 2 */
```

③ 在 tim.c 的 MX_TIM2_Init()中添加下列代码：

```
  /* USER CODE BEGIN TIM2_Init 2 */
/* HAL 工程代码 */
  HAL_TIM_IC_Start(&htim2, TIM_CHANNEL_1);      /* 启动 TIM2_CH1 IC */
  HAL_TIM_IC_Start(&htim2, TIM_CHANNEL_2);      /* 启动 TIM2_CH2 IC */
/* LL 工程代码 */
  LL_TIM_CC_EnableChannel(TIM2, LL_TIM_CHANNEL_CH1 | LL_TIM_CHANNEL_CH2);
                                                /* 允许 TIM2_CH1 和 CH2 */
  LL_TIM_EnableCounter(TIM2);                   /* 允许 TIM2 */
  /* USER CODE END TIM2_Init 2 */
```

④ 在 tim.c 的 MX_TIM3_Init()中添加下列代码：

```
  /* USER CODE BEGIN TIM3_Init 2 */
/* HAL 工程代码 */
  HAL_TIM_PWM_Start(&htim3, TIM_CHANNEL_1);           /* 启动 TIM3_CH1 PWM */
/* LL 工程代码 */
  LL_TIM_CC_EnableChannel(TIM3, LL_TIM_CHANNEL_CH1); /* 允许 TIM3_CH1 */
  LL_TIM_EnableCounter(TIM3);                         /* 允许 TIM3 */
  /* USER CODE END TIM3_Init 2 */
```

⑤ 在 tim.c 后部添加下列代码：

```
/* USER CODE BEGIN 1 */
```

```
/* HAL工程代码 */
void TIM1_SetAutoReload(uint16_t usAuto)        /* 设置TIM1自动重装值 */
{
  __HAL_TIM_SET_AUTORELOAD(&htim1, usAuto);
}
void TIM3_SetAutoReload(uint16_t usAuto)        /* 设置TIM3自动重装值 */
{
  __HAL_TIM_SET_AUTORELOAD(&htim3, usAuto);
}
void TIM1_SetCompare1(uint16_t usComp)          /* 设置TIM1输出比较值1 */
{
  __HAL_TIM_SET_COMPARE(&htim1, TIM_CHANNEL_1, usComp);
}
void TIM3_SetCompare1(uint16_t usComp)          /* 设置TIM3输出比较值1 */
{
  __HAL_TIM_SET_COMPARE(&htim3, TIM_CHANNEL_1, usComp);
}
void TIM2_GetCapture(uint16_t *pusBuf)          /* 获取TIM2输入捕获值 */
{
  pusBuf[0] = HAL_TIM_ReadCapturedValue(&htim2, TIM_CHANNEL_1)+1;
  pusBuf[1] = HAL_TIM_ReadCapturedValue(&htim2, TIM_CHANNEL_2)+1;
}
/* LL工程代码 */
void TIM1_SetAutoReload(uint16_t usAuto)        /* 设置TIM1自动重装值 */
{
  LL_TIM_SetAutoReload(TIM1, usAuto);           /* 设置TIM1自动重装值 */
}
void TIM3_SetAutoReload(uint16_t usAuto)        /* 设置TIM3自动重装值 */
{
  LL_TIM_SetAutoReload(TIM3, usAuto);           /* 设置TIM3自动重装值 */
}
void TIM1_SetCompare1(uint16_t usComp)          /* 设置TIM1输出比较值1 */
{
  LL_TIM_OC_SetCompareCH1(TIM1, usComp);        /* 设置TIM1_CH1比较值 */
}
void TIM3_SetCompare1(uint16_t usComp)          /* 设置TIM3输出比较值1 */
{
  LL_TIM_OC_SetCompareCH1(TIM3, usComp);        /* 设置TIM3_CH1比较值 */
}
void TIM2_GetCapture(uint16_t *pusBuf)          /* 获取TIM2输入捕获值 */
{
  pusBuf[0]=LL_TIM_IC_GetCaptureCH1(TIM2)+1;
  pusBuf[1]=LL_TIM_IC_GetCaptureCH2(TIM2)+1;
}
/* USER CODE END 1 */
```

（2）处理函数设计与实现

处理函数设计与实现的步骤如下：

① 在 main.c 中声明下列全局变量：

```
uint8_t ucDuty=10;                    /* TIM输出占空比 */
uint16_t usCapt[2];                   /* TIM输入捕捉值 */
```

② 在 main()的初始化部分取消下列注释：

```
//  MX_TIM1_Init();
//  MX_TIM2_Init();
//  MX_TIM3_Init();
```

③ 在 KEY_Proc()的 case 2 中添加下列代码：

```
  ucDuty += 10;
  if(ucDuty == 100)
    ucDuty = 10;
  TIM1_SetCompare1(ucDuty*5);
  TIM3_SetCompare1(ucDuty*10);
```

④ 在 LCD_Proc()中添加下列代码：

```
  TIM2_GetCapture(usCapt);
  sprintf((char *)ucLcd, " FRE:%05u B2: %02u%%  ", 1000000/usCapt[1], ucDuty);
  LCD_DisplayStringLine(Line7, ucLcd);
  sprintf((char *)ucLcd, " PER:%04u  WID:%03u  ", usCapt[1], usCapt[0]);
  LCD_DisplayStringLine(Line8, ucLcd);
```

编译下载程序，用导线连接 J3_4（PA1）和 J3_10（PA7），FRE 的值为 2000Hz，PER 的值为 500μs，WID 的值为 50μs，按一下 B2 按键，B2 的值增加 10%，WID 的值增加 50μs，B2 的值增加到 90%时返回 10%，WID 的值增加到 450μs 时返回 50μs。

用导线连接 J3_4（PA1）和 J3_9（PA6），FRE 的值变为 1000Hz，PER 的值变为 1000μs，WID 的值也发生改变，按一下 B2 按键，B2 的值增加 10%，WID 的值增加 100μs。

用导线连接 J3_4（PA1）和 J9_1 或 J10_2，旋转 R39 或 R40，FRE 的值在 700～30300Hz 间变化，PER 和 WID 的值也随之发生变化。

8.4.2 软件调试与分析

下面以 LL 工程为例介绍软件调试与分析方法，步骤如下：

（1）在 Keil 中单击“Debug”菜单下的“Start/Stop Debug Session”（开始/停止调试会话）菜单项，或单击文件工具栏中的“Start/Stop Debug Session”（开始/停止调试会话）按钮，将程序下载到开发板并进入调试界面。

（2）单击调试工具栏中的“Step Over”（单步跨越）按钮运行下列语句：

```
  MX_TIM1_Init();
  MX_TIM2_Init();
  MX_TIM3_Init();
```

（3）选择“Peripherals”（设备）>“System Viewer”（系统观察器）>“RCC”菜单项打开“RCC”对话框，其中 APB2ENR 寄存器的内容如图 8.9（a）所示，TIM1EN 的值为 1（时钟允许）。

（4）选择“Peripherals”（设备）>“System Viewer”（系统观察器）>“GPIO”>“GPIOA”菜单项打开“GPIOA”对话框，如图 8.9（b）所示，其中 PA1、PA6 和 PA7 的模式值 MODER1、MODER6 和 MODER7 的值均为 0x02（复用）。

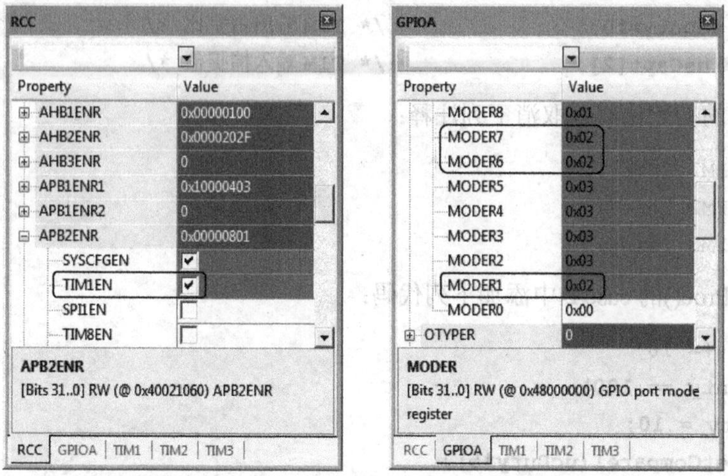

（a）“RCC”对话框　　（b）“GPIOA”对话框

图 8.9 “RCC”对话框和“GPIOA”对话框

（5）选择“Peripherals”（设备）>“System Viewer”（系统观察器）>“TIM”>“TIM1”菜单项打开“TIM1”对话框，如图 8.10（a）所示，其中主要寄存器的值如下：

- CR1 的值为 1（CEN=1：设备允许）
- CCMR1_Output 的值为 0x0068（OC1M=6：通道 1 PWM1 模式；OC1PE=1：通道 1 反相输出允许）
- CCER 的值为 4（CC1NE=1：捕获/比较 1 互补输出允许）
- BDTR 的 MOE=1（主输出允许）

注意：“TIM3”对话框的内容和“TIM1”类似。

（6）选择“Peripherals”（设备）>“System Viewer”（系统观察器）>“TIM”>“TIM2”菜单项打开“TIM2”对话框，如图 8.10（b）所示，其中主要寄存器的值如下：

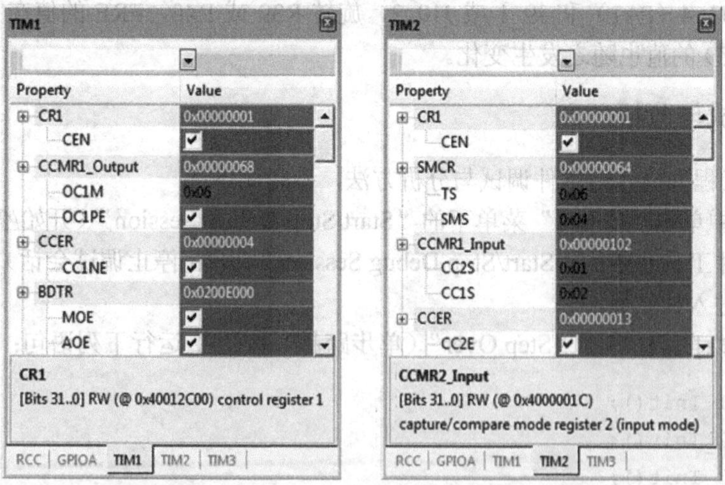

（a）“TIM1”对话框　　（b）“TIM2”对话框

图 8.10 TIM 对话框

- CR1 的值为 1（CEN=1：设备允许）
- SMCR 的值为 0x64（TS=6：触发选择 TI2FP2；SMS=4：复位模式）
- CCMR1_Input 的值为 0x0102（CC2S=1：通道 2 捕获 TI2；CC1S=2：通道 1 捕获 TI2）
- CCER 的值为 0x13（CC2E=1：通道 2 允许；CC1P=1：通道 1 下降沿捕获；CC1E=1：通道 1 允许）

（7）单击“Run”（运行）按钮连续运行程序，LCD 上显示测量结果。

（8）单击“Debug”菜单下的“Start/Stop Debug Session”（开始/停止调试会话）菜单项，或单击文件工具栏中的“Start/Stop Debug Session”（开始/停止调试会话）按钮，退出调试界面。

第 9 章　嵌套向量中断控制器 NVIC

接口数据传送控制方式有查询、中断和 DMA 等，中断和 DMA 是重要的接口数据传送控制方式。STM32 中断控制分为全局和局部两级，全局中断由 NVIC 控制，局部中断由设备控制。

9.1　NVIC 简介

嵌套向量中断控制器 NVIC 支持多个内部异常和多达 240 个外部中断。从广义上讲，异常和中断都是暂停正在执行的程序转去执行异常或中断处理程序，然后再返回原来的程序继续执行。从狭义上讲，异常由内部事件引起，而中断由外部硬件产生。

异常和中断的处理与子程序调用有相似之处，但也有下列本质区别：

- 什么时候调用子程序是确定的，而什么时候产生异常和中断是不确定的。
- 子程序的起始地址由调用程序给出，而异常和中断程序的起始地址存放在地址表中。
- 子程序的执行一般是无条件的，而异常和中断处理程序的执行要先使能。

STM32 异常和中断如表 9.1 所示（表中的地址是异常和中断处理程序的起始地址，系统使用 4 位优先级控制、1 位使能控制，处理程序的名称在 startup_stm32g431xx.s 中定义）。

表 9.1　STM32 异常和中断

中断号（地址）	名　称	优 先 级	使　能	说　明
(0x00)	—	—	—	SP 初始地址
(0x04)	Reset	-3（固定）	1	复位（优先级最高）
(0x08)	NMI	-2（固定）	1	不可屏蔽中断
(0x0C)	HardFault	-1（固定）	1	硬件异常
(0x10)	MemManage	0xE000ED18	0xE000ED24.16	存储管理异常
(0x14)	BusFault	0xE000ED19	0xE000ED24.17	总线异常
(0x18)	UsageFault	0xE000ED1A	0xE000ED24.18	应用异常
(0x2C)	SVCall	0xE000ED1F	1	系统服务调用
(0x30)	DebugMonitor	0xE000ED20	0xE000EDFC.16	调试监控
(0x38)	PendSV	0xE000ED22	1	挂起系统服务
(0x3C)	**SysTick**	**0xE000ED23**	**1**	**系统滴答定时器中断**
0(0x40)	WWDG	0xE000E400	0xE000E100.00	窗口看门狗中断
1(0x44)	PVD_PVM	0xE000E401	0xE000E100.01	连接到 EXTI16 的 PVD 中断
2(0x48)	RTC/TAMP	0xE000E402	0xE000E100.02	连接到 EXTI19 的 RTC 中断
3(0x4C)	RTC_WKUP	0xE000E403	0xE000E100.03	连接到 EXTI20 的 RTC 唤醒
4(0x50)	FLASH	0xE000E404	0xE000E100.04	FLASH 全局中断
5(0x54)	RCC	0xE000E405	0xE000E100.05	RCC 全局中断
6(0x58)	**EXTI0**	**0xE000E406**	**0xE000E100.06**	**EXTI0 中断**
7(0x5C)	EXTI1	0xE000E407	0xE000E100.07	EXTI1 中断

续表

中断号（地址）	名　称	优 先 级	使　能	说　明
8(0x60)	EXTI2	0xE000E408	0xE000E100.08	EXTI2 中断
9(0x64)	EXTI3	0xE000E409	0xE000E100.09	EXTI3 中断
10(0x68)	EXTI4	0xE000E40A	0xE000E100.10	EXTI4 中断
11(0x6C)	**DMA1_Channel1**	**0xE000E40B**	**0xE000E100.11**	**DMA1 通道 1 全局中断**
12(0x70)	DMA1_Channel2	0xE000E40C	0xE000E100.12	DMA1 通道 2 全局中断
13(0x74)	DMA1_Channel3	0xE000E40D	0xE000E100.13	DMA1 通道 3 全局中断
14(0x78)	DMA1_Channel4	0xE000E40E	0xE000E100.14	DMA1 通道 4 全局中断
15(0x7C)	DMA1_Channel5	0xE000E40F	0xE000E100.15	DMA1 通道 5 全局中断
16(0x80)	DMA1_Channel6	0xE000E410	0xE000E100.16	DMA1 通道 6 全局中断
17(0x84)	DMA1_Channel7	0xE000E411	0xE000E100.17	DMA1 通道 7 全局中断
18(0x88)	ADC1_2	0xE000E412	0xE000E100.18	ADC1 和 ADC2 的全局中断
19(0x8C)	USB_HP	0xE000E413	0xE000E100.19	USB 高优先级中断
20(0x90)	USB_LP	0xE000E414	0xE000E100.20	USB 低优先级中断
21(0x94)	FDCAN1_IT1	0xE000E415	0xE000E100.21	FDCAN1 IT1 中断
22(0x98)	FDCAN1_IT0	0xE000E416	0xE000E100.22	FDCAN1 IT0 中断
23(0x9C)	EXTI9_5	0xE000E417	0xE000E100.23	EXTI9-5 中断
24(0xA0)	TIM1_BRK_TIM15	0xE000E418	0xE000E100.24	TIM1 刹车/TIM15 全局中断
25(0xA4)	TIM1_UP_TIM16	0xE000E419	0xE000E100.25	TIM1 更新/TIM16 全局中断
26(0xA8)	TIM1_TRG_TIM17	0xE000E41A	0xE000E100.26	TIM1 触发/TIM17 全局中断
27(0xAC)	TIM1_CC	0xE000E41B	0xE000E100.27	TIM1 捕获比较中断
28(0xB0)	TIM2	0xE000E41C	0xE000E100.28	TIM2 全局中断
29(0xB4)	TIM3	0xE000E41D	0xE000E100.29	TIM3 全局中断
30(0xB8)	TIM4	0xE000E41E	0xE000E100.30	TIM4 全局中断
31(0xBC)	I2C1_EV	0xE000E41F	0xE000E100.31	I2C1 事件/EXTI23 中断
32(0xC0)	I2C1_ER	0xE000E420	0xE000E104.00	I2C1 错误中断
33(0xC4)	I2C2_EV	0xE000E421	0xE000E104.01	I2C2 事件/EXTI24 中断
34(0xC8)	I2C2_ER	0xE000E422	0xE000E104.02	I2C2 错误中断
35(0xCC)	SPI1	0xE000E423	0xE000E104.03	SPI1 全局中断
36(0xD0)	SPI2	0xE000E424	0xE000E104.04	SPI2 全局中断
37(0xD4)	**USART1**	**0xE000E425**	**0xE000E104.05**	**USART1 全局/EXTI25 中断**
38(0xD8)	USART2	0xE000E426	0xE000E104.06	USART2 全局/EXTI26 中断
39(0xDC)	USART3	0xE000E427	0xE000E104.07	USART3 全局/EXTI28 中断
40(0xE0)	EXTI15_10	0xE000E428	0xE000E104.08	EXTI15-10 中断
41(0xE4)	RTC_ALARM	0xE000E429	0xE000E104.09	连接到 EXTI17 的 RTC 闹钟
42(0xE8)	USBWakeUP	0xE000E42A	0xE000E104.10	连接到 EXTI18 的 USB 唤醒
43(0xEC)	TIM8_BRK	0xE000E42B	0xE000E104.11	TIM8 刹车中断
44(0xF0)	TIM8_UP	0xE000E42C	0xE000E104.12	TIM8 更新中断
45(0xF4)	TIM8_TRG_COM	0xE000E42D	0xE000E104.13	TIM8 触发和通信中断

续表

中断号（地址）	名　称	优先级	使　能	说　明
46(0xF8)	TIM8_CC	0xE000E42E	0xE000E104.14	TIM8 捕获比较中断
49(0x104)	LPTIM1	0xE000E431	0xE000E104.17	LPTIM1 中断
51(0x10C)	SPI3	0xE000E433	0xE000E104.19	SPI3 中断
52(0x110)	UART4	0xE000E434	0xE000E104.20	UART4 中断
54(0x118)	TIM6_DAC	0xE000E436	0xE000E104.22	TIM6/DAC1/3 中断
55(0x11C)	TIM7	0xE000E437	0xE000E104.23	TIM7 中断
56(0x120)	DMA2_Channel1	0xE000E438	0xE000E104.24	DMA2_Channel1 中断
57(0x124)	DMA2_Channel2	0xE000E439	0xE000E104.25	DMA2_Channel2 中断
58(0x128)	DMA2_Channel3	0xE000E43A	0xE000E104.26	DMA2_Channel3 中断
59(0x12C)	DMA2_Channel4	0xE000E43B	0xE000E104.27	DMA2_Channel4 中断
60(0x130)	DMA2_Channel5	0xE000E43C	0xE000E104.28	DMA2_Channel5 中断
63(0x13C)	UCPD1	0xE000E43F	0xE000E104.31	UCPD1 中断
64(0x140)	COMP1_2_3	0xE000E440	0xE000E108.00	COMP1～COMP3 中断
65(0x144)	COMP4	0xE000E441	0xE000E108.01	COMP4 中断
75(0x16C)	CRS	0xE000E44B	0xE000E108.11	CRS 中断
76(0x13C)	SAI1	0xE000E44C	0xE000E108.12	SAI 中断
81(0x13C)	FPU	0xE000E451	0xE000E108.17	FPU 中断
90(0x13C)	RNG	0xE000E45A	0xE000E108.26	RNG 中断
91(0x13C)	LPUART1	0xE000E45B	0xE000E108.27	LPUART1 中断
92(0x13C)	I2C3_EV	0xE000E45C	0xE000E108.28	I2C3 事件中断
93(0x13C)	I2C3_ER	0xE000E45D	0xE000E108.29	I2C3 错误中断

NVIC 通过 6 种寄存器对中断进行管理，NVIC 寄存器如表 9.2 所示。

表 9.2　NVIC 寄存器

偏移地址	名　称	类　型	复位值	说　明
0x0000	ISER0～ISER7	读/写	0x00000000	中断使能设置寄存器（1—允许中断）
0x0080	ICER0～ICER7	读/写 1 清除	0x00000000	中断使能清除寄存器（1—清除使能）
0x0100	ISPR0～ISPR7	读/写	0x00000000	中断悬起设置寄存器（1—悬起中断）
0x0180	ICPR0～ICPR7	读/写 1 清除	0x00000000	中断悬起清除寄存器（1—清除悬起）
0x0200	IABR0～IABR7	读	0x00000000	中断活动位寄存器（1—中断活动）
0x0300	IPR0～IPR59	读/写	0x00000000	中断优先级寄存器（1 个中断号占 8 位）

STM32 支持 16 个中断优先级，使用 8 位中断优先级设置的高 4 位，并分为抢占优先级（Preemption Priority）和次优先级（Subpriority），抢占优先级在前，次优先级在后，具体位数分配通过应用程序中断及复位控制寄存器 AIRCR 的优先级分组 PRIGROUP 位段（AIRCR[10:8]）设置，如表 9.3 所示（AIRCR 地址 0xE000 ED0C，写时高 16 位必须为 0x05FA，读时返回 0xFA05）。

表 9.3　中断优先级分组设置

组　号	AIRCR[10:8]	抢占优先级位段	次优先级位段
0	111	无	[7:4]
1	110	[7:7]	[6:4]
2	101	[7:6]	[5:4]
3	100	[7:5]	[4:4]
4	011	[7:4]	无

抢占优先级高（数值小）的中断可以中断抢占优先级低（数值大）的中断，而次优先级高的中断不能中断次优先级低的中断。

常用的 NVIC HAL 库函数在 stm32g4xx_hal_cortex.h 中声明如下：

```
void HAL_NVIC_SetPriorityGrouping(uint32_t PriorityGroup);
void HAL_NVIC_SetPriority(IRQn_Type IRQn, uint32_t PreemptPriority,
  uint32_t SubPriority);
void HAL_NVIC_EnableIRQ(IRQn_Type IRQn);
```

（1）设置中断优先级分组

```
void HAL_NVIC_SetPriorityGrouping(uint32_t PriorityGroup);
```

参数说明：

★ PriorityGroup：中断优先级分组，在 stm32g4xx_hal_cortex.h 中定义如下（参见表 9.3）：

```
#define NVIC_PriorityGroup_0 0x00000007U    /* 0 位抢占优先级，4 位次优先级 */
#define NVIC_PriorityGroup_1 0x00000006U    /* 1 位抢占优先级，3 位次优先级 */
#define NVIC_PriorityGroup_2 0x00000005U    /* 2 位抢占优先级，2 位次优先级 */
#define NVIC_PriorityGroup_3 0x00000004U    /* 3 位抢占优先级，1 位次优先级 */
#define NVIC_PriorityGroup_4 0x00000003U    /* 4 位抢占优先级，0 位次优先级 */
```

（2）设置中断优先级

```
void HAL_NVIC_SetPriority(IRQn_Type IRQn, uint32_t PreemptPriority,
  uint32_t SubPriority);
```

参数说明：

★ IRQn：中断号，在 stm32g431xx.h 中定义如下：

```
typedef enum
{
  SysTick_IRQn                = -1,
  DMA1_Channel1_IRQn          = 11,
  USART1_IRQn                 = 37,
} IRQn_Type;
```

★ PreemptPriority：抢占优先级，0～15（NVIC_PriorityGroup_4）

★ SubPriority：次优先级，0（NVIC_PriorityGroup_4）

（3）使能中断

```
void HAL_NVIC_EnableIRQ(IRQn_Type IRQn);
```

参数说明：

★ IRQn：中断号，在 stm32g431xx.h 中定义

常用的 NVIC LL 库函数在 core_cm4.h 中宏定义如下：

```
void NVIC_SetPriorityGrouping(uint32_t PriorityGroup);
void NVIC_SetPriority(IRQn_Type IRQn, uint32_t Priority);
uint32_t NVIC_EncodePriority (uint32_t PriorityGroup, uint32_t PreemptPriority);
uint32_t SubPriority)void NVIC_EnableIRQ(IRQn_Type IRQn);
```

（1）设置中断优先级分组

```
void NVIC_SetPriorityGrouping(uint32_t PriorityGroup);
```

参数说明：

★ PriorityGroup：中断优先级分组，在 main.h 中定义如下（见表 9.3）：

```
#define NVIC_PriorityGroup_0 0x00000007U    /* 0 位抢占优先级，4 位次优先级 */
#define NVIC_PriorityGroup_1 0x00000006U    /* 1 位抢占优先级，3 位次优先级 */
#define NVIC_PriorityGroup_2 0x00000005U    /* 2 位抢占优先级，2 位次优先级 */
#define NVIC_PriorityGroup_3 0x00000004U    /* 3 位抢占优先级，1 位次优先级 */
#define NVIC_PriorityGroup_4 0x00000003U    /* 4 位抢占优先级，0 位次优先级 */
```

（2）设置中断优先级

```
void NVIC_SetPriority(IRQn_Type IRQn, uint32_t Priority);
```

参数说明：

★ IRQn：中断号，在 stm32g431xx.h 中定义如下：

```
typedef enum
{
  SysTick_IRQn              = -1,
  DMA1_Channel1_IRQn        = 11,
  USART1_IRQn               = 37,
} IRQn_Type;
```

★ Priority：中断优先级，0～15（NVIC_PriorityGroup_4）

（3）编码中断优先级

```
uint32_t NVIC_EncodePriority (uint32_t PriorityGroup, uint32_t PreemptPriority);
```

参数说明：

★ PriorityGroup：中断优先级分组，在 stm32g4xx_hal_cortex.h 中定义（见表 9.3）

★ PreemptPriority：抢占优先级，0～15（NVIC_PriorityGroup_4）

返回值：中断优先级，0～15（NVIC_PriorityGroup_4）

（4）使能中断

```
void NVIC_EnableIRQ(IRQn_Type IRQn);
```

参数说明：

★ IRQn：中断号，在 stm32g431xx.h 中定义

9.2 外部中断 EXTI 使用

每个配置为输入方式的 GPIO 引脚都可以配置成外部中断/事件方式（EXTI/EVENT），每个中断/事件都有独立的触发和屏蔽，触发请求可以是上升沿、下降沿或者双边沿触发。

每个外部中断都有对应的挂起标志，系统可以查询挂起标志响应触发请求，也可以在中断允许时以中断方式响应触发请求。

系统默认的可配置外部中断输入 EXTI0～EXTI15 是 PA0～PA15，可以通过 SYSCFG 的 EXTI 控制寄存器（SYSCFG_EXTICR1～SYSCFG_EXTICR4）配置成其他 GPIO 引脚，EXTI 控制寄存器及其配置如表 9.4 和表 9.5 所示（SYSCFG 的基地址为 0x4001 0000）。

表 9.4　EXTI 控制寄存器

偏移地址	名　称	类　型	复位值	说　明
0x08	EXTICR1	读/写	0x0000	EXTI3～EXTI0[3:0]配置（详见表 9.5）
0x0C	EXTICR2	读/写	0x0000	EXTI7～EXTI4[3:0]配置（详见表 9.5）
0x10	EXTICR3	读/写	0x0000	EXTI11～EXTI8[3:0]配置（详见表 9.5）
0x14	EXTICR4	读/写	0x0000	EXTI15～EXTI12[3:0]配置（详见表 9.5）

表 9.5　EXTIx[3:0]配置

EXTIx[3:0]	引　脚	EXTIx[3:0]	引　脚
0000	PAx	0010	PCx
0001	PBx	0011	PDx

对于 HAL，引脚切换在 HAL_GPIO_Init()中完成；对于 LL，引脚切换用下列函数实现：

```
void LL_SYSCFG_SetEXTISource(uint32_t Port, uint32_t Line);
```

参数说明：

★ Port：GPIO 端口，在 stm32f1xx_ll_gpio.h 中定义如下：

```
#define LL_GPIO_AF_EXTI_PORTA    0U    /*!< EXTI PORT A */
#define LL_GPIO_AF_EXTI_PORTB    1U    /*!< EXTI PORT B */
#define LL_GPIO_AF_EXTI_PORTC    2U    /*!< EXTI PORT C */
#define LL_GPIO_AF_EXTI_PORTD    3U    /*!< EXTI PORT D */
```

★ Line：GPIO 引脚，在 stm32f1xx_ll_gpio.h 中定义如下：

```
#define LL_GPIO_AF_EXTI_LINE0    (0x000FU << 16U | 0U)
....................................................................
#define LL_GPIO_AF_EXTI_LINE15   (0xF000U << 16U | 3U)
```

EXTI 通过 6 个寄存器进行操作，如表 9.6 所示（EXTI 的基地址为 0x4001 0400）。

表 9.6　EXTI 寄存器

偏移地址	名　称	类　型	复位值	说　明
0x00	IMR	读/写	0x00000	中断屏蔽寄存器：0—屏蔽，1—允许
0x04	EMR	读/写	0x00000	事件屏蔽寄存器：0—屏蔽，1—允许

续表

偏移地址	名　称	类　型	复位值	说　明
0x08	RTSR	读/写	0x00000	上升沿触发选择寄存器：0—禁止，1—允许
0x0C	FTSR	读/写	0x00000	下降沿触发选择寄存器：0—禁止，1—允许
0x10	SWIER	读/写	0x00000	软件中断事件寄存器
0x14	PR	读/写 1 清除	0xXXXXX	请求挂起寄存器：0—无触发请求，1—有触发请求

对于 HAL，EXTI 操作也在 HAL_GPIO_Init()中完成；对于 LL，EXTI 操作用下列函数实现：

```
uint32_t LL_EXTI_Init(LL_EXTI_InitTypeDef *EXTI_InitStruct)
uint32_t LL_EXTI_IsActiveFlag_0_31(uint32_t ExtiLine);
void LL_EXTI_ClearFlag_0_31(uint32_t ExtiLine);
```

（1）初始化 EXTI

```
uint32_t LL_EXTI_Init(LL_EXTI_InitTypeDef* EXTI_InitStruct);
```

参数说明：

★ EXTI_InitStruct：EXTI 初始化参数结构体指针，初始化参数结构体在 stm32f1xx_ll_exti.h 中定义如下：

```
typedef struct
{
  uint32_t           Line_0_31;      /* 外部中断线 */
  FunctionalState LineCommand;     /* 外部中断使能（ENABLE 或 DISABLE） */
  uint8_t            Mode;           /* 外部中断模式 */
  uint8_t            Trigger;        /* 外部中断触发 */
} LL_EXTI_InitTypeDef;
```

其中 Line_0_31、Mode 和 Trigger 在 stm32f1xx_ll_exti.h 中定义如下：

```
#define LL_EXTI_LINE_0                EXTI_IMR_IM0
……………………………………………………………………
#define LL_EXTI_LINE_15               EXTI_IMR_IM15

#define LL_EXTI_MODE_IT               ((uint8_t)0x00)  /* 中断模式 */
#define LL_EXTI_MODE_EVENT            ((uint8_t)0x01)  /* 事件模式 */
#define LL_EXTI_MODE_IT_EVENT         ((uint8_t)0x02)  /* 中断和事件模式 */

#define LL_EXTI_TRIGGER_NONE               ((uint8_t)0x00) /* 无触发 */
#define LL_EXTI_TRIGGER_RISING             ((uint8_t)0x01) /* 上升沿触发 */
#define LL_EXTI_TRIGGER_FALLING            ((uint8_t)0x02) /* 下降沿触发 */
#define LL_EXTI_TRIGGER_RISING_FALLING   ((uint8_t)0x03) /* 上升/下降沿触发 */
```

返回值：错误状态，0—成功，1—错误。

（2）EXTI 标志状态

```
uint32_t LL_EXTI_IsActiveFlag_0_31(uint32_t ExtiLine);
```

参数说明：

★ ExtiLine：外部中断线

返回值：EXTI 标志状态，0—复位，1—置位。

（3）清除 EXTI 标志

```
void LL_EXTI_ClearFlag_0_31(uint32_t ExtiLine);
```

★ ExtiLine：外部中断线

EXTI10 的 NVIC 配置步骤如下：

① 在 STM32CubeMX 引脚图中单击引脚“PA0”，将“PA0”配置为“GPIO_EXTI0”。

② 在“System Core”下选择“GPIO”，在 GPIO 模式和配置下选择“PA0”，将 GPIO Mode 修改为“External Interrupt Mode with Falling edge trigger detection”。

③ 在“System Core”下选择“NVIC”，在 NVIC 模式和配置下做如下设置：

● EXTI line0 interrupt　　　　Enabled，Preemption Priority：1

配置完成后生成的相关代码如下。

HAL 工程 gpio.c 的 MX_GPIO_Init()中的相关代码：

```
GPIO_InitStruct.Pin = GPIO_PIN_0;
GPIO_InitStruct.Mode = GPIO_MODE_IT_FALLING;
GPIO_InitStruct.Pull = GPIO_NOPULL;
HAL_GPIO_Init(GPIOA, &GPIO_InitStruct);

HAL_NVIC_SetPriority(EXTI0_IRQn, 1, 0);
HAL_NVIC_EnableIRQ(EXTI0_IRQn);
```

HAL 工程 stm32g4xx_it.c 中的相关代码：

```
void EXTI0_IRQHandler(void)
{
  HAL_GPIO_EXTI_IRQHandler(GPIO_PIN_0);
}
```

LL 工程 gpio.c 的 MX_GPIO_Init()中的相关代码：

```
LL_SYSCFG_SetEXTISource(LL_SYSCFG_EXTI_PORTA, LL_SYSCFG_EXTI_LINE0);

EXTI_InitStruct.Line_0_31 = LL_EXTI_LINE_0;
EXTI_InitStruct.LineCommand = ENABLE;
EXTI_InitStruct.Mode = LL_EXTI_MODE_IT;
EXTI_InitStruct.Trigger = LL_EXTI_TRIGGER_FALLING;
LL_EXTI_Init(&EXTI_InitStruct);

LL_GPIO_SetPinPull(GPIOA, LL_GPIO_PIN_0, LL_GPIO_PULL_NO);
LL_GPIO_SetPinMode(GPIOA, LL_GPIO_PIN_0, LL_GPIO_MODE_INPUT);

NVIC_SetPriority(EXTI0_IRQn,
  NVIC_EncodePriority(NVIC_GetPriorityGrouping(), 1, 0));
NVIC_EnableIRQ(EXTI0_IRQn);
```

LL 工程 stm32g4xx_it.c 中的相关代码：

```
void EXTI0_IRQHandler(void)
{
  if (LL_EXTI_IsActiveFlag_0_31(LL_EXTI_LINE_0) != RESET)
  {
    LL_EXTI_ClearFlag_0_31(LL_EXTI_LINE_0);
  }
}
```

EXTI 的 2 级中断控制如表 9.7 所示。

表 9.7 EXTI 的 2 级中断控制

地 址	名 称	类 型	复 位 值	说 明
0xE000 E100	ISER0	读/写	0x00000000	位 6～10：EXTI0～EXTI4 中断使能 位 23：EXTI5～EXTI9 中断使能
0xE000 E104	ISER1	读/写	0x00000000	位 8：EXTI10～EXTI15 中断使能
0x4001 0400	IMR	读/写	0x00000	位 0～15：EXTI0～EXTI15 中断使能

注意：ISER 中 EXTI0～EXTI4 分别对应 1 个全局中断屏蔽位（ISER0.6～ISER0.10），而 EXTI5～EXTI9 和 EXTI10～EXTI15 分别对应 1 个全局中断屏蔽位（ISER0.23 和 ISER1.8）；IMR 中 EXTI0～EXTI15 分别对应 1 个设备中断屏蔽位（IMR0～IMR15）。

相关的 HAL 库函数声明如下：

```
void HAL_GPIO_Init(GPIO_TypeDef  *GPIOx, GPIO_InitTypeDef *GPIO_Init);
void HAL_NVIC_SetPriority(IRQn_Type IRQn, uint32_t PreemptPriority,
  uint32_t SubPriority);
void HAL_NVIC_EnableIRQ(IRQn_Type IRQn);
```

HAL 工程中 EXTI 中断的实现步骤如下：

① 用 HAL_GPIO_Init()将 GPIO 引脚初始化为中断模式（包括引脚配置）。

② 用 HAL_NVIC_SetPriority()设置中断优先级，用 HAL_NVIC_EnableIRQ()允许中断。

③ 中断发生后，中断处理程序调用 HAL_GPIO_EXTI_IRQHandler()处理中断，并调用回调函数 HAL_GPIO_EXTI_Callback()。

④ 用户在 HAL_GPIO_EXTI_Callback()中进行中断处理。

相关的 LL 库函数声明如下：

```
void LL_SYSCFG_SetEXTISource(uint32_t Port, uint32_t Line);
uint32_t LL_EXTI_Init(LL_EXTI_InitTypeDef* EXTI_InitStruct)
void NVIC_SetPriority(IRQn_Type IRQn, uint32_t Priority);
void NVIC_EnableIRQ(IRQn_Type IRQn);
uint32_t LL_EXTI_IsActiveFlag_0_31(uint32_t ExtiLine);
void LL_EXTI_ClearFlag_0_31(uint32_t ExtiLine);
```

LL 工程中 EXTI 中断的实现步骤如下：

① 用 LL_SYSCFG_SetEXTISource()配置 GPIO 引脚，用 LL_EXTI_Init()将 GPIO 引脚初始化为中断模式。

② 用 NVIC_SetPriority()设置中断优先级，用 NVIC_EnableIRQ()允许中断。

③ 中断发生后，中断处理程序直接处理中断，并允许用户进行中断处理。

EXTI 中断程序的设计与实现在 TIM 程序设计与实现的基础上修改完成：

● 将“084_TIM”文件夹复制粘贴并重命名为“092_EXTI”文件夹。

注意： 为了避免与前边的程序冲突，可以将“Core\Src”文件夹中的 gpio.c 文件复制粘贴到“092_EXTI”文件夹中，并在 Keil 中删除 gpio.c 前的路径“..\Core\Src\”。

EXTI 中断的实现步骤如下：

① 在 stm32f1xx_it.c 中包含下列头文件：

```
/* USER CODE BEGIN Includes */
#include "tim.h"                      /* 用于改变 TIM 的占空比 */
/* USER CODE END Includes */
```

② 对 HAL 工程进行如下修改。

在 gpio.c 的 MX_GPIO_Init()中将下列代码：

```
  GPIO_InitStruct.Mode = GPIO_MODE_INPUT;
  HAL_NVIC_SetPriority(EXTI15_10_IRQn, 1, 0);
  HAL_NVIC_EnableIRQ(EXTI15_10_IRQn);
```

修改为（将 PA0 的模式由输入修改为下降沿中断，并设置中断）：

```
  GPIO_InitStruct.Mode = GPIO_MODE_IT_FALLING;
  HAL_NVIC_SetPriority(EXTI0_IRQn, 1, 0);
  HAL_NVIC_EnableIRQ(EXTI0_IRQn);
```

在 stm32f1xx_it.c 中将下列代码：

```
void EXTI15_10_IRQHandler(void)
  HAL_GPIO_EXTI_IRQHandler(GPIO_PIN_10);
```

修改为：

```
void EXTI0_IRQHandler(void)
  HAL_GPIO_EXTI_IRQHandler(GPIO_PIN_0);
```

在 stm32f1xx_it.c 的最后添加下列代码：

```
/* USER CODE BEGIN 1 */
void HAL_GPIO_EXTI_Callback(uint16_t GPIO_Pin)
{
  extern uint8_t ucDuty;                /* TIM 输出占空比 */
  HAL_Delay(10);                        /* 延时 10ms 消抖 */
  switch (GPIO_Pin)
  {
    case GPIO_PIN_0:                    /* B4 按键按下 */
      if (HAL_GPIO_ReadPin(GPIOA, GPIO_PIN_0) == 0)
      {
        ucDuty += 10;
        if (ucDuty == 100)
          ucDuty = 10;
        TIM1_SetCompare1(ucDuty*5);     /* 改变 TIM1_CH1 的占空比 */
        TIM3_SetCompare1(ucDuty*10);    /* 改变 TIM3_CH1 的占空比 */
```

```
            }
        }
    }
    /* USER CODE END 1 */
```

注意：由于 HAL_Delay()使用了 SysTick 中断，为了保证程序正常工作，外部中断的优先级必须低于 SysTick 的中断优先级：

```
#define  TICK_INT_PRIORITY          (0UL)
HAL_NVIC_SetPriority(EXTI0_IRQn, 1, 0);
```

③ 对 LL 工程进行如下修改。

在 gpio.c 的 MX_GPIO_Init()中将下列代码：

```
  LL_SYSCFG_SetEXTISource(LL_SYSCFG_EXTI_PORTB, LL_SYSCFG_EXTI_LINE10);

  EXTI_InitStruct.Line_0_31 = LL_EXTI_LINE_10;
  EXTI_InitStruct.Trigger = LL_EXTI_TRIGGER_RISING;

  LL_GPIO_SetPinPull(GPIOB, LL_GPIO_PIN_10, LL_GPIO_PULL_NO);
  LL_GPIO_SetPinMode(GPIOB, LL_GPIO_PIN_10, LL_GPIO_MODE_INPUT);

  NVIC_SetPriority(EXTI15_10_IRQn,
    NVIC_EncodePriority(NVIC_GetPriorityGrouping(), 1, 0));
  NVIC_EnableIRQ(EXTI15_10_IRQn);
```

修改为：

```
  LL_SYSCFG_SetEXTISource(LL_SYSCFG_EXTI_PORTA, LL_SYSCFG_EXTI_LINE0);

  EXTI_InitStruct.Line_0_31 = LL_EXTI_LINE_0;
  EXTI_InitStruct.Trigger = LL_EXTI_TRIGGER_FALLING;

  LL_GPIO_SetPinPull(GPIOA, LL_GPIO_PIN_0, LL_GPIO_PULL_NO);
  LL_GPIO_SetPinMode(GPIOA, LL_GPIO_PIN_0, LL_GPIO_MODE_INPUT);

  NVIC_SetPriority(EXTI0_IRQn,
    NVIC_EncodePriority(NVIC_GetPriorityGrouping(), 1, 0));
  NVIC_EnableIRQ(EXTI0_IRQn);
```

在 stm32f1xx_it.c 中将下列代码：

```
void EXTI15_10_IRQHandler(void)
  if (LL_EXTI_IsActiveFlag_0_31(LL_EXTI_LINE_10) != RESET)
    LL_EXTI_ClearFlag_0_31(LL_EXTI_LINE_10);
```

修改为：

```
void EXTI0_IRQHandler(void)
  if (LL_EXTI_IsActiveFlag_0_31(LL_EXTI_LINE_0) != RESET)
    LL_EXTI_ClearFlag_0_31(LL_EXTI_LINE_0);
```

在 stm32f1xx_it.c 的 EXTI0_IRQHandler()中添加下列代码：

```
/* USER CODE BEGIN EXTI0_IRQn 0 */
extern uint8_t ucDuty;                    /* TIM输出占空比 */
/* USER CODE END EXTI0_IRQn 0 */

/* USER CODE BEGIN LL_EXTI_LINE_0 */
  LL_mDelay(10);
  if (LL_GPIO_IsInputPinSet(GPIOA, LL_GPIO_PIN_0) == 0)
  {
    ucDuty += 10;
    if (ucDuty == 100)
      ucDuty = 10;
    TIM1_SetCompare1(ucDuty*5);
    TIM3_SetCompare1(ucDuty*10); }
  /* USER CODE END LL_EXTI_LINE_0 */
```

注意：由于 LL_mDelay()没有使用 SysTick 中断，外部中断的优先级可以不必低于 SysTick 的中断优先级。

编译下载运行程序，按一下 B4 按键，DUT 的值增加 10%。

EXTI 中断的调试步骤如下：

① 进入调试界面，在 stm32g4xx_it.c 中 HAL_GPIO_EXTI_Callback()（HAL 工程）或 EXTI2_IRQHandler()（LL 工程）的 ucDuty += 10 语句处设置断点。

② 单击运行按钮运行程序，LCD 上 B2 的显示值为 10%。

③ 按一下 B4 按键，程序停在断点处，取消断点。

④ 单击运行按钮运行程序，LCD 上 B2 的显示值变为 20%。

⑤ 退出调试界面。

对比按键处理的查询和中断实现方法可以看出：

- 中断的初始化子程序增加了初始化 NVIC 和 EXTI，其核心内容是允许中断
- 查询处理出现在主程序中，中断处理出现在中断处理程序中
- 查询处理判断的是 GPIOA->IDR（电平），而且必须设置按下标志（ucKey）；中断处理判断的是 EXTI->PR（边沿），而且必须清除中断标志（EXTI->PR）

9.3 USART 中断使用

USART1 的 NVIC 配置步骤如下。

在“System Core”下选择“NVIC”，在 NVIC 模式和配置下做如下设置：

- USART1 global interrupt　　Enabled，Preemption Priority：2

配置完成后生成的相关代码如下。

HAL 工程 usart.c 的 HAL_UART_MspInit()中的相关代码：

```
HAL_NVIC_SetPriority(USART1_IRQn, 2, 0);
HAL_NVIC_EnableIRQ(USART1_IRQn);
```

HAL 工程 stm32g4xx_it.c 中的相关代码：

```
extern UART_HandleTypeDef huart1;
void USART1_IRQHandler(void)
{
  HAL_UART_IRQHandler(&huart1);
}
```

LL 工程 usart.c 的 HAL_USART1_UART_Init()中的相关代码：

```
NVIC_SetPriority(USART1_IRQn,
  NVIC_EncodePriority(NVIC_GetPriorityGrouping(), 2, 0));
NVIC_EnableIRQ(USART1_IRQn);
```

LL 工程 stm32g4xx_it.c 中的相关代码：

```
void USART1_IRQHandler(void)
{
}
```

USART 的 2 级中断控制如表 9.8 所示。

表 9.8　USART 的 2 级中断控制

地　址	名　称	类型	复 位 值	说　明
0xE000 E104	NVIC_ISER1	读/写	0x0000 0000	位 5～位 7：USART1～USART3 全局中断使能
0x4001 380C	USART1_CR1	读/写	0x0000	位 7—TXE 中断使能 位 5—RXNE 中断使能
0x4000 440C	USART2_CR1	读/写	0x0000	
0x4000 480C	USART3_CR1	读/写	0x0000	

NVIC 中断使能由 HAL_NVIC_EnableIRQ()或 NVIC_EnableIRQ()实现，USART 中断使能由 HAL_UART_Receive_IT()或 LL_USART_EnableIT_RXNE()实现。

```
HAL_StatusTypeDef HAL_UART_Receive_IT(UART_HandleTypeDef *huart,
  uint8_t *pData, uint16_t Size);
```

参数说明：

★ huart：UART 句柄。

★ pData：数据缓存指针。

★ Size：数据长度。

返回值：HAL 状态，HAL_OK 等。

HAL_UART_Receive_IT()调用 UART_Start_Receive_IT()设置缓存指针和数据长度，并允许 UART 接收中断。

UART 接收到数据后调用中断处理程序 HAL_UART_IRQHandler()接收数据，数据接收完成后禁止 UART 接收中断，并调用回调函数 HAL_UART_RxCpltCallback()处理数据。

HAL_UART_RxCpltCallback()处理数据后，再调用 HAL_UART_Receive_IT()重新设置参数并允许 UART 接收中断。

```
void LL_USART_EnableIT_RXNE(USART_TypeDef* USARTx);
```

参数说明：

★ USARTx：USART 名称，取值是 USART1～USART3

LL 工程的 UART 中断实现比较简单，UART 接收到数据后调用中断处理程序直接对接收数据进行处理。

USART 中断实现在 TIM 实现的基础上修改完成：

- 将“084_TIM”文件夹复制粘贴并重命名为“093_USART_INT”文件夹。

注意： 为了避免与前边的程序冲突，可以将“Core\Src”文件夹中的 usart.c 文件复制粘贴到“093_USART_INT”文件夹中，并在 Keil 中删除 usart.c 前的路径“..\Core\Src\”。

USART 中断的实现步骤如下。

① 在 main.c 的 main()中的初始化部分添加下列代码：

```
UART_Receive(ucUrx, 2);                    /* 仅用于 HAL 工程 */
```

② 在 main.c 的 UART_Proc()中注释下列代码：

```
//  if (UART_Receive(ucUrx, 2) == 0)       /* 接收到字符 */
//      ucSec = (ucUrx[0]-0x30)*10+ucUrx[1]-0x30;
```

③ 对于 HAL 工程，在 usart.c 的 UART_Receive()中将下列代码：

```
return HAL_UART_Receive(&huart1, ucData, ucSize, 100);
```

替换为：

```
return HAL_UART_Receive_IT(&huart1, ucData, ucSize);
```

在 stm32g4xx_it.c 的最后添加下列代码：

```
/* USER CODE BEGIN 1 */
extern uint8_t ucSec;                       /* 秒计时 */
extern uint8_t ucUrx[20];                   /* UART 接收值 */
void HAL_UART_RxCpltCallback(UART_HandleTypeDef *huart1)
{
  ucSec = (ucUrx[0]-0x30)*10+ucUrx[1]-0x30;
  HAL_UART_Receive_IT(huart1, ucUrx, 2);
}
/* USER CODE END 1 */
```

④ 对于 LL 工程，在 usart.c 的 MX_USART1_UART_Init()中添加下列代码：

```
/* USER CODE BEGIN USART1_Init 2 */
LL_USART_EnableIT_RXNE(USART1);      /* 允许 USART1 接收中断 */
/* USER CODE END USART1_Init 2 */
```

在 stm32g4xx_it.c 的 USART1_IRQHandler()中添加下列变量声明：

```
/* USER CODE BEGIN USART1_IRQn 0 */
static uint8_t ucUno1;               /* 接收计数 */
extern uint8_t ucSec;                /* 秒计时 */
extern uint8_t ucUrx[20];            /* UART 接收值 */
/* USER CODE END USART1_IRQn 0 */
```

在 USART1_IRQHandler()中添加下列代码：

```
/* USER CODE BEGIN USART1_IRQn 1 */
```

```
    if (LL_USART_IsActiveFlag_RXNE(USART1) == 1)
    {
      ucUrx[ucUno1++] = LL_USART_ReceiveData8(USART1);
      if (ucUno1 >= 2)                     /* 修改秒值 */
      {
        ucSec = (ucUrx[0]-0x30)*10+ucUrx[1]-0x30;
        ucUno1 = 0;
      }
    }
    /* USER CODE END USART1_IRQn 1 */
```

编译下载程序，打开串口终端，显示周期（PER）、脉冲宽度（WID）和秒值。在串口终端中发送两个数字，秒值应该改变。

USART 中断的调试步骤如下：

① 进入调试界面，在 stm32g4xx_it.c 中 HAL_UART_RxCpltCallback()（HAL 工程）或 USART1_IRQHandler()（LL 工程）的下列语句处设置断点：

```
ucSec = (ucUrx[0]-0x30)*10+ucUrx[1]-0x30;
```

② 单击运行按钮运行程序，串口终端显示周期（PER）、脉冲宽度（WID）和秒值。

③ 在串口终端发送两个数字，程序停在断点处，取消断点。

④ 单击运行按钮运行程序，秒值从发送值开始重新计时。

⑤ 退出调试界面。

SPI、I^2C、ADC 和 TIM 的中断使用和 USART 中断使用类似，读者可参考 USART 中断使用自行实现。

第 10 章　直接存储器存取 DMA

直接存储器存取（DMA）用来提供外设和存储器之间或者存储器和存储器之间的批量数据传输。DMA 传送过程无须 CPU 干预，数据可以通过 DMA 快速地传送，这就节省了 CPU 的资源。

10.1　DMA 简介

STM32 的两个 DMA 控制器有 12 个通道（DMA1 和 DMA2 各有 6 个通道），每个通道专门用来管理来自一个或多个外设对存储器访问的请求，还有一个仲裁器来协调各个 DMA 请求的优先权。

DMA 通过 26（2+4×6）个寄存器进行操作，DMA 寄存器如表 10.1 所示。

表 10.1　DMA 寄存器

偏移地址	名　称	类　型	复 位 值	说　明
0x00	**ISR**	**读**	**0x000 0000**	**中断状态寄存器：1 个通道 4 位（详见表 10.2）**
0x04	IFCR	读/写	0x000 0000	中断标志清除寄存器：1 个通道 4 位（详见表 10.3）
0x08	**CCR1**	**读/写**	**0x0000**	**通道 1 配置寄存器（详见表 10.4）**
0x0C	**CNDTR1**	**读/写**	**0x0000**	**通道 1 传输数据数量寄存器（16 位）**
0x10	**CPAR1**	**读/写**	**0x00000000**	**通道 1 外设地址寄存器**
0x14	**CMAR1**	**读/写**	**0x00000000**	**通道 1 存储器地址寄存器**

其中 4 个中断状态位和 4 个中断标志清除位分别如表 10.2 和表 10.3 所示。

表 10.2　DMA 中断状态位

位	名　称	类　型	复 位 值	说　明
0	**GIF1**	**读**	**0**	**通道 1 全局中断标志**
1	**TCIF1**	**读**	**0**	**通道 1 传输完成中断标志**
2	HTIF1	读	0	通道 1 传输过半中断标志
3	TEIF1	读	0	通道 1 传输错误中断标志

表 10.3　DMA 中断标志清除位

位	名　称	类　型	复 位 值	说　明
0	CGIF1	读/写	0	清除通道 1 全局中断标志
1	CTCIF1	读/写	0	清除通道 1 传输完成中断标志
2	CHTIF1	读/写	0	清除通道 1 传输过半中断标志
3	CTEIF1	读/写	0	清除通道 1 传输错误中断标志

通道配置寄存器（CCRx）如表 10.4 所示（6 个通道配置寄存器的偏移地址依次是 0x08、0x1C、0x30、0x44、0x58 和 0x6C）。

表 10.4　DMA 通道配置寄存器（CCRx）

位	名　称	类　型	复 位 值	说　明
0	**EN**	读/写	**0**	通道使能
1	**TCIE**	读/写	**0**	传输完成中断使能
2	HTIE	读/写	0	传输过半中断使能
3	TEIE	读/写	0	传输错误中断使能
4	**DIR**	读/写	**0**	数据传输方向：0—外设读，1—存储器读
5	**CIRC**	读/写	**0**	循环模式：0—不重装 CNDTR，1—重装 CNDTR
6	**PINC**	读/写	**0**	外设地址增量：0—无增量，1—有增量
7	**MINC**	读/写	**0**	存储器地址增量：0—无增量，1—有增量
9:8	**PSIZE[1:0]**	读/写	**0**	外设数据宽度：00—8 位，01—16 位，10—32 位
11:10	**MSIZE[1:0]**	读/写	**0**	存储器数据宽度：00—8 位，01—16 位，10—32 位
13:12	PL[1:0]	读/写	0	通道优先级：00—低，01—中，10—高，11—最高
14	MEM2MEM	读/写	0	存储器到存储器模式

每个通道的 DMA 请求通过 DMAMUX（DMA 请求复用器）选择相连的外设 DMA 请求，DMAMUX 有 115 个外设 DMA 请求输入，如表 10.5 所示。

表 10.5　常用 DMAMUX 外设 DMA 请求输入资源分配

请求输入	资　源	请求输入	资　源	请求输入	资　源
5	ADC1	42	TIM1_CH1	56	TIM2_CH1
24	**USART1_RX**	43	TIM1_CH2	57	TIM2_CH2
25	USART1_TX	44	TIM1_CH3	58	TIM2_CH3
26	USART2_RX	45	TIM1_CH4	59	TIM2_CH4
27	USART2_TX	46	TIM1_UP	60	TIM2_UP
24	USART3_RX	47	TIM1_TRIG		
28	USART3_TX	48	TIM1_COM		

DMAMUX 寄存器如表 10.6 所示。

表 10.6　DMAMUX 寄存器

偏移地址	名　称	类　型	复 位 值	说　明
0x00	**CxCR**	读/写	**0x000 0000**	**通道 1～12 配置寄存器（详见表 10.7）**
0x80	CSR	读	0x0000 0000	通道状态寄存器
0x84	CFR	写	0x0000 0000	清除标志寄存器
0x100	RGxCR	读/写	0x0000 0000	请求生成通道 0～3 配置寄存器
0x140	RGSR	读	0x0000 0000	请求生成中断状态寄存器
0x144	BGCFR	写	0x0000 0000	请求生成中断清除标志寄存器

其中通道配置寄存器的主要内容如表 10.7 所示。

表 10.7　DMAMUX 通道配置寄存器（CxCR）

位	名　称	类　型	复 位 值	说　明
6:0	**DMAREQ_ID**	读/写	**0**	**DMA 请求 ID（1～115，详见表 10.5）**

常用的 DMA HAL 库函数在 stm32g4xx_hal_dma.h 中声明如下：

```
HAL_StatusTypeDef HAL_DMA_Init(DMA_HandleTypeDef *hdma);
```

参数说明：

★ hdma：DMA 句柄，在 stm32g4xx_hal_dma.h 中定义如下：

```
typedef struct __DMA_HandleTypeDef
{
  DMA_Channel_TypeDef*Instance;  /* DMA 通道 */
  DMA_InitTypeDef    Init;       /* 初始化参数 */
  ……………………………………………………
} DMA_HandleTypeDef;
```

其中 Init 在 stm32g4xx_hal_dma.h 中定义如下（见表 10.4）：

```
typedef struct
{
  uint32_t Request;                /* DMA 请求 */
  uint32_t Direction;              /* DMA 方向 */
  uint32_t PeriphInc;              /* 外设地址增量 */
  uint32_t MemInc;                 /* 存储器地址增量 */
  uint32_t PeriphDataAlignment;    /* 外设数据宽度 */
  uint32_t MemDataAlignment;       /* 存储器地址宽度 */
  uint32_t Mode;                   /* 模式 */
  uint32_t Priority;               /* 优先级 */
} DMA_InitTypeDef;
```

返回值：HAL 状态，HAL_OK 等。

常用的 DMA LL 库函数在 stm32g4xx_ll_dma.h 中声明如下：

```
void LL_DMA_SetPeriphRequest(DMA_TypeDef *DMAx, uint32_t Channel,
  uint32_t PeriphRequest);
void LL_DMA_SetDataTransferDirection(DMA_TypeDef *DMAx,
  uint32_t Channel, uint32_t Direction);
void LL_DMA_SetChannelPriorityLevel(DMA_TypeDef *DMAx,
  uint32_t Channel, uint32_t Priority);
void LL_DMA_SetMode(DMA_TypeDef *DMAx, uint32_t Channel, uint32_t Mode);
void LL_DMA_SetPeriphIncMode(DMA_TypeDef *DMAx, uint32_t Channel,
  uint32_t PeriphOrM2MSrcIncMode);
void LL_DMA_SetMemoryIncMode(DMA_TypeDef *DMAx, uint32_t Channel,
  uint32_t MemoryOrM2MDstIncMode);
void LL_DMA_SetPeriphSize(DMA_TypeDef *DMAx, uint32_t Channel,
  uint32_t PeriphOrM2MSrcDataSize);
void LL_DMA_SetMemorySize(DMA_TypeDef *DMAx, uint32_t Channel,
  uint32_t MemoryOrM2MDstDataSize);
void LL_DMA_ConfigAddresses(DMA_TypeDef* DMAx, uint32_t Channel,
  uint32_t SrcAddress, uint32_t DstAddress, uint32_t Direction);
void LL_DMA_SetDataLength(DMA_TypeDef* DMAx, uint32_t Channel,
```

```
    uint32_t NbData);
void LL_DMA_EnableChannel(DMA_TypeDef* DMAx, uint32_t Channel);
void LL_DMA_EnableIT_TC(DMA_TypeDef* DMAx, uint32_t Channel);
void LL_DMA_ClearFlag_GI1(DMA_TypeDef* DMAx);
```

DMA1 的 2 级中断控制如表 10.8 所示。

表 10.8　DMA1 的 2 级中断控制

地　址	名　称	类　型	复位值	说　明
0xE000 E100	NVIC_ISER0	读/写	0x00000000	位 11:16，DMA1_Channelx：DMA1 通道 1～6 全局中断使能
0x4002 0008	DMA1_CCR1	读/写	0x0000	位 1，TCIE：传输完成中断使能 位 2，HTIE：传输过半中断使能 位 3，TEIE：传输错误中断使能
0x4002 001C	DMA1_CCR2	读/写	0x0000	
0x4002 0030	DMA1_CCR3	读/写	0x0000	
0x4002 0044	DMA1_CCR4	读/写	0x0000	
0x4002 0058	DMA1_CCR5	读/写	0x0000	
0x4002 006C	DMA1_CCR6	读/写	0x0000	

10.2　USART DMA 使用

USART 的 DMA 控制位如表 10.9 所示。

表 10.9　USART 控制寄存器 3（CR3）

位	名　称	类　型	复位值	说　明
7	DMAT	读/写	0	DMA 发送请求使能
6	**DMAR**	**读/写**	**0**	**DMA 接收请求使能**

USART DMA 接收处理的 HAL 库函数在 stm32g4xx_hal_usart.h 中声明如下：

```
HAL_StatusTypeDef HAL_UART_Receive_DMA(UART_HandleTypeDef *huart,
    uint8_t *pData, uint16_t Size);
```

参数说明：

★ huart：UART 句柄。

★ pData：数据缓存指针。

★ Size：数据长度。

返回值：HAL 状态，HAL_OK 等。

HAL_UART_Receive_DMA()调用 UART_Start_Receive_DMA()，UART_Start_Receive_DMA()调用 HAL_DMA_Start_IT()，HAL_DMA_Start_IT()调用 DMA_SetConfig()设置传输数据数量、外设地址和存储器地址，在 HAL_DMA_Start_IT()中允许 DMA 通道中断和 DMA 通道，在 UART_Start_Receive_DMA()中允许 USART DMA 接收请求。

UART 接收到数据后调用中断处理程序 HAL_DMA_IRQHandler()接收数据，数据接收完成后调用回调函数 HAL_UART_RxCpltCallback()处理数据。

USART DMA 接收请求使能的 LL 库函数在 stm32g4xx_ll_usart.h 中声明如下：

```
void LL_USART_EnableDMAReq_RX(USART_TypeDef* USARTx);
```

参数说明：

★ USARTx：USART 名称，取值是 USART1～USART3

LL 工程中初始化 DMA 后，需要配置 DMA，包括配置传输数据数量、外设地址和存储器地址，允许 DMA 通道和中断 DMA 通道，UART 接收到数据后调用中断处理程序对接收数据进行处理。

USART1 的 DMA 配置步骤如下：

① 在 STM32CubeMX 中打开 HAL 或 LL 工程，在 USART1 配置的“DMA Settings”标签中单击“Add”按钮，选择“USART1_RX”，在“DMA Request Settings”下选择“Mode”为“Circular”，如图 10.1 所示。

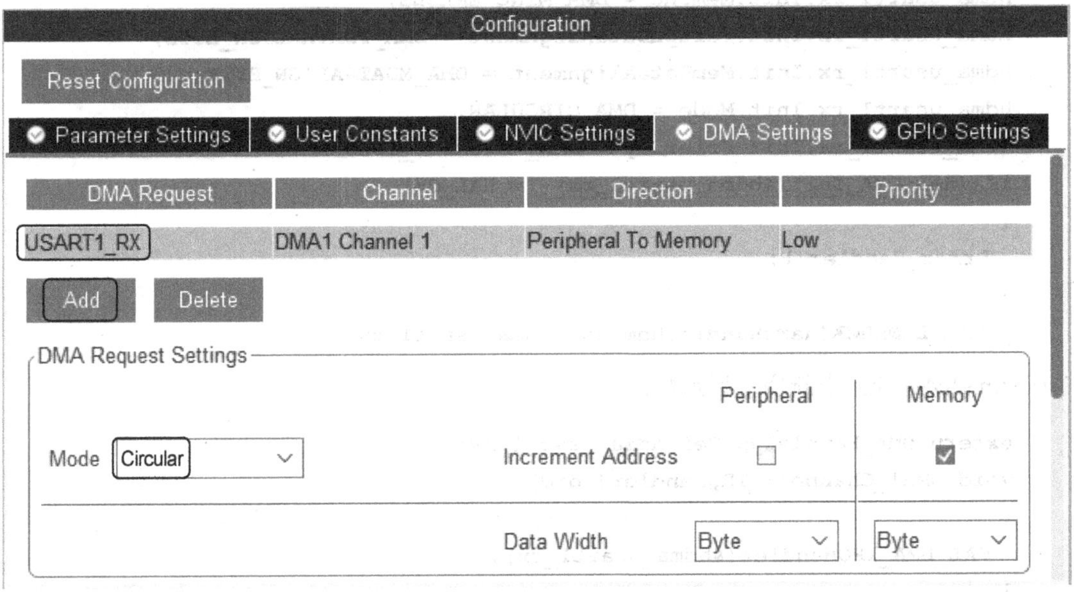

图 10.1　USART1 DMA 配置

注意：STM32CubeMX 已“强迫 DMA 通道中断”（Force DMA Channels Interrupts）。

② 对于 LL 工程，在“Project Manager”的“Advanced Settings”中，将“DMA”的驱动程序修改为“LL”。

重新生成代码后，main.c 中包含下列头文件：

```
#include "dma.h"
```

main()的初始化部分包含下列初始化代码：

```
MX_DMA_Init();
```

注意：MX_DMA_Init()必须放在 MX_USART1_UART_Init()前面，否则 USART DMA 将初始化失败。

对于 HAL 工程，dma.c 的 MX_DMA_Init()中包含下列代码：

```
__HAL_RCC_DMAMUX1_CLK_ENABLE();
__HAL_RCC_DMA1_CLK_ENABLE();

HAL_NVIC_SetPriority(DMA1_Channel1_IRQn, 0, 0);
HAL_NVIC_EnableIRQ(DMA1_Channel1_IRQn);
```

在 usart.c 中增加下列定义：

```
UART_HandleTypeDef huart1;
DMA_HandleTypeDef hdma_usart1_rx;
```

在 usart.c 的 HAL_UART_MspInit()中新增下列代码：

```
hdma_usart1_rx.Instance = DMA1_Channel1;
hdma_usart1_rx.Init.Request = DMA_REQUEST_USART1_RX;
hdma_usart1_rx.Init.Direction = DMA_PERIPH_TO_MEMORY;
hdma_usart1_rx.Init.PeriphInc = DMA_PINC_DISABLE;
hdma_usart1_rx.Init.MemInc = DMA_MINC_ENABLE;
hdma_usart1_rx.Init.PeriphDataAlignment = DMA_PDATAALIGN_BYTE;
hdma_usart1_rx.Init.MemDataAlignment = DMA_MDATAALIGN_BYTE;
hdma_usart1_rx.Init.Mode = DMA_CIRCULAR;
hdma_usart1_rx.Init.Priority = DMA_PRIORITY_LOW;
if (HAL_DMA_Init(&hdma_usart1_rx) != HAL_OK)
{
  Error_Handler();
}
__HAL_LINKDMA(uartHandle,hdmarx, hdma_usart1_rx);
```

在 stm32g4xx_it.c 中新增下列函数：

```
extern DMA_HandleTypeDef hdma_usart1_rx;
void DMA1_Channel1_IRQHandler(void)
{
  HAL_DMA_IRQHandler(&hdma_usart1_rx);
}
```

对于 LL 工程，dma.c 的 MX_DMA_Init()中包含下列代码：

```
LL_AHB1_GRP1_EnableClock(LL_AHB1_GRP1_PERIPH_DMAMUX1);
LL_AHB1_GRP1_EnableClock(LL_AHB1_GRP1_PERIPH_DMA1);

NVIC_SetPriority(DMA1_Channel1_IRQn,
  NVIC_EncodePriority(NVIC_GetPriorityGrouping(), 2, 0));
NVIC_EnableIRQ(DMA1_Channel1_IRQn);
```

在 usart.c 的 MX_USART1_UART_Init()中新增下列代码：

```
LL_DMA_SetPeriphRequest(DMA1, LL_DMA_CHANNEL_1, LL_DMAMUX_REQ_USART1_RX);
LL_DMA_SetDataTransferDirection(DMA1, LL_DMA_CHANNEL_1,
  LL_DMA_DIRECTION_PERIPH_TO_MEMORY);
LL_DMA_SetChannelPriorityLevel(DMA1, LL_DMA_CHANNEL_1,
  LL_DMA_PRIORITY_LOW);
LL_DMA_SetMode(DMA1, LL_DMA_CHANNEL_1, LL_DMA_MODE_CIRCULAR);
LL_DMA_SetPeriphIncMode(DMA1, LL_DMA_CHANNEL_1,
  LL_DMA_PERIPH_NOINCREMENT);
LL_DMA_SetMemoryIncMode(DMA1, LL_DMA_CHANNEL_1, LL_DMA_MEMORY_INCREMENT);
LL_DMA_SetPeriphSize(DMA1, LL_DMA_CHANNEL_1, LL_DMA_PDATAALIGN_BYTE);
LL_DMA_SetMemorySize(DMA1, LL_DMA_CHANNEL_1, LL_DMA_MDATAALIGN_BYTE);
```

在 stm32g4xx_it.c 中新增下列函数：

```
void DMA1_Channel1_IRQHandler(void)
{
}
```

USART DMA 实现也在 TIM 实现的基础上修改完成：

- 将“084_TIM”文件夹复制粘贴并重命名为“102_USART_DMA”文件夹。

注意：为了避免与前边的程序冲突，可以将“Core\Src”文件夹中的 usart.c 文件复制粘贴到“102_USART_DMA”文件夹中，并在 Keil 中删除 usart.c 前的路径“..\Core\Src\”。

USART DMA 的实现步骤如下：

① 在 main()的初始化部分取消下列语句前的注释：

```
// MX_DMA_Init();
```

② 在 main()的初始化部分添加下列代码：

```
UART_Receive(ucUrx, 2);          /* 用于 HAL 工程 */
DMA_Config(ucUrx, 2);            /* 用于 LL 工程 */
```

③ 在 main.c 的 UART_Proc()中注释下列代码：

```
//  if (UART_Receive(ucUrx, 2) == 0)        /* 接收到字符 */
//      ucSec = (ucUrx[0]-0x30)*10+ucUrx[1]-0x30;
```

④ 对于 HAL 工程，在 usart.c 的 UART_Receive()中将下列代码：

```
return HAL_UART_Receive(&huart1, ucData, ucSize, 100);
```

替换为：

```
return HAL_UART_Receive_DMA(&huart1, ucData, ucSize);
```

在 stm32g4xx_it.c 的最后添加下列代码：

```
/* USER CODE BEGIN 1 */
extern uint8_t ucSec;            /* 秒计时 */
extern uint8_t ucUrx[20];        /* UART 接收值 */
void HAL_UART_RxCpltCallback(UART_HandleTypeDef *huart1)
{
  ucSec = (ucUrx[0]-0x30)*10+ucUrx[1]-0x30;
}
/* USER CODE END 1 */
```

⑤ 对于 LL 工程，在 usart.c 的 MX_USART1_UART_Init()中添加下列代码：

```
/* USER CODE BEGIN USART1_Init 2 */
LL_USART_EnableDMAReq_RX(USART1);      /* 允许 USART1 DMA 接收 */
/* USER CODE END USART1_Init 2 */
```

在 dma.h 中添加下列函数声明：

```
/* USER CODE BEGIN Prototypes */
void DMA_Config(uint8_t *ucBuff, uint8_t ucSize);
```

```
/* USER CODE END Prototypes */
```

在 dma.c 中添加下列函数代码：

```
/* USER CODE BEGIN 2 */
void DMA_Config(uint8_t *ucBuff, uint8_t ucSize)
{
  LL_DMA_ConfigAddresses(DMA1, LL_DMA_CHANNEL_1, \
    LL_USART_DMA_GetRegAddr(USART1, LL_USART_DMA_REG_DATA_RECEIVE), \
    (uint32_t)ucBuff, \
    LL_DMA_GetDataTransferDirection(DMA1, LL_DMA_CHANNEL_1));
  LL_DMA_SetDataLength(DMA1, LL_DMA_CHANNEL_1, ucSize);
  LL_DMA_EnableChannel(DMA1, LL_DMA_CHANNEL_1);
  LL_DMA_EnableIT_TC(DMA1, LL_DMA_CHANNEL_1);
}
/* USER CODE END 2 */
```

在 stm32g4xx_it.c 的 DMA1_Channel1_IRQHandler()中添加下列代码：

```
/* USER CODE BEGIN DMA1_Channel6_IRQn 0 */
extern uint8_t ucSec;                    /* 秒计时 */
extern uint8_t ucUrx[20];                /* UART 接收值 */

LL DMA ClearFlag GI1(DMA1);
ucSec = (ucUrx[0]-0x30)*10+ucUrx[1]-0x30;
/* USER CODE END DMA1_Channel6_IRQn 0 */
```

编译下载程序，打开串口终端，显示周期（PER）、脉冲宽度（WID）和秒值。在串口终端发送两个数字，秒值应该改变。

USART DMA 的调试步骤如下：

① 进入调试界面，在 stm32g4xx_it.c 中 HAL_UART_RxCpltCallback()（HAL 工程）或 DMA1_Channel1_IRQHandler()（LL 工程）的下列语句处设置断点：

```
ucSec = (ucUrx[0]-0x30)*10+ucUrx[1]-0x30;
```

② 单击运行按钮运行程序，串口终端显示周期（PER）、脉冲宽度（WID）和秒值。

③ 在串口终端发送两个数字，程序停在断点处，取消断点。

④ 单击运行按钮运行程序，秒值从发送值开始重新计时。

⑤ 退出调试界面。

SPI、I^2C、ADC 和 TIM 的 DMA 使用与 USART DMA 的使用类似，读者可参考 USART DMA 的使用自行实现。

第 11 章　扩展板模块

竞赛扩展板由以下功能模块组成（参见附录 D）：

- 3 位八段数码管（共阴极静态显示）
- 8 个 ADC 按键
- 湿度传感器：DHT11
- 温度传感器：DS18B20
- 2 路模拟电压输出：输出电压范围为 0～3.3V
- 2 路脉冲信号输出：频率可调范围为 100Hz～20kHz
- 2 路 PWM 信号输出：固定频率，占空比可调范围为 1%～99%
- 光敏电阻：10kΩ，模拟和数字输出

本章介绍扩展板模块设计，包括数码管、ADC 按键、温度传感器和湿度传感器程序设计。

11.1 数码管

数码管由 8 个 LED 构成，其中 7 个 LED 组成数码显示，1 个 LED 作为小数点显示。通常将 8 个 LED 的其中一端连接在一起，根据连接在一起的引脚不同，数码管分为共阴极和共阳极两种。

数码管的显示方法有静态显示和动态显示两种。静态显示时每个数码管都一直显示，显示稳定，但硬件开销大；动态显示时每个数码管轮流显示，当每个数码管的显示时间小于一定值时，所有数码管看起来“同时”显示。动态显示硬件开销小，但操作较复杂。

下面以嵌入式竞赛扩展板使用的 3 位数码管（共阴极静态显示）为例介绍数码管的使用。扩展板上的数码管使用带输出锁存的 8 位移位寄存器 74LS595 驱动，74LS595 的引脚功能如表 11.1 所示。

表 11.1　74LS595 引脚功能

引脚名称	引脚方向	引脚功能	引脚名称	引脚方向	引脚功能
SER	输入	串行数据	/OE	输入	锁存输出允许
SRCLK	输入	移位寄存器时钟	QA～QH	输出	8 位并行数据
/SRCLR	输入	移位寄存器清零	OH'	输出	串行数据（级联用）
RCLK	输入	输出锁存时钟			

数码管的硬件连接如下：

- P4.1（PA1）—P3.1（SER）
- P4.2（PA2）—P3.2（RCK）
- P4.3（PA3）—P3.3（SCK）

数码管实现在 ADC 实现的基础上修改完成：

- 将“074_ADC”文件夹复制粘贴并重命名为“111_SEG”文件夹。

注意：为了避免与前边的程序冲突，将“Core\Src”文件夹中的 gpio.c 文件复制粘贴到“111_SEG”文件夹中，并在 Keil 中删除 gpio.c 前的路径“..\Core\Src\”。

数码管的程序设计包括 GPIO 初始化程序设计和 SEG 显示程序设计等。

（1）GPIO 初始化程序设计

GPIO 初始化主要是对 74LS595 连接的 GPIO 引脚进行初始化，在 gpio.c 中 MX_GPIO_Init() 的后部添加下列代码：

```
/* HAL 工程 */
  GPIO_InitStruct.Pin = GPIO_PIN_1|GPIO_PIN_2|GPIO_PIN_3;
  GPIO_InitStruct.Mode = GPIO_MODE_OUTPUT_PP;
  GPIO_InitStruct.Pull = GPIO_NOPULL;
  HAL_GPIO_Init(GPIOA, &GPIO_InitStruct);
/* LL 工程 */
  GPIO_InitStruct.Pin = LL_GPIO_PIN_1|LL_GPIO_PIN_2|LL_GPIO_PIN_3;
  GPIO_InitStruct.Mode = LL_GPIO_MODE_OUTPUT;
  GPIO_InitStruct.Speed = LL_GPIO_SPEED_FREQ_LOW;
  GPIO_InitStruct.OutputType = LL_GPIO_OUTPUT_PUSHPULL;
  GPIO_InitStruct.Pull = LL_GPIO_PULL_NO;
  LL_GPIO_Init(GPIOA, &GPIO_InitStruct);
```

（2）SEG 显示程序设计

SEG 显示程序设计步骤如下：

① 在 gpio.h 中添加下列函数声明：

```
void SEG_Disp(uint8_t ucData1, uint8_t ucData2, uint8_t ucData3, uint8_t ucDot);
```

② 在 gpio.c 的后部添加下列 SEG 显示函数：

```
/* 入口参数：ucData1、ucData2 和 ucData3—3 个显示数据，ucDot—3 个小数点 */
void SEG_Disp(uint8_t ucData1, uint8_t ucData2, uint8_t ucData3, uint8_t ucDot)
{
  uint8_t i;
  uint8_t ucCode[17]={0x3f, 0x06, 0x5b, 0x4f, 0x66, 0x6d, 0x7d, 0x07,
    0x7f, 0x6f, 0x77, 0x7c, 0x39, 0x5e, 0x79, 0x71, 0x00};
  uint32_t ulData = (ucCode[ucData3] << 16) + (ucCode[ucData2] << 8)
    + ucCode[ucData1];

  ulData += (ucDot&1)<<23;
  ulData += (ucDot&2)<<14;
  ulData += (ucDot&4)<<5;
/* HAL 工程 */
  HAL_GPIO_WritePin(GPIOA, GPIO_PIN_2, GPIO_PIN_RESET);    // PA2(RCK)=0
  for(i=0; i<24; i++)
  {
    HAL_GPIO_WritePin(GPIOA, GPIO_PIN_3, GPIO_PIN_RESET);  // PA3(SCK)=0
    if(ulData & 0x800000)                                  // 从高位开始发送
      HAL_GPIO_WritePin(GPIOA, GPIO_PIN_1, GPIO_PIN_SET);  // PA1(SER)=1
    else
      HAL_GPIO_WritePin(GPIOA, GPIO_PIN_1, GPIO_PIN_RESET); // PA1(SER)=0
    ulData <<= 1;
    HAL_GPIO_WritePin(GPIOA, GPIO_PIN_3, GPIO_PIN_SET);    // PA3(SCK)=1
```

```
  }
  HAL_GPIO_WritePin(GPIOA, GPIO_PIN_2, GPIO_PIN_SET);        // PA2(RCK)=1
/* LL工程 */
  LL_GPIO_ResetOutputPin(GPIOA, LL_GPIO_PIN_2);              // PA2(RCK)=0
  for(i=0; i<24; i++)
  {
    LL_GPIO_ResetOutputPin(GPIOA, LL_GPIO_PIN_3);            // PA3(SCK)=0
    if(ulData & 0x800000)                                    // 从高位开始发送
      LL_GPIO_SetOutputPin(GPIOA, LL_GPIO_PIN_1);            // PA1(SER)=1
    else
      LL_GPIO_ResetOutputPin(GPIOA, LL_GPIO_PIN_1);          // PA1(SER)=0
    ulData <<= 1;
    LL_GPIO_SetOutputPin(GPIOA, LL_GPIO_PIN_3);              // PA3(SCK)=1
  }
  LL_GPIO_SetOutputPin(GPIOA, LL_GPIO_PIN_2);                // PA2(RCK)=1
}
```

（3）数码管实现

数码管实现步骤如下：

① 在 main.c 中定义下列全局变量：

```
uint16_t usSeg;                        /* SEG 显示值 */
uint8_t  ucDot;                        /* SEG 小数点值 */
```

② 在 main.c 的 LCD_Proc()中添加下列 SEG 显示代码：

```
SEG_Disp((usSeg&0xf00)>>8, (usSeg&0xf0)>>4, usSeg&0xf, ucDot++);
usSeg += 0x111;
if(usSeg > 0x1000)  usSeg = 0;
```

注意：TIM2_CH2 也使用了 PA1，所以数码管显示和 TIM2 捕捉输入不能同时使用。

11.2　ADC 按键

竞赛扩展板上的按键通过电阻分压 ADC 转换进行识别，各按键对应的电阻值、转换值和中间值如表 11.2 所示（转换值=4095×电阻值/(1000+电阻值)）。

表 11.2　各按键对应的电阻值、转换值和中间值

按键	S1	S2	S3	S4	S5	S6	S7	S8
电阻值	0	150	390	750	1370	2370	5970	35970
转换值	0	534	1149	1755	2367	2880	3507	3984
实测值	0	531	1143	1750	2362	2871	3496	3968
中间值	265	837	1447	2056	2617	3184	3732	4032

注意：各按键对应的实测值可通过程序调试获取，不同板子的实测值可能不同。

通过 ADC 识别按键的硬件连接如下：

- P4.5（PA5：ADC2_IN13）—P5.5（AKEY）

ADC 按键实现在 SEG 实现的基础上修改完成：

● 将“111_SEG”文件夹复制粘贴并重命名为“112_AKEY”文件夹。

通过 ADC 识别按键的程序设计包括 ADC 初始化、ADC 转换、键值读取和键值显示等。

（1）ADC 初始化程序设计

ADC 初始化程序设计在原有程序设计的基础上修改完成，步骤如下：

对于 HAL 工程：

① 在 adc.c 的 MX_ADC2_Init()中将下列语句：

```
sConfig.Channel = ADC_CHANNEL_15;
```

修改为：

```
sConfig.Channel = ADC_CHANNEL_13;
```

② 在 adc.c 的 HAL_ADC_MspInit()中将下列语句：

```
GPIO_InitStruct.Pin = GPIO_PIN_15;
GPIO_InitStruct.Mode = GPIO_MODE_ANALOG;
GPIO_InitStruct.Pull = GPIO_NOPULL;
HAL_GPIO_Init(GPIOB, &GPIO_InitStruct);
```

修改为：

```
GPIO_InitStruct.Pin = GPIO_PIN_5;
GPIO_InitStruct.Mode = GPIO_MODE_ANALOG;
GPIO_InitStruct.Pull = GPIO_NOPULL;
HAL_GPIO_Init(GPIOA, &GPIO_InitStruct);
```

对于 LL 工程：

① 在 adc.c 的 MX_ADC2_Init()中将下列语句：

```
GPIO_InitStruct.Pin = LL_GPIO_PIN_15;
GPIO_InitStruct.Mode = LL_GPIO_MODE_ANALOG;
GPIO_InitStruct.Pull = LL_GPIO_PULL_NO;
LL_GPIO_Init(GPIOB, &GPIO_InitStruct);
```

修改为：

```
GPIO_InitStruct.Pin = LL_GPIO_PIN_5;
GPIO_InitStruct.Mode = LL_GPIO_MODE_ANALOG;
GPIO_InitStruct.Pull = LL_GPIO_PULL_NO;
LL_GPIO_Init(GPIOA, &GPIO_InitStruct);
```

② 在 adc.c 的 MX_ADC2_Init()中将下列语句：

```
LL_ADC_REG_SetSequencerRanks(ADC2, LL_ADC_REG_RANK_1, LL_ADC_CHANNEL_15);
LL_ADC_SetChannelSamplingTime(ADC2, LL_ADC_CHANNEL_15,
  LL_ADC_SAMPLINGTIME_2CYCLES_5);
LL_ADC_SetChannelSingleDiff(ADC2, LL_ADC_CHANNEL_15, LL_ADC_SINGLE_ENDED);
```

修改为：

```
LL_ADC_REG_SetSequencerRanks(ADC2, LL_ADC_REG_RANK_1, LL_ADC_CHANNEL_13);
```

```
LL_ADC_SetChannelSamplingTime(ADC2, LL_ADC_CHANNEL_13,
  LL_ADC_SAMPLINGTIME_2CYCLES_5);
LL_ADC_SetChannelSingleDiff(ADC2, LL_ADC_CHANNEL_13, LL_ADC_SINGLE_ENDED);
```

（2）ADC 转换程序设计

ADC 转换程序代码不用修改，内容如下：

```
uint16_t ADC2_Read(void)          /* ADC2 读取 */
{
/* HAL 工程 */
  HAL_ADC_Start(&hadc2);
  if(HAL_ADC_PollForConversion(&hadc2, 10) == HAL_OK)
    return HAL_ADC_GetValue(&hadc2);
  else
    return 0;
/* LL 工程 */
  LL_ADC_REG_StartConversion(ADC2);
  while(LL_ADC_IsActiveFlag_EOC(ADC2) == 0);
  return LL_ADC_REG_ReadConversionData12(ADC2);
}
```

（3）键值读取程序设计

键值读取程序设计步骤如下：

① 在 adc.h 中添加下列函数声明：

```
uint8_t AKEY_Read(void);          /* 键值读取 */
```

② 在 adc.c 的后部添加键值读取程序代码：

```
uint8_t AKEY_Down = 0;
uint8_t AKEY_Read(void)
{
  uint8_t AKEY_Val = 0;
  uint16_t ADC_Val = ADC2_Read();
  if (ADC_Val < 4032)             /* 按键按下 */
  {
    HAL_Delay(10);                /* 延时 10ms 消抖（HAL 工程） */
    LL_mDelay(10);                /* 延时 10ms 消抖（LL 工程） */
    ADC_Val = ADC2_Read();
    if ((ADC_Val < 4032) && (AKEY_Down == 0))
    {
      AKEY_Down = 1;              /* 设置按下标志 */
      if (ADC_Val > 3732)
        AKEY_Val = 8;
      else if (ADC_Val > 3184)
        AKEY_Val = 7;
      else if (ADC_Val > 2617)
        AKEY_Val = 6;
      else if (ADC_Val > 2056)
```

```
        AKEY_Val = 5;
      else if (ADC_Val > 1447)
        AKEY_Val = 4;
      else if (ADC_Val > 837)
        AKEY_Val = 3;
      else if (ADC_Val > 265)
        AKEY_Val = 2;
      else
        AKEY_Val = 1;
    }
  }
  else                                    /* 按键松开 */
    AKEY_Down = 0;                        /* 清除按下标志 */
  return AKEY_Val;
}
```

（4）键值显示程序设计

键值显示程序设计步骤如下。

① 在 main.c 的 main()初始化部分添加下列代码：

```
SEG_Disp(0, 0, 0, 0);
```

② 在 main.c 的 KEY_Proc()中添加键值的显示程序如下：

```
uint8_t AKEY_Val;

AKEY_Val = AKEY_Read();
if (AKEY_Val)
{
  usSeg = (usSeg << 4) + AKEY_Val;
  SEG_Disp((usSeg & 0xf00) >> 8, (usSeg & 0xf0) >> 4, usSeg & 0xf, ucDot++);
}
```

③ 在 main.c 的 LCD_Proc()中注释下列 SEG 显示代码：

```
// SEG_Disp((usSeg&0xf00)>>8, (usSeg&0xf0)>>4, usSeg&0xf, ucDot++);
// usSeg += 0x111;
// if(usSeg > 0x1000) usSeg = 0;
```

11.3 湿度传感器 DHT11

DHT11 是单线接口数字温湿度传感器，温度测量范围是 0～50℃，湿度测量范围是 20～90%RH，温度测量精度是±2℃，湿度测量精度是±5%RH。

DHT11 包含一个电阻式感湿元件和一个 NTC（负温度系数）测温元件，通过双向单线输出温湿度数据，一次数据输出为 40 位（高位在前，大约需要 4ms），数据格式为：

8 位湿度整数+8 位湿度小数（0）+8 位温度整数+8 位温度小数（0）+8 位校验和

其中校验和是前 4 个 8 位数据之和的后 8 位。

MCU 通过单线读取 DHT11 输出数据的过程如图 11.1 所示。

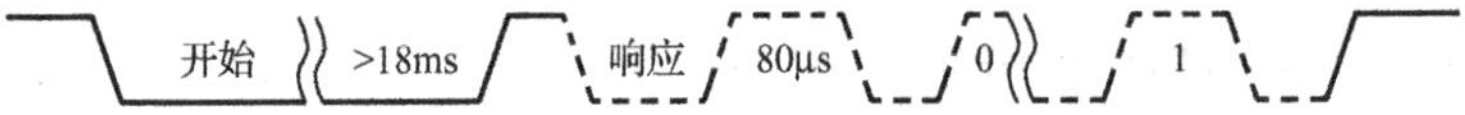

图 11.1　MCU 通过单线读取 DHT11 输出数据的过程

单线空闲时为高电平，MCU 读取数据时首先发送开始信号（输出低电平，持续时间必须大于 18ms，以保证 DHT11 能检测到开始信号），然后切换到输入模式（单线由上拉电阻拉为高电平）等待 DHT11 响应。

DHT11 检测到开始信号后触发一次数据采集，并等待单线变为高电平后输出响应信号（低电平，持续时间 80μs），然后输出高电平（持续时间 80μs）准备输出 40 位数据。

每位数据都以低电平（持续时间 50μs）开始，输出 0 时高电平持续时间为 26～28μs，输出 1 时高电平持续时间为 70μs。最后一位数据输出后输出低电平（持续时间 50μs），单线由上拉电阻拉为高电平进入空闲状态。

MCU 检测到响应信号后从单线读取 40 位数据，并判断校验和是否正确，如果正确则数据有效，否则丢弃数据。

使用湿度传感器的硬件连接如下：

● P4.7（PA7）—P3.7（HDQ）

湿度传感器实现在 SEG 实现的基础上修改完成：

● 将“111_SEG”文件夹复制粘贴并重命名为“113_DHT11”文件夹。

湿度传感器程序设计包括 DHT 微秒延时、DHT 初始化、DHT 输入、DHT 输出、DHT 检测下降沿、DHT 检测上升沿、DHT 读取和 DHT 显示等，其中前 7 项存放在“Core\Src”文件夹的 dht11.c 文件中，DHT 显示存放在 main.c 的 LCD_Proc()中。

（1）DHT 微秒延时

DHT 微秒延时程序如下（主频为 170MHz，最小延迟时间为 1μs）：

```
void DHT_us(uint32_t delay)
{
  delay *= 42;
  while (delay--);
}
```

（2）DHT 初始化

DHT 初始化程序如下：

```
void DHT_Init(void)
{
  __HAL_RCC_GPIOA_CLK_ENABLE();
//LL_AHB2_GRP1_EnableClock(LL_AHB2_GRP1_PERIPH_GPIOA);
}
```

（3）DHT 输入

DHT 输入程序如下：

```
void DHT_Input(void)
{
  GPIO_InitTypeDef GPIO_InitStruct = {0};
//LL_GPIO_InitTypeDef GPIO_InitStruct = {0};
/* 配置 PA7 为浮空输入 */
```

```
  GPIO_InitStruct.Pin = GPIO_PIN_7;
  GPIO_InitStruct.Mode = GPIO_MODE_INPUT;
  GPIO_InitStruct.Pull = GPIO_NOPULL;
  HAL_GPIO_Init(GPIOA, &GPIO_InitStruct);
/*GPIO_InitStruct.Pin = LL_GPIO_PIN_7;
  GPIO_InitStruct.Mode = LL_GPIO_MODE_INPUT;
  GPIO_InitStruct.Pull = LL_GPIO_PULL_NO;
  LL_GPIO_Init(GPIOA, &GPIO_InitStruct);*/
}
```

(4) DHT 输出

DHT 输出程序如下：

```
void DHT_Output(void)
{
  GPIO_InitTypeDef GPIO_InitStruct = {0};
//LL_GPIO_InitTypeDef GPIO_InitStruct = {0};
/* 配置 PA7 为通用开漏输出 */
  GPIO_InitStruct.Pin = GPIO_PIN_7;
  GPIO_InitStruct.Mode = GPIO_MODE_OUTPUT_OD;
  GPIO_InitStruct.Pull = GPIO_NOPULL;
  GPIO_InitStruct.Speed = GPIO_SPEED_FREQ_LOW;
  HAL_GPIO_Init(GPIOA, &GPIO_InitStruct);
/*GPIO_InitStruct.Pin = LL_GPIO_PIN_7;
  GPIO_InitStruct.Mode = LL_GPIO_MODE_OUTPUT;
  GPIO_InitStruct.Speed = LL_GPIO_SPEED_FREQ_LOW;
  GPIO_InitStruct.OutputType = LL_GPIO_OUTPUT_OPENDRAIN;
  GPIO_InitStruct.Pull = LL_GPIO_PULL_NO;
  LL_GPIO_Init(GPIOA, &GPIO_InitStruct);*/
}
```

(5) DHT 检测下降沿

DHT 检测下降沿程序如下：

```
void DHT_Falling(uint16_t timeout)
{
  while(HAL_GPIO_ReadPin(GPIOA, GPIO_PIN_7) && (timeout > 0))
//while(LL_GPIO_IsInputPinSet(GPIOA, LL_GPIO_PIN_7) && (timeout > 0))
    timeout--;
}
```

(6) DHT 检测上升沿

DHT 检测上升沿程序如下：

```
void DHT_Rising(uint16_t timeout)
{
  while(!HAL_GPIO_ReadPin(GPIOA, GPIO_PIN_7) && (timeout > 0))
//while(!LL_GPIO_IsInputPinSet(GPIOA, LL_GPIO_PIN_7) && (timeout > 0))
    timeout--;
}
```

(7) DHT 读取

DHT 读取程序如下（参考图 11.1）：

```
uint16_t DHT_Read(void)
{
  uint8_t i, j, dht_val[6]={0};
/* 发送开始信号 */
  DHT_Output();
  HAL_GPIO_WritePin(GPIOA, GPIO_PIN_7, GPIO_PIN_RESET);
//LL_GPIO_ResetOutputPin(GPIOA, LL_GPIO_PIN_7);
/* 延时 18ms */
  DHT_us(18000);
/* 切换为输入模式 */
  DHT_Input();
  DHT_Falling(5000);
  DHT_Rising(5000);
/* 读取 40 位数据（5 字节） */
  for (i=0; i<5; i++)
  {
    for (j=0; j<8; j++)
    {
      DHT_Falling(5000);
      DHT_Rising(5000);
/* 延时（大于 0 的高电平持续时间为 28μs，小于 1 的高电平持续时间为 70μs） */
      DHT_us(50);
      dht_val[i]<<=1;
      if (HAL_GPIO_ReadPin(GPIOA, GPIO_PIN_7))
//    if (LL_GPIO_IsInputPinSet(GPIOA, LL_GPIO_PIN_7))
        dht_val[i] +=1;
    }
/* 计算校验和 */
    dht_val[5] += dht_val[i];
  }
/* 返回结果（高 8 位—湿度，低 8 位—温度） */
  if(dht_val[4] == dht_val[5] - dht_val[4])
    return (dht_val[0]<<8)+ dht_val[2];
  else
    return 0;
}
```

(8) DHT 显示

DHT 显示程序如下：

```
uint16_t dht_val = DHT_Read();
if (dht_val != 0)
{
```

```
    SEG_Disp((dht_val&0xff)/10, (dht_val&0xff)%10, 12, 0);
    sprintf((char *)ucLcd, " HUM:%02d%%   TEM:%02dC",
      dht_val>>8, dht_val&0xff);
    LCD_DisplayStringLine(Line7, ucLcd);
  }
```

11.4 温度传感器 DS18B20

DS18B20 是单线接口数字温度传感器，测量范围是−55～+125℃，−10～+85℃范围内精度是±0.5℃，测量分辨率为 9～12 位（复位值为 12 位，最大转换时间为 750ms）。

DS18B20 包括寄生电源电路、64 位 ROM 和单线接口电路、暂存器、EEPROM、8 位 CRC 生成器和温度传感器等。寄生电源电路可以实现外部电源供电和单线寄生供电，64 位 ROM 中存放的 48 位序列号用于识别同一单线上连接的多个 DS18B20，以实现多点测温。

DS18B20 的暂存器如表 11.3 所示。

表 11.3 DS18B20 的暂存器

地 址	名 称	类 型	复 位 值	说 明
0	温度值低 8 位	只读	0x0550	b15～b11：符号位，b10～b4：7 位整数
1	温度值高 8 位	只读	（85℃）	b3～b0：4 位小数（补码）
2	TH 或用户字节 1	读/写	EEPROM	b7：符号位，b6～b0：7 位温度报警高值（补码）
3	TL 或用户字节 2	读/写	EEPROM	b7：符号位，b6～b0：7 位温度报警低值（补码）
4	配置寄存器 CR	读/写	EEPROM	b6～b5：分辨率，00～11：9～12 位
5	保留	只读	0xFF	
6	保留	只读	0x0C	
7	保留	只读	0x10	
8	CRC	只读	EEPROM	暂存器 0～7 数据 CRC 校验码

DS18B20 的操作包括下列 3 步：

- 复位
- ROM 命令
- 功能命令

ROM 命令和功能命令分别如表 11.4 和表 11.5 所示。

表 11.4 ROM 命令

命 令	代 码	参数或返回值	说 明
搜索 ROM	0xF0	—	搜索单线上连接的多个 DS18B20，搜索后重新初始化
读取 ROM	0x33	ROM 代码	读取单个 DS18B20 的 64 位 ROM 代码
匹配 ROM	0x55	ROM 代码	寻址指定 ROM 代码的 DS18B20
跳过 ROM	0xCC	—	寻址所有单线上连接的多个 DS18B20
搜索报警	0xEC		搜索单线上连接的有报警标志的 DS18B20

表 11.5 功能命令

命　令	代　码	参数或返回值	说　明
转换温度	0x44	0—转换，1—完成	启动温度转换，转换结果存放在暂存器的 0～1 字节
读暂存器	0xBE	9 字节数据	读取暂存器的 0～8 字节
写暂存器	0x4E	TH TL CR	将 TH、TL 和 CR 值写入暂存器的 2～4 字节
复制暂存器	0x48	—	将暂存器的 2～4 字节复制到 EEPROM
调回 EEPROM	0xB8	0—调回，1—完成	将 EEPROM 的值调回到暂存器的 2～4 字节
读电源模式	0xB4	—	确定 DS18B20 是否使用寄生供电模式

复位时序如图 11.2 所示。

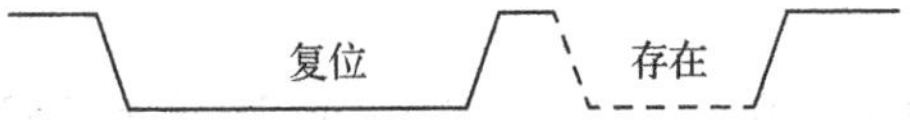

图 11.2　复位时序

单线空闲时为高电平，复位时 MCU 发送复位信号（低电平，持续时间为 480～960μs），然后切换到输入模式（单线由上拉电阻拉为高电平）等待 DS18B20 响应。DS18B20 检测到单线上升沿 15～60μs 后发出存在信号（低电平，持续时间为 60～240μs），然后释放单线（单线由上拉电阻拉为高电平）。

写时序如图 11.3 所示。

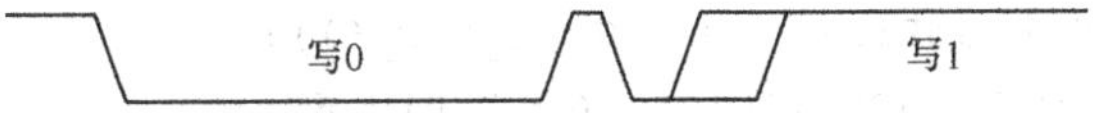

图 11.3　写时序

写时序以 MCU 输出低电平开始，写 0 时低电平持续时间为 60～120μs，写 1 时低电平持续时间为 1～15μs，然后切换到输入模式（单线由上拉电阻拉为高电平）。DS18B20 检测到单线下降沿 15～60μs 内采样单线读取数据。写 1 位数据的持续时间必须大于 60μs，两位数据的间隔必须大于 1μs。

读时序如图 11.4 所示。

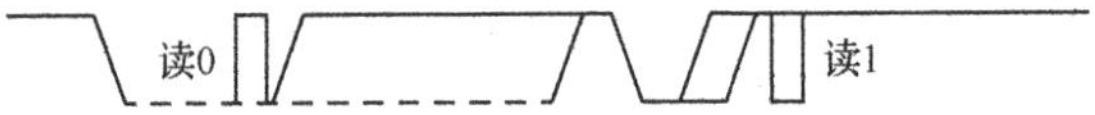

图 11.4　读时序

读时序以 MCU 发送读命令后输出低电平开始（低电平的持续时间必须大于 1μs），然后切换为输入模式。DS18B20 检测到单线下降沿后发送数据：发送 0 时输出低电平，发送 1 时保持高电平，发送数据在下降沿后 15μs 内有效；因此 MCU 必须在下降沿后 15μs 内采样单线读取数据。读 1 位数据的持续时间必须大于 60μs，两位数据的间隔必须大于 1μs。

对比图 11.4 和图 11.3 可以看出，读时序和写时序都是以低电平开始的，主要差别是 0 的操作：写 0 时由 MCU 控制单线，读 0 时则由 DS18B20 控制单线。而写 1 和读 1 时 MCU 和 DS18B20 都释放单线（单线由上拉电阻拉为高电平）。

因此读/写操作可同时完成，除写 0 操作外，其他操作都可以在 1μs 后切换为输入模式，并在下降沿后 15μs 内采样单线：对于写 1 操作，读入的是写出的 1，而对于读 0 和读 1 操作，读入的则是 DS18B20 发送的数据。为了正常读出数据，在读操作前应当写 1。

使用温度传感器的硬件连接如下：

- P4.6（PA6）—P3.6（TDQ）

温度传感器实现在 SEG 实现的基础上修改完成：

● 将“111_SEG”文件夹复制粘贴并重命名为“114_DS18B20”文件夹。

温度传感器程序设计包括 DSB 微秒延时、DSB 初始化、DSB 输入、DSB 输出、DSB 复位、DSB 位读/写、DSB 字节读/写、DSB 温度读取和 DSB 温度显示等。其中 DSB 微秒延时和 DHT11 相同，DSB 初始化、DSB 输入和 DSB 输出与 DHT11 类似（将 PA7 修改为 PA6）。其中前 8 项存放在“Core\Src”文件夹的 ds18b20.c 文件中，DSB 温度显示存放在 main.c 的 LCD_Proc()中。

（1）DSB 复位

DSB 复位程序如下（参考图 11.2）：

```
void DSB_Reset(void)
{
  DSB_Output();
  HAL_GPIO_WritePin(GPIOA, GPIO_PIN_6, GPIO_PIN_RESET);
//LL_GPIO_ResetOutputPin(GPIOA, LL_GPIO_PIN_6);
  /* 延时 720μs（480~960μs） */
  DSB_us(720);
  /* 切换为输入模式 */
  DSB_Input();
  DSB_us(1);
  /* 等待 DSB 响应 */
  while(HAL_GPIO_ReadPin(GPIOA, GPIO_PIN_6));
  while(!HAL_GPIO_ReadPin(GPIOA, GPIO_PIN_6));
/*while(LL_GPIO_IsInputPinSet(GPIOA, LL_GPIO_PIN_6));
  while(!LL_GPIO_IsInputPinSet(GPIOA, LL_GPIO_PIN_6));*/
}
```

（2）DSB 位读/写

DSB 位读/写程序如下（参考图 11.3 和图 11.4）：

```
uint8_t DSB_Wrbit(uint8_t bit)
{
  DSB_Output();
  HAL_GPIO_WritePin(GPIOA, GPIO_PIN_6, GPIO_PIN_RESET);
//LL_GPIO_ResetOutputPin(GPIOA, LL_GPIO_PIN_6);
  DSB_us(1);
  /* 如果 bit 为 1，切换为输入模式，单线由上拉电阻拉为高电平输出 1，同时准备输入 */
  if (bit) DSB_Input();
  /* 延时（大于 1μs，小于 15μs） */
  DSB_us(8);
  bit = HAL_GPIO_ReadPin(GPIOA, GPIO_PIN_6);
//bit = LL_GPIO_IsInputPinSet(GPIOA, LL_GPIO_PIN_6);
  DSB_us(80);
  DSB_Input();
  return bit;
}
```

（3）DSB 字节读/写

DSB 字节读/写程序如下：

```
uint8_t DSB_Wrbyte(uint8_t byte)
{
  uint8_t i, bit;

  for (i=0; i<8; i++)
  {
    bit = DSB_Wrbit(byte & 1);
    byte >>= 1;
    if (bit) byte |= 0x80;
    DSB_us(1);
  }
  return byte;
}
```

（4）DSB 温度读取

DSB 温度读取程序如下：

```
uint16_t DSB_Read(void)
{
  uint8_t dsb_val[2];

  DSB_Reset();
  DSB_Wrbyte(0xCC);
  DSB_Wrbyte(0x44);

  DSB_Reset();
  DSB_Wrbyte(0xCC);
  DSB_Wrbyte(0xBE);

  dsb_val[0] = DSB_Wrbyte(0xFF);
  dsb_val[1] = DSB_Wrbyte(0xFF);
  return (dsb_val[1]<<8) + dsb_val[0];
}
```

（5）DSB 温度显示

DSB 温度显示程序如下：

```
uint16_t dsb_val = DSB_Read();
SEG_Disp((dsb_val>>4)/10, (dsb_val>>4)%10, 12, 0);
sprintf((char *)ucLcd, " DSB:%4.2fC  ", dsb_val/16.0);
LCD_DisplayStringLine(Line7, ucLcd);
```

第 12 章　往届试题

本章对往届试题进行设计与解析，包括系统设计与实现和客观题解析。

12.1　第十一届省赛试题 1

系统硬件框图如图 12.1 所示。

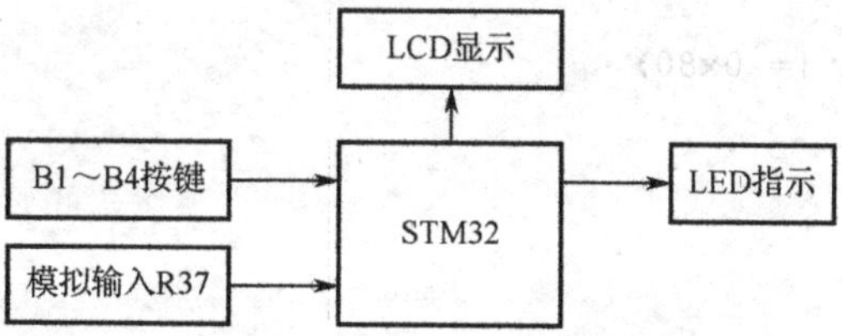

图 12.1　系统硬件框图

系统功能描述如下：

（1）基本功能

① 测量竞赛板上 R37 输入的模拟电压信号 V_{R37}，并通过 LCD 实现数据的实时显示。

② 通过按键实现显示界面切换和参数设置等功能。

③ 通过 LED 实现状态指示功能。

④ 设计要求

- 电压数据刷新时间：≤0.5s。
- 按键响应时间：≤0.1s。
- 根据试题要求设计合理的电压数据采样频率，并对 ADC 采样到的电压数据进行有效的数字滤波。

（2）显示功能

① 数据界面。通过 LCD 显示三个数据项：界面名称 Data、电位器 R37 输出的电压值 V 和计时结果 T，电压值保留小数点后两位有效数字，如图 12.2 所示。

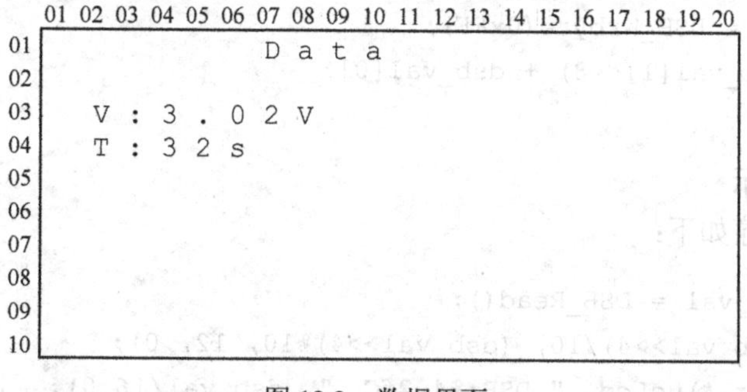

图 12.2　数据界面

② 参数界面。通过 LCD 显示三个数据项：界面名称 Para、电压参数 V_{max} 和 V_{min}。电压参数保留小数点后 1 位有效数字，如图 12.3 所示。

③ 显示说明

- 显示背景色（BackColor）：黑色。

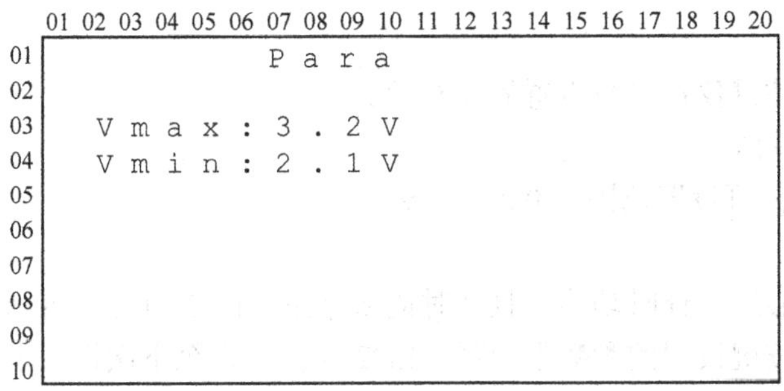

图 12.3　参数界面

- 显示前景色（TextColor）：白色。
- 请严格按照图示要求设计各个信息项的名称（区分字母大小写）和行列位置。
- 计时结果以秒为单位，计时条件下数据实时刷新。

④ 计时说明

当电位器 R37 的输出电压上升到 V_{min} 时从 0 开始计时，直到电压上升到 V_{max} 结束计时，如图 12.4 和图 12.5 所示。

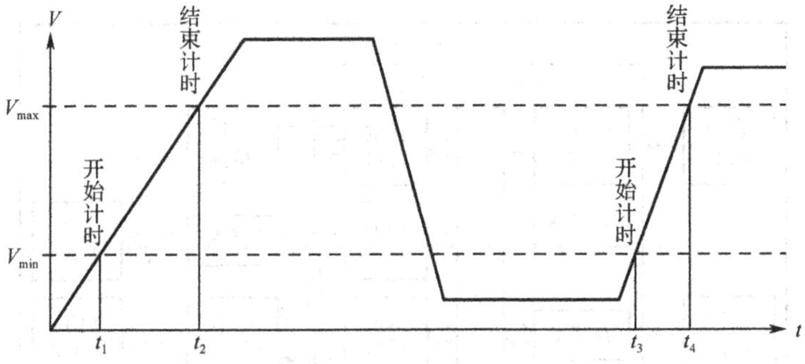

图 12.4　计时说明 1

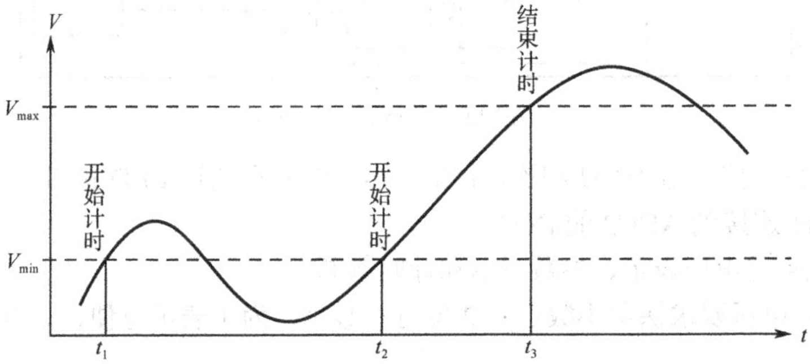

图 12.5　计时说明 2

（3）按键功能

① B1 按键：界面切换按键，切换选择数据界面或参数界面。

② B2 按键：每次按下 B2 按键，V_{max} 参数加 0.1V，当 V_{max} 参数加到 3.3V 时，再次按下 B2 按键后 V_{max} 参数返回 0.0V。

③ B3 按键：每次按下 B3 按键，V_{min} 参数加 0.1V，当 V_{min} 参数加到 3.3V 时，再次按下 B3 按键后 V_{min} 参数返回 0.0V。

④ 当设备从参数界面退出返回数据界面时，自动判断当前设置的参数是否合理，如参数合理则使之生效，如不合理则弃用本次设置的参数，使用进入参数界面前的原参数。

⑤ 按键说明

- B2 按键和 B3 按键仅在参数设置界面有效。
- 要求 $V_{max} \geq V_{min}$+1V。
- 要求 V_{max} 和 V_{min} 可设置范围为 0.0～3.3V。

（4）LED 功能

① LD1：若当前触发了计时功能，且计时尚未结束，LD1 点亮，否则 LD1 熄灭。

② LD2：若通过按键设置的参数不合理，LD2 点亮，直至下次设置了正确的参数后熄灭。

（5）初始状态

① 上电后默认处于数据界面。

② 上电默认参数：

- V_{max}：3.0V。
- V_{min}：1.0V。

12.1.1 系统设计

通过分析系统功能，可以得到系统详细框图如图 12.6 所示。

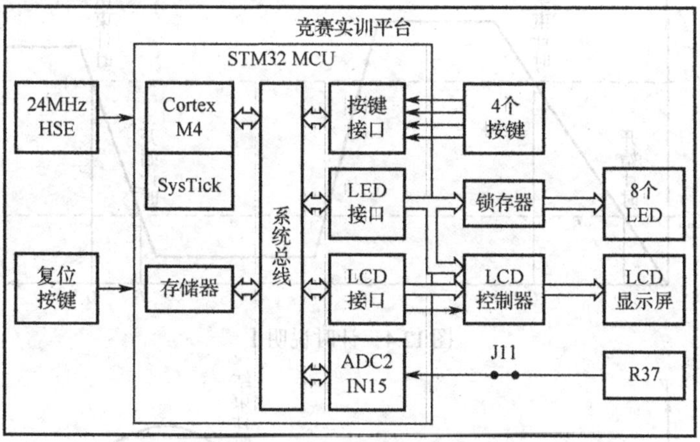

图 12.6 系统详细框图

4 个按键通过按键接口与 MCU 相连，LED 和 LCD 分别通过 LED 接口和 LCD 接口与 MCU 相连，R37 通过 J11 连接到 ADC2 的 IN15。

系统设计的重点是电压表示、参数表示和计时判断。

① 电压表示：电压要求保留小数点后 2 位有效数字，为了表示方便，将电压值乘以 100（用 usVadc 表示）。

② 参数表示：电压参数要求保留小数点后 1 位有效数字，将参数值乘以 10（分别用 ucVmin 和 ucVmax 表示）用于比较和存储。

③ 计时判断：电压上升到 V_{min} 时从 0 开始计时，直到电压上升到 V_{max} 结束计时。如果不做特殊处理，当电压从高到低进入 V_{min}～V_{max} 范围时会继续计时。

为了避免发生这种情况，设置标志 ucFlag，当电压低于下限时 ucFlag=0（清除计时），电压高于下限低于上限并且 ucFlag=0 时 ucFlag=1（开始计时），电压高于上限时 ucFlag=2（停止计时），电压从高到低进入 V_{min}～V_{max} 范围时 ucFlag=2（不计时）。

系统设计在 ADC 设计的基础上完成：在 HAL 或 LL 文件夹中将“074_ADC”文件夹复制粘贴并重命名为“121_111”文件夹，打开“121_111”文件夹中的工程。

系统主程序流程图如图 12.7 所示。

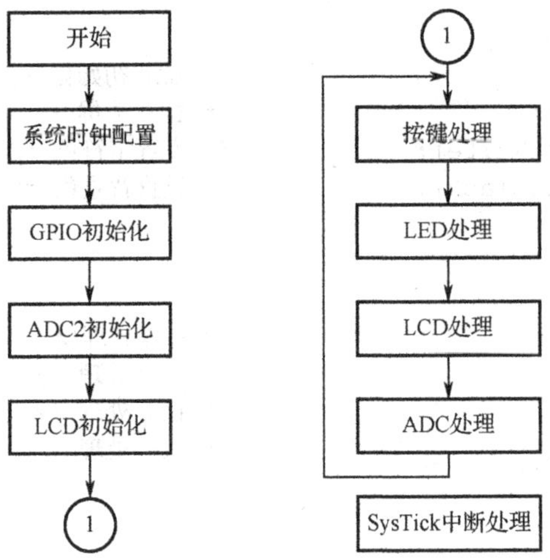

图 12.7　系统主程序流程图

主程序首先对系统进行初始化，包括系统时钟配置（SysTick 初始化）、GPIO 初始化、ADC2 初始化和 LCD 初始化。主循环包括按键处理、LED 处理、LCD 处理和 ADC 处理，SysTick 中断处理实现计时。

主程序内容如下：

```
#include "main.h"
#include "adc.h"
#include "gpio.h"

#include "lcd.h"
#include <stdio.h>

uint8_t  ucSec;                      /* 秒计时 */
uint8_t  ucKey;                      /* 按键值 */
uint8_t  ucLed;                      /* LED 值 */
uint8_t  ucLcd[21];                  /* LCD 值(\0 结束) */
uint16_t usTlcd;                     /* LCD 刷新时间 */
uint16_t usVadc;                     /* ADC 电压值 */
uint8_t  ucTadc;                     /* ADC 刷新时间 */
uint8_t  ucState;                    /* 系统状态 */
uint8_t  ucVmin=10, ucVmax=30;       /* 电压下限/上限 */
uint8_t  ucVmin1, ucVmax1;           /* 电压下限/上限修改值 */
uint8_t  ucFlag;                     /* 计时标志 */

void SystemClock_Config(void);

void KEY_Proc(void);                 /* 按键处理 */
void LED_Proc(void);                 /* LED 处理 */
void LCD_Proc(void);                 /* LCD 处理 */
void ADC_Proc(void);                 /* ADC 处理 */

int main(void)
{
  SystemClock_Config();
```

```
  MX_GPIO_Init();
  MX_ADC2_Init();

  LCD_Init();                          /* LCD 初始化 */
  LCD_Clear(Black);                    /* LCD 清屏 */
  LCD_SetTextColor(White);             /* 设置字符色 */
  LCD_SetBackColor(Black);             /* 设置背景色 */

  while (1)
  {
    KEY_Proc();                        /* 按键处理 */
    LED_Proc();                        /* LED 处理 */
    LCD_Proc();                        /* LCD 处理 */
    ADC_Proc();                        /* ADC 处理 */
  }
}
```

初始化程序已由 CubeMX 生成，处理程序包括按键处理、LED 处理、LCD 处理、ADC 处理和 SysTick 中断处理，系统处理程序流程图如图 12.8 所示。

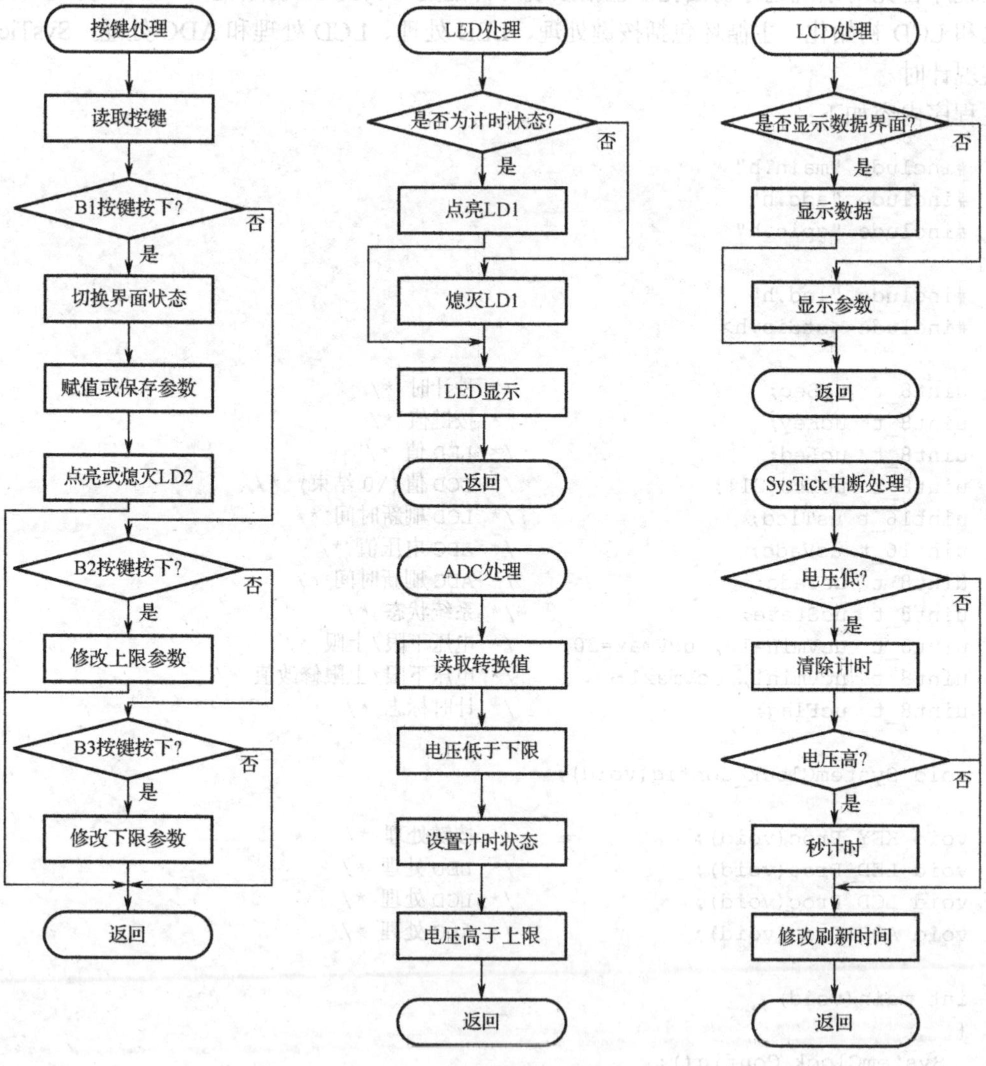

图 12.8　系统处理程序流程图

(1）按键处理程序设计

按键处理程序设计如下：

```
void KEY_Proc(void)                      /* 按键处理 */
{
  uint8_t ucKey1 = 0;
  ucKey1 = KEY_Read();                   /* 按键读取 */
  if (ucKey1 != ucKey)                   /* 键值变化 */
    ucKey = ucKey1;                      /* 保存键值 */
  else
    ucKey1 = 0;                          /* 清除键值 */

  switch (ucKey1)
  {
    case 1:                              /* B1 按键按下 */
      ucState ^= 1;                      /* 切换状态 */
      LCD_Clear(Black);                  /* LCD 清屏 */
      if (ucState == 1)                  /* 进入参数界面 */
      {
        ucVmin1 = ucVmin;                /* 赋值参数 */
        ucVmax1 = ucVmax;
      }
      Else                               /* 退出参数界面 */
        if (ucVmax1 >= ucVmin1+10)       /* 参数有效 */
        {
          ucVmin = ucVmin1;              /* 保存参数 */
          ucVmax = ucVmax1;
          ucLed &= ~2;                   /* 熄灭 LD2 */
        }
        else                             /* 参数无效 */
          ucLed |= 2;                    /* 点亮 LD2 */
      break;
    case 2:                              /* B2 按键按下 */
      if (ucState == 1)                  /* 参数界面 */
        if (++ucVmax1 == 34)             /* 修改上限参数 */
          ucVmax1 = 0;
      break;
    case 3:                              /* B3 按键按下 */
      if (ucState == 1)                  /* 参数界面 */
        if (++ucVmin1 == 34)             /* 修改下限参数 */
          ucVmin1 = 0;
  }
}
```

(2）LED 处理程序设计

LED 处理程序设计如下：

```
void LED_Proc(void)                    /* LED 处理 */
{
  if (ucFlag == 1)                     /* 计时状态 */
    ucLed |= 1;                        /* 点亮 LD1 */
  else
    ucLed &= ~1;                       /* 熄灭 LD1 */

  LED_Disp(ucLed);                     /* LED 显示 */
}
```

（3）LCD 处理程序设计

LCD 处理程序设计如下：

```
void LCD_Proc(void)                    /* LCD 处理 */
{
  if (usTlcd < 500)                    /* 500ms 未到 */
    return;
  usTlcd = 0;
  if (ucState == 0)                    /* 数据界面 */
  {
    sprintf((char*)ucLcd, "      Data");
    LCD_DisplayStringLine(Line0, ucLcd);
    sprintf((char *)ucLcd, " V:%4.2fV", usVadc/100.0);
    LCD_DisplayStringLine(Line2, ucLcd);
    sprintf((char *)ucLcd, " T:%02us", ucSec);
    LCD_DisplayStringLine(Line3, ucLcd);
  }
  else                                 /* 参数界面 */
  {
    sprintf((char*)ucLcd, "      Para");
    LCD_DisplayStringLine(Line0, ucLcd);
    sprintf((char *)ucLcd, " Vmax:%3.1fV", ucVmax1/10.0);
    LCD_DisplayStringLine(Line2, ucLcd);
    sprintf((char *)ucLcd, " Vmin:%3.1fV", ucVmin1/10.0);
    LCD_DisplayStringLine(Line3, ucLcd);
  }
}
```

（4）ADC 处理程序设计

ADC 处理程序设计如下：

```
void ADC_Proc(void)                    /* ADC 处理 */
{
  if (ucTadc < 100)                    /* 100ms 未到 */
    return;
  ucTadc = 0;

  usVadc = ADC2_Read()*330/4095; /* 读取转换值 */
```

```
  if (usVadc < ucVmin*10)           /* 电压低于下限 */
    ucFlag = 0;
  if ((usVadc >= ucVmin*10)&&(usVadc <= ucVmax*10))
                                    /* 电压高于下限低于上限 */
    if (ucFlag == 0)                /* 电压由小到大 */
      ucFlag = 1;
  if (usVadc > ucVmax*10)           /* 电压高于上限 */
    ucFlag = 2;
}
```

（5）SysTick 中断处理程序设计

SysTick 中断处理程序设计如下：

```
void SysTick_Handler(void)
{
  static uint16_t usTms;                /* 毫秒计时 */
  extern uint8_t  ucSec;                /* 秒计时 */
  extern uint16_t usTlcd;               /* LCD 刷新时间 */
  extern uint8_t  ucTadc;               /* ADC 刷新时间 */
  extern uint8_t  ucFlag;               /* 计时标志 */

  HAL_IncTick();                        /* 仅用于 HAL 工程 */

  if (ucFlag == 0)                      /* 电压低于下限 */
  {
    usTms = 0;                          /* 清除计时 */
    ucSec = 0;
  }
  if (ucFlag == 1)                      /* 电压高于下限低于上限且由小到大 */
    if (++usTms == 1000)                /* 1s 到 */
    {
      usTms = 0;
      ucSec++;                          /* 秒加 1 */
    }
  usTlcd++;                             /* LCD 刷新计时 */
  ucTadc++;                             /* ADC 刷新计时 */
}
```

注意：HAL 或 LL 工程中的 main.c 修改后，可以直接复制粘贴到 LL 或 HAL 工程中。

注意：HAL 和 LL 工程 stm32g4xx_it.c 的内容也几乎相同（仅差 HAL_IncTick()）。

12.1.2 系统测试

系统测试的主要步骤如下：

（1）运行程序，旋转 R37，当电压低于下限（1V）时，T 值为 0，电压高于下限时，开始计时，LD1 点亮；电压高于上限（3V）时，停止计时，LD1 熄灭。反向旋转 R37，电压低于下限时，T 清 0。

（2）按 B1 按键进入参数界面，按 B2 按键上限加 0.1V，加到 3.3V 时返回 0.0V。按 B3 按键下限加 0.1V，加到 3.3V 时返回 0.0V。

（3）再按 B1 按键退出参数界面，如果上限比下限高不到 1V，那么 LD2 点亮，参数无效。再次进入参数界面，设置上限比下限高 1V 以上，退出参数界面时 LD2 熄灭。

12.1.3 客观题解析

不定项选择（3 分/题）。

（1）用集成电路制造工艺，以下哪类元器件制作最容易？（　　）

A．晶体管　　B．电感器　　C．变压器　　D．电容器

（2）以下哪些外设是竞赛平台使用的 STM32 微控制器所不具备的？（　　）

A．CAN　　B．DMA　　C．LCD 控制器　　D．FSMC

（3）共射级放大电路中，输入电压和输出电压的相位关系为（　　）。

A．相差 180°　　B．相同　　C．相差 90°　　D．相差 45°

（4）总线是各种信号线的集合，嵌入式系统中按照所传送的信息类型，总线可以分为（　　）等几种。

A．数据总线　　B．控制总线　　C．地址总线　　D．存储总线

（5）下列正确的桥式整流接法是（　　）。

A.

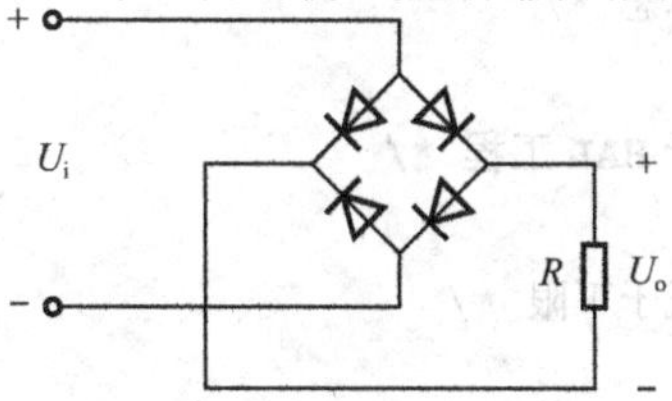

B.

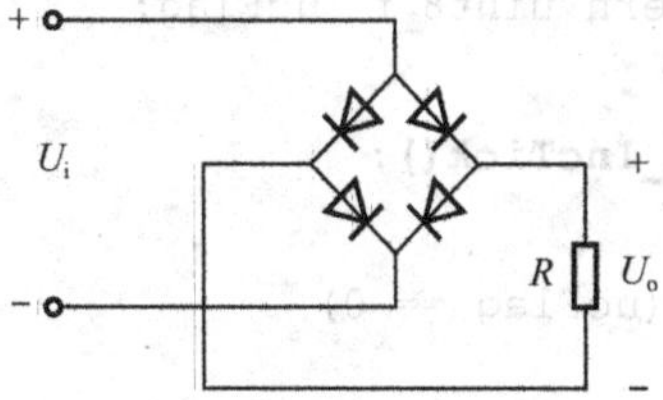

C.

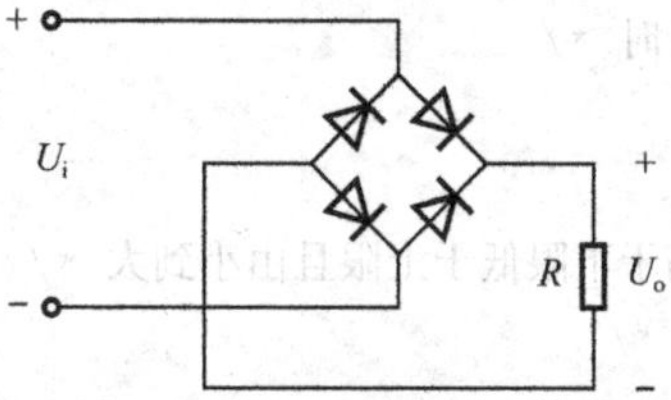

D.

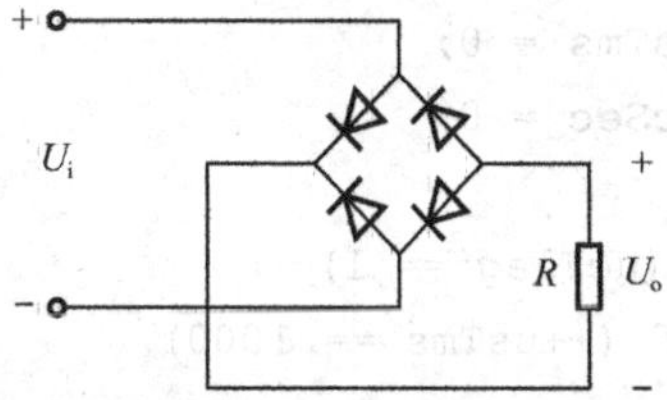

（6）在进行串行通信时，若两机的发送与接收可以同时进行，则称之为（　　）。

A．全双工　　B．半双工　　C．单工　　D．以上均不正确

（7）程序以（　　）形式存放在程序存储器中。

A．C 源文件　　B．汇编程序　　C．BCD 编码　　D．二进制编码

（8）电容器的主要参数包含（　　）。

A．标称容量　　B．绝缘电阻　　C．允许误差　　D．额定耐压

（9）STM32 的 EXTI 18 连接到（　　）。

A．PVD 输出　　B．USB 唤醒事件　　C．GPIO 端口　　D．RTC 闹钟输出

（10）以下哪种状态下 STM32 微控制器的功耗最低？（　　）

A．睡眠模式（Sleep Mode）　　B．停止模式（Stop Mode）

C．待机模式（Standby Mode）　　D．降低主频后低速运行

解析：

（1）制作最容易的是晶体管。答案是（A）。

（2）通过查阅芯片参考手册，可以得知，竞赛平台使用的 STM32 微控制器不具备 LCD 控制器和 FSMC。答案是（CD）。

（3）共射级放大电路中，输入电压和输出电压的相位相反（相差 180°）。答案是（A）。

（4）嵌入式系统中的总线包括数据总线、地址总线和控制总线。答案是（ABC）。

（5）接法（A）右边的两个二极管将 U_i 短路，接法（B）左右两边的两个二极管分别将 U_i 短路，接法（C）正确，接法（D）也可以工作，只不过 U_o 是上负下正。答案是（C）。

（6）全双工是指发送与接收可以同时进行，半双工是指发送与接收不能同时进行，单工是指只能发送或接收。答案是（A）。

（7）程序以二进制编码形式存放在程序存储器中。答案是（D）。

（8）电容器的主要参数包含标称容量、额定耐压、允许误差和绝缘电阻。答案是（ABCD）。

（9）STM32 的 EXTI 18 连接到 USB 唤醒事件。答案是（B）。

（10）通过查阅芯片数据手册可知，睡眠模式下的最小工作电流是 3mA，停止模式下的最小工作电流是 13.5μA，待机模式下的最小工作电流是 1.7μA，最低主频时的工作电流是 5.5mA。答案是（C）。

12.2　第十一届省赛试题 2

系统硬件框图如图 12.9 所示。

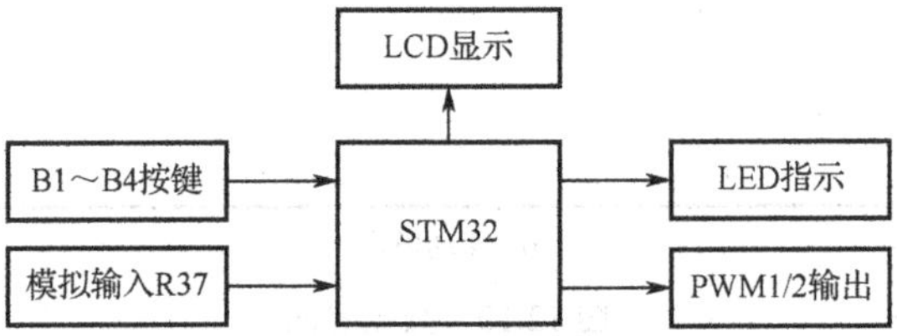

图 12.9　系统硬件框图

系统功能描述如下：

（1）功能概述

① 使用 STM32 微控制器 ADC 通道测量竞赛板电位器 R37 输出的模拟电压信号 V_{R37}。

② 使用 PA6 输出频率固定为 100Hz、占空比可调节的矩形波信号。

③ 使用 PA7 输出频率固定为 200Hz 的矩形波信号。

④ 完成 B1～B4 按键的动作扫描。

⑤ 按照显示要求，通过 LCD 显示数据和参数。

（2）性能要求

① 数据显示界面下电压值更新时间：≤0.1s。

② PA6 和 PA7 输出信号占空比跟随响应时间：≤1s。

③ 按键响应时间：≤0.1s。

④ 输出信号频率精度要求：≤±5%。

⑤ 输出信号占空比精度要求：≤±5%。

（3）运行模式

① 自动模式：PA6 和 PA7 输出信号的占空比 D 相同，与 V_{R37} 的关系如下：

$$V_{R37} = 3.3\times D$$

当 $V_{R37} = 0V$ 时，PA6 和 PA7 持续输出低电平。

当 $V_{R37} = 3.3V$ 时，PA6 和 PA7 持续输出高电平。

② 手动模式：PA6 和 PA7 输出信号的占空比通过按键控制，与 V_{R37} 值无关。

(4) LCD 显示界面

① 数据界面：通过 LCD 显示采集电压值和当前运行模式，电压值保留小数点后两位有效数字，如图 12.10 所示。

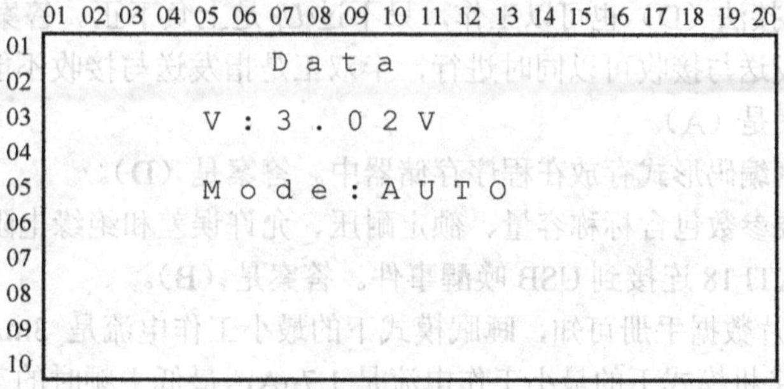

(a) 自动模式

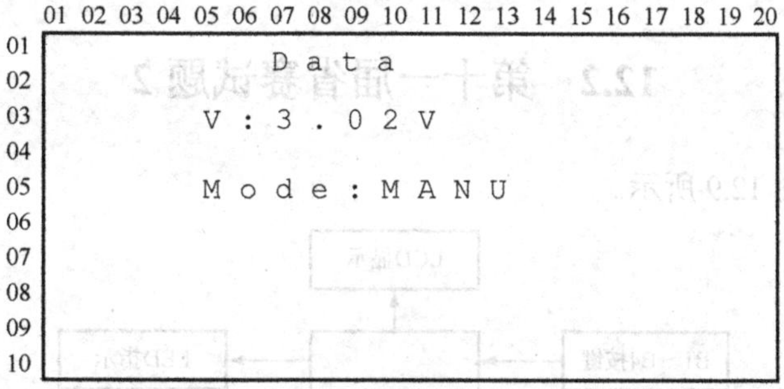

(b) 手动模式

图 12.10 数据界面

② 参数界面：通过 LCD 显示 PA6 和 PA7 输出的占空比参数，如图 12.11 所示。

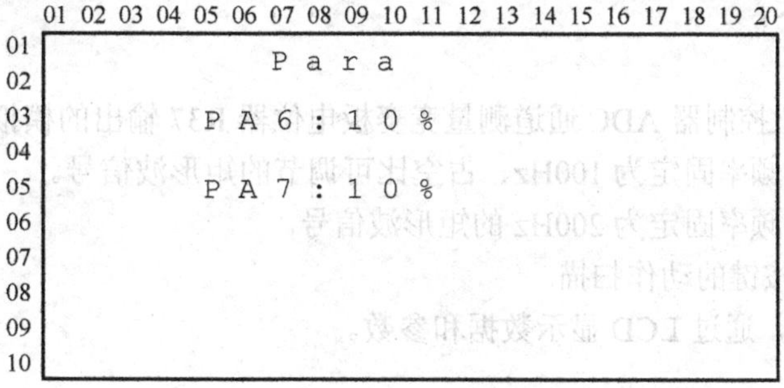

图 12.11 参数界面

注意：占空比参数仅在手动模式下起作用，在自动模式下，输出信号的占空比取决于电位器电压值 V_{R37}。

③ LCD 通用显示要求

- 显示背景色（BackColor）：黑色。
- 显示前景色（TextColor）：白色。
- 请严格按照图示要求设计各个信息项的名称（区分字母大小写）和行列位置。

(5) 按键功能

① B1 按键：界面切换按键，切换选择数据界面或参数界面。

② B2 按键：每次按下 B2 按键，PA6 手动模式占空比参数加 10%，占空比参数增加到 90% 后再次按下 B2 按键，占空比参数返回 10%。

③ B3 按键：每次按下 B3 按键，PA7 手动模式占空比参数加 10%，占空比参数增加到 90%后再次按下 B3 按键，占空比参数返回 10%。

④ B4 按键：模式控制按键，切换手动模式和自动模式。

⑤ 按键设计要求

- 按键应进行有效的防抖处理，避免出现一次按下多次触发等情形。
- B2 按键和 B3 按键仅在参数界面有效。

（6）LED 功能

① 自动模式下 LD1 点亮，手动模式下 LD1 熄灭。

② 数据界面下 LD2 点亮，参数界面下 LD2 熄灭。

（7）初始状态说明

① 上电默认处于自动模式。

② 上电默认处于数据界面。

③ 上电默认参数：PA6 的占空比为 10%，PA7 的占空比为 10%。

12.2.1 系统设计

通过分析系统功能，可以得到系统详细框图如图 12.12 所示。

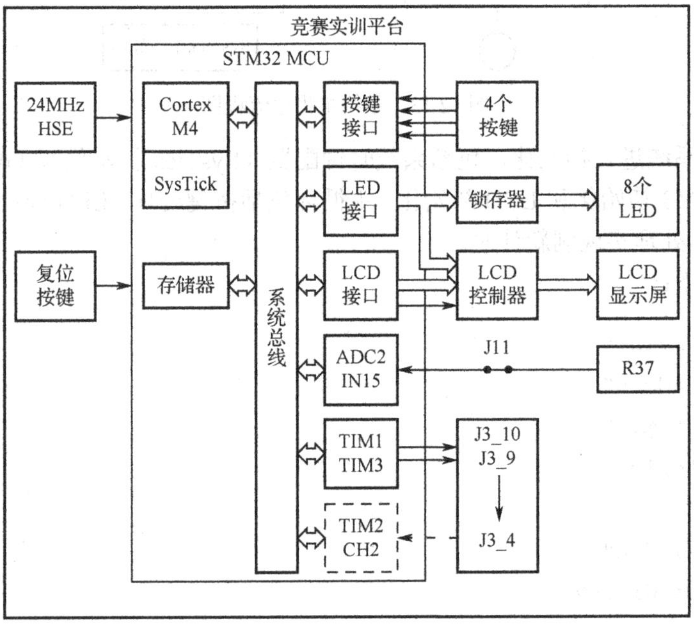

图 12.12 系统详细框图

4 个按键通过按键接口与 MCU 相连，LED 和 LCD 分别通过 LED 接口和 LCD 接口与 MCU 相连，R37 通过 J11 连接到 ADC2 的 IN15，TIM1 CH1N（PA7）和 TIM3 CH1（PA6）分别输出 100Hz 和 200Hz 的矩形波信号，TIM2 CH1 和 CH2 用于测量矩形波信号的周期和脉冲宽度（测试用）。

系统设计的重点是占空比的表示和 PWM 输出比较值的确定。

① 占空比的表示：自动模式时占空比 D 与 V_{R37} 的关系为 $D = V_{R37} / 3.3$，V_{R37} 与 ADC 转换值 usAdc 的关系为 V_{R37} = usAdc×3.3 / 4095，占空比 D 与 usAdc 的关系为 D = usAdc / 4095。

② PWM 输出比较值的确定：经预分配后，TIM 计数器 CNT 的输入频率是 1MHz。

PA6 输出 100Hz 的自动重装载值（周期值）为 9999，自动模式时输出比较值（脉冲值）usComp 为 usAdc×10000 / 4095，手动模式时输出比较值（脉冲值）usComp6 为 1000～10000，步进 1000。

PA7 输出 200Hz 的自动重装载值（周期值）为 4999，自动模式时输出比较值（脉冲值）为 usAdc×5000 / 4095（usComp >> 1），手动模式时输出比较值（脉冲值）usComp7 为 500～5000，步进为 500。

系统设计在 TIM 设计的基础上完成：在 HAL 或 LL 文件夹中将“084_TIM”文件夹复制粘贴并重命名为“122_112”文件夹，打开“122_112”文件夹中的工程。

系统主程序流程图如图 12.13 所示。

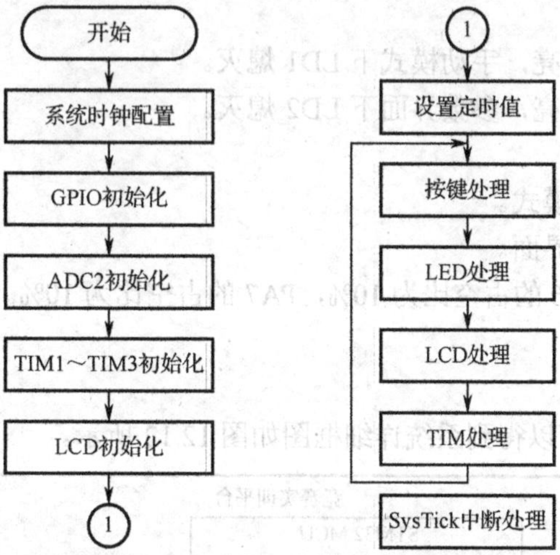

图 12.13　系统主程序流程图

主程序首先对系统进行初始化，包括系统时钟配置（SysTick 初始化）、GPIO 初始化、ADC2 初始化、TIM1～TIM3 初始化和 LCD 初始化。主循环包括按键处理、LED 处理、LCD 处理和 TIM 处理，SysTick 中断处理实现刷新计时。

主程序内容如下：

```
#include "main.h"
#include "adc.h"
#include "tim.h"
#include "gpio.h"

#include "lcd.h"
#include <stdio.h>

uint8_t  ucKey;                        /* 按键值 */
uint8_t  ucLed;                        /* LED 值 */
uint8_t  ucLcd[21];                    /* LCD 值(\0 结束) */
uint16_t usTlcd;                       /* LCD 刷新时间 */
uint8_t  ucState;                      /* 界面状态 */
uint8_t  ucMode;                       /* 模式状态 */
uint16_t usAdc;                        /* ADC 转换值 */
uint8_t  ucTtim;                       /* TIM 刷新时间 */
uint16_t usComp;                       /* PA6 和 PA7 的比较值 */
```

```
uint16_t usComp6=1000;          /* PA6 的比较值 */
uint16_t usComp7=500;           /* PA7 的比较值 */

void SystemClock_Config(void);

void KEY_Proc(void);            /* 按键处理 */
void LED_Proc(void);            /* LED 处理 */
void LCD_Proc(void);            /* LCD 处理 */
void TIM_Proc(void);            /* TIM 处理 */

int main(void)
{
  SystemClock_Config();

  MX_GPIO_Init();
  MX_ADC2_Init();
  MX_TIM1_Init();
  MX_TIM2_Init();
  MX_TIM3_Init();

  LCD_Init();                   /* LCD 初始化 */
  LCD_Clear(Black);             /* LCD 清屏 */
  LCD_SetTextColor(White);      /* 设置字符色 */
  LCD_SetBackColor(Black);      /* 设置背景色 */

  TIM3_SetAutoReload(9999);     /* 修改 PA6 的频率为 100Hz */
  TIM1_SetAutoReload(4999);     /* 修改 PA7 的频率为 200Hz */
  TIM3_SetCompare1(1000);       /* 修改 PA6 的占空比为 10% */
  TIM1_SetCompare1(500);        /* 修改 PA7 的占空比为 10% */

  while (1)
  {
    KEY_Proc();                 /* 按键处理 */
    LED_Proc();                 /* LED 处理 */
    LCD_Proc();                 /* LCD 处理 */
    TIM_Proc();                 /* TIM 处理 */
  }
}
```

初始化程序已由 CubeMX 生成，处理程序包括按键处理、LED 处理、LCD 处理、TIM 处理和 SysTick 中断处理等，系统处理程序流程图如图 12.14 所示。

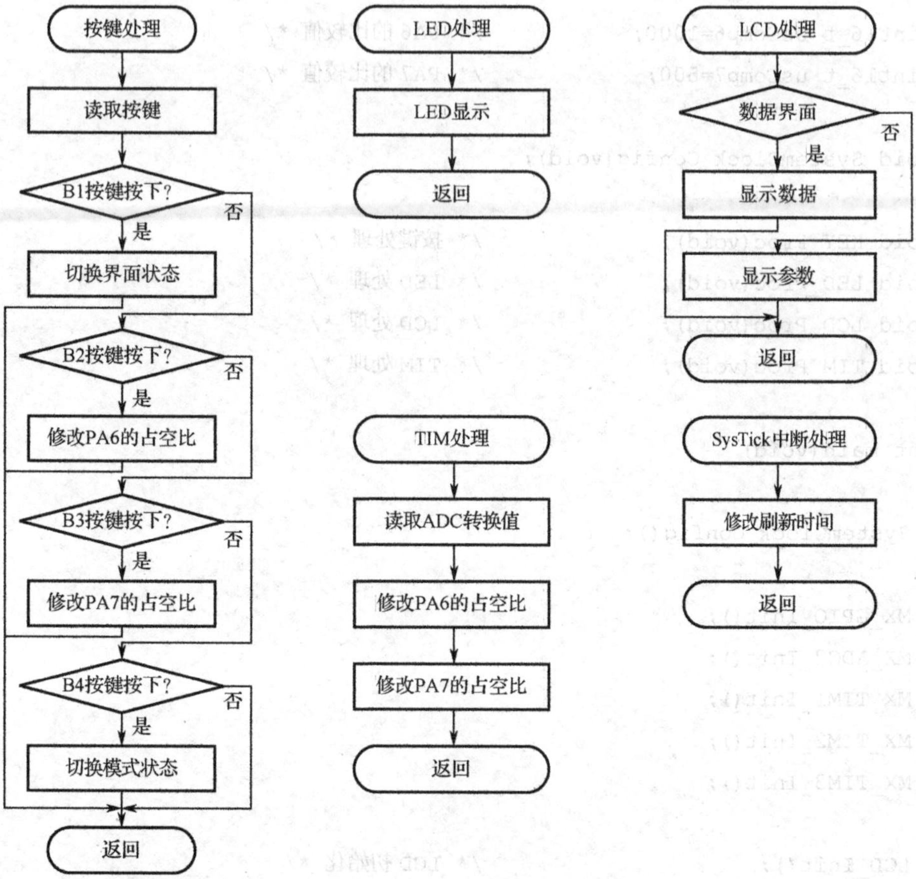

图 12.14　系统处理程序流程图

（1）按键处理程序设计

按键处理程序设计如下：

```
void KEY_Proc(void)                    /* 按键处理 */
{
  uint8_t ucKey1 = 0;

  ucKey1 = KEY_Read();                 /* 按键读取 */
  if (ucKey1 != ucKey)                 /* 键值变化 */
    ucKey = ucKey1;                    /* 保存键值 */
  else
    ucKey1 = 0;                        /* 清除键值 */

  switch (ucKey1)
  {
    case 1:                            /* B1 按键按下 */
      ucState ^= 1;                    /* 切换状态 */
      ucLed ^= 2;                      /* 切换 LD2 */
      LCD_Clear(Black);                /* LCD 清屏 */
      break;
    case 2:                            /* B2 按键按下 */
```

```
    if (ucState == 1)          /* 参数界面 */
    {
      usComp6 += 1000;
      if(usComp6 == 10000)
        usComp6 = 1000;
    }
    break;
  case 3:                      /* B3 按键按下 */
    if (ucState == 1)          /* 参数界面 */
    {
      usComp7 += 500;
      if (usComp7 == 5000)
        usComp7 = 500;
    }
    break;
  case 4:                      /* B4 按键按下 */
    ucMode ^= 1;               /* 切换模式状态 */
    ucLed ^= 1;                /* 切换 LD1 */
  }
}
```

（2）LED 处理程序设计

LED 处理程序设计如下：

```
void LED_Proc(void)            /* LED 处理 */
{
  LED_Disp(ucLed);             /* LED 显示 */
}
```

（3）LCD 处理程序设计

LCD 处理程序设计如下：

```
void LCD_Proc(void)            /* LCD 处理 */
{
  uint16_t usCapt[2];

  if (usTlcd < 100)            /* 100ms 未到 */
    return;
  usTlcd = 0;

  if (ucState == 0)            /* 数据界面 */
  {
    sprintf((char*)ucLcd, "      Data");
    LCD_DisplayStringLine(Line0, ucLcd);

    sprintf((char *)ucLcd, "    V:%4.2fV", usAdc*3.3/4095);
    LCD_DisplayStringLine(Line2, ucLcd);
    if (ucMode == 0)
```

```
    sprintf((char *)ucLcd, "    Mode:AUTO");
  else
    sprintf((char *)ucLcd, "    Mode:MANU");
  LCD_DisplayStringLine(Line4, ucLcd);
 }
 else                                /* 参数界面 */
 {
  sprintf((char*)ucLcd, "    Para");
  LCD_DisplayStringLine(Line0, ucLcd);

  sprintf((char *)ucLcd, "    PA6:%2u%%", usComp6/100);
  LCD_DisplayStringLine(Line2, ucLcd);
  sprintf((char *)ucLcd, "    PA7:%2u%%", usComp7/50);
  LCD_DisplayStringLine(Line4, ucLcd);
 }
 TIM2_GetCapture(usCapt);            /* 测试用 */
 sprintf((char *)ucLcd, "    Duty:%02u%%  ", usCapt[0]*100/usCapt[1]);
 LCD_DisplayStringLine(Line6, ucLcd);
 sprintf((char *)ucLcd, "    Freq:%03uHz  ", 1000000/usCapt[1]);
 LCD_DisplayStringLine(Line8, ucLcd);
}
```

（4）TIM 处理程序设计

TIM 处理程序设计如下：

```
void TIM_Proc(void)                  /* TIM 处理 */
{
 if (ucTtim < 100)                   /* 100ms 未到 */
   return;
 ucTtim = 0;

 if (ucMode == 0)
 {
  usAdc = ADC2_Read();
  usComp = usAdc * 10000 / 4095;
  TIM3_SetCompare1(usComp);          /* 修改 PA6 的占空比 */
  TIM1_SetCompare1(usComp>>1);       /* 修改 PA7 的占空比 */
 }
 else
 {
  TIM3_SetCompare1(usComp6);         /* 修改 PA6 的占空比 */
  TIM1_SetCompare1(usComp7);         /* 修改 PA7 的占空比 */
 }
}
```

（5）SysTick 中断处理程序设计

SysTick 中断处理程序设计如下：

```
void SysTick_Handler(void)
{
  extern uint16_t usTlcd;              /* LCD 刷新计时 */
  extern uint8_t  ucTtim;              /* TIM 刷新计时 */

  HAL_IncTick();                       /* 仅用于 HAL 工程 */

  usTlcd++;                            /* LCD 刷新计时 */
  ucTtim++;                            /* TIM 刷新计时 */
}
```

12.2.2 系统测试

系统测试的主要步骤如下：

（1）运行程序，用导线连接 J3_4（PA1）和 J3_9（PA6），频率值为 100Hz。旋转 R37，V 和 DUTY 的值一起变化：$V=0$V 时，DUTY = 00%；$V=3.3$V 时，DUTY = 100%。

（2）按 B4 按键进入手动模式，LD1 点亮。按 B1 按键进入参数界面，LD2 点亮。PA6 和 DUTY 的值相同，按 B2 按键一次，PA6 和 DUTY 的值加 10%，加到 90%时返回 10%。

（3）用导线连接 J3_4（PA1）和 J3_10（PA7），频率值为 200Hz，PA7 和 DUTY 的值相同，按 B3 按键一次，PA7 和 DUTY 的值加 10%，加到 90%时返回 10%。

（4）再按 B1 按键返回数据界面，LD2 熄灭。再按 B4 按键进入自动模式，LD1 熄灭。旋转 R37，V 和 DUTY 的值一起变化：$V=0$V 时，DUTY = 00%；$V=3.3$V 时，DUTY = 100%。

12.2.3 客观题解析

不定项选择（3 分/题）。

（1）将一个矩形波输入积分电路，能够得到（　　）。

A．矩形波　　B．三角波　　C．正弦波　　D．随机波形

（2）稳压二极管是利用 PN 结的（　　）特性制作而成的。

A．单向导电性　　B．反向击穿特性　　C．正向特性　　D．载流子的扩散特性

（3）STM32 嵌套向量中断控制器 NVIC 具有可编程的优先等级为（　　）个。

A．16　　B．32　　C．48　　D．64

（4）一个功能简单但需要频繁调用的函数，比较适用（　　）。

A．重载函数　　B．内联函数　　C．递归函数　　D．嵌套函数

（5）模拟/数字转换器的分辨率可以通过以下哪些指标来判断？（　　）

A．允许输入模拟电压的范围　　B．运算放大器的放大倍数

C．输出二进制数字信号的位数　　D．以上均不正确

（6）STM32 固件库中的（　　）文件定义了各类外设的寄存器结构体和相关位定义。

A．stm32g431xx.h　　B．stm32g4xx.h　　C．stm32g4xx_it.h　　D. system_stm32g4xx.h

（7）数字时序逻辑电路的输出与（　　）有关。

A．电路的原状态　　B．当前输入　　C．电路的反馈　　D．电压源

（8）实现 A/D 转换的方法有（　　）。

A．计数法　　B．双积分法　　C．差分法　　D．逐次逼近法

（9）STM32 微控制器的片内 FLASH 存储器一次可以写入（　　）位。

A．8　　B．16　　C．32　　D．64

（10）STM32 微控制器 USART1 的波特率通过（　　）提供。

A．PCLK1　　B．PCLK2　　C．LSE　　D．LSI

解析：

（1）将一个矩形波输入积分电路能够得到三角波。答案是（B）。

（2）稳压二极管是利用 PN 结的反向击穿特性制作而成的。答案是（B）。

（3）STM32 NVIC 具有可编程的优先等级为 16 个。答案是（A）。

（4）功能简单但需要频繁调用的函数比较适用内联函数。答案是（B）。

（5）模拟/数字转换器的分辨率可以通过输出二进制数字信号的位数来判断。答案是（C）。

（6）STM32 固件库中的 stm32g431xx.h 文件定义了各类外设的寄存器结构体和相关位定义。答案是（A）。

（7）数字时序逻辑电路的输出与电路的原状态和当前输入有关。答案是（AB）。

（8）实现 A/D 转换的方法有计数法、双积分法和逐次逼近法。答案是（ABD）。

（9）STM32 微控制器的片内 FLASH 存储器一次可以写入 16 位。答案是（B）。

（10）STM32 微控制器 USART1 的波特率通过 PCLK2 提供。答案是（B）。

12.3　第十二届省赛试题 1

系统硬件框图如图 12.15 所示。

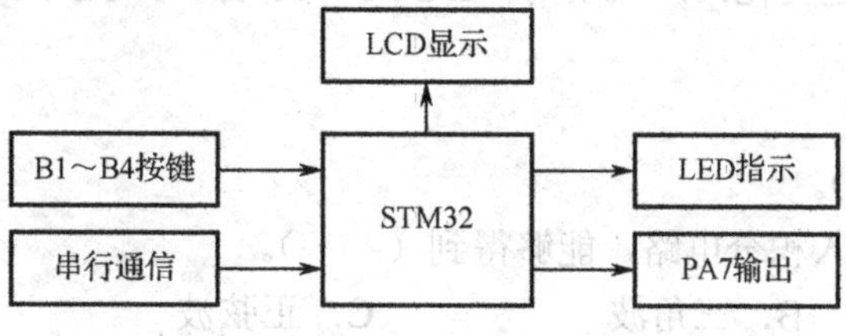

图 12.15　系统硬件框图

系统功能描述如下：

（1）功能概述

① 设计一个停车计费系统，实现费率设置、费用计算等功能。

② 使用串口获取车辆进、出停车场信息和时间，并输出计费信息。

③ 使用按键实现费率设置、功能调整。

④ 按照显示要求，通过 LCD 显示停车状态、费率参数。

⑤ 通过 PA7 输出固定频率和占空比的脉冲信号或持续低电平。

⑥ 使用 LED 实现相关指示功能。

（2）性能要求

① 计费信息输出响应时间：≤0.1s。

② 按键响应时间：≤0.2s。

③ 车位数量：8 个。

（3）LCD 显示功能

① 车位显示界面：通过 LCD 显示界面名称（Data）、停车场内目前的停车数量和空闲车位，CNBR 和 VNBR 代表两类不同的车辆，如图 12.16 所示。

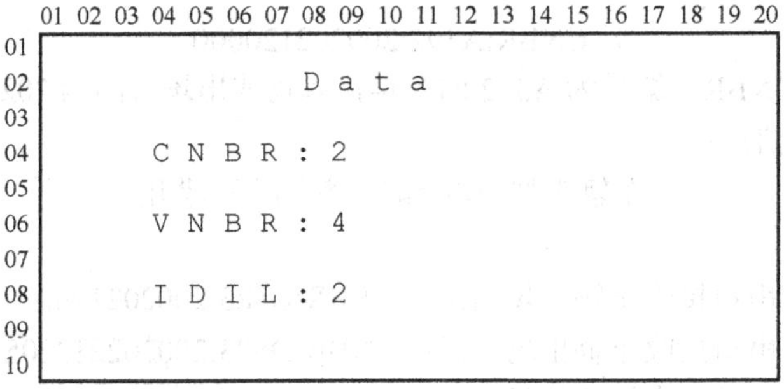

图 12.16　车位显示界面

图 12.16 显示停车数量为 6，CNBR 类 2 辆，VNBR 类 4 辆，空闲车位 2 个。

② 费率设置界面：通过 LCD 显示界面名称（Para）、CNBR 类和 VNBR 类停车费率，单位为元/小时，保留小数点后 2 位有效数字，如图 12.17 所示。

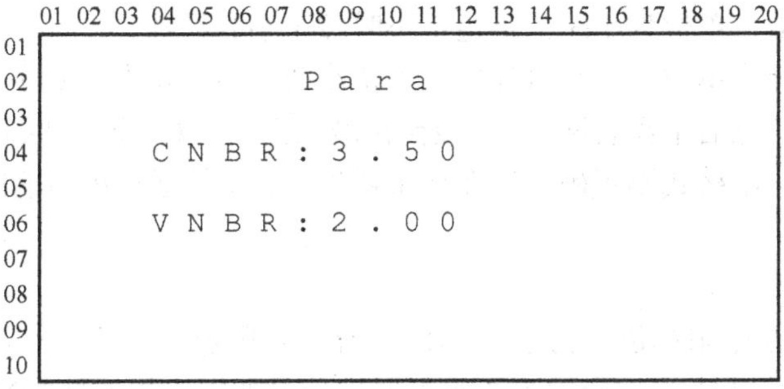

图 12.17　费率设置界面

图 12.17 显示 CNBR 类停车费率为 3.50 元/小时，VNBR 类停车费率为 2.00 元/小时。

③ LCD 通用显示要求

- 显示背景色（BackColor）：黑色。
- 显示前景色（TextColor）：白色。
- 请严格按照图示要求设计各个信息项的名称（区分字母大小写）和行列位置。

（4）按键功能

① B1 按键：界面切换按键，切换车位显示界面或费率设置界面。

② B2 按键：加按键，每按下一次 B2 按键，CNBR 类和 VNBR 类费率增加 0.5 元。

③ B3 按键：减按键，每按下一次 B3 按键，CNBR 类和 VNBR 类费率减少 0.5 元。

④ B4 按键：控制按键，切换 PA7 的输出状态：频率为 2kHz，占空比为 20%的脉冲信号或持续低电平。

⑤ 通用按键设计要求

- 按键应进行有效的防抖处理，避免出现一次按下多次触发等情形。
- B2 按键和 B3 按键仅在参数界面有效。

（5）串口功能

① 使用竞赛平台上的 USB 转串口完成相关功能设计。

② 串口通信波特率设置为 9600Bits/s。

③ 使用 4 个任意 ASCII 字符组成的字符串标识车辆，作为车辆编号。

④ 串口接收车辆出入信息：

车辆类型:车辆编号:入场或出场时间（YYMMDDHHmmSS）

举例：

CNBR:A392:200202120000

表示车辆类型为 CNBR、编号为 A392 的车辆，入场或出场时间为 2020 年 2 月 2 日 12 时。

⑤ 串口输出计费信息：

车辆类型:车辆编号:停车时长:费用

举例：

串口接收车辆入场信息：VNBR:D583:200202120000

串口接收车辆出场信息：VNBR:D583:200202213205

串口输出计费信息：VNBR:D583:10:20.00

表示车辆类型为 VNBR、编号为 D583 的车辆，停车时长为 10 小时，费用为 20.00 元。

⑥ 说明

- 车辆出入信息通过“资源数据包”中提供的串口助手向竞赛平台发送字符串，格式需要严格按照示例要求。
- 停车时长：整数，单位为小时，不足 1 小时按 1 小时统计。
- 停车费用：以元为单位，按小时计费，保留小数点后 2 位有效数字。
- 系统收到入场信息后不需要回复，接收到出场信息后解析、计算并通过串口回复计费信息。
- 当接收到的字符串格式不正确或存在逻辑错误时，系统通过串口输出固定提示信息字符串 Error。

（6）LED 功能

① 若停车场内存在空闲车位，指示灯 LD1 点亮，否则熄灭。

② PA7 输出频率为 2kHz、占空比为 20%的脉冲信号期间，指示灯 LD2 点亮，否则熄灭。

（7）初始状态

① 上电默认处于车位显示界面。

② 上电默认参数：CNBR 类停车费率为 3.50 元/小时，VNBR 类停车费率为 2.00 元/小时。

③ 上电默认 PA7 处于低电平状态。

④ 每次重新上电后，默认空闲车位为 8 个。

12.3.1 系统设计

通过分析系统功能，可以得到系统详细框图如图 12.18 所示。

4 个按键通过按键接口与 MCU 相连，LED 和 LCD 分别通过 LED 接口和 LCD 接口与 MCU 相连，UART1 接口通过 UART 转 USB 与 PC 相连，TIM1 CH1N（PA7）通过 J3_10 输出频率为 2kHz、占空比为 20%的脉冲信号或持续低电平（占空比设为 0）。TIM2 CH1 和 CH2（PA1）用于测量 PA7 输出脉冲信号的周期和脉冲宽度（测试用）。

系统设计的重点是数据结构定义、车辆出入信息解析、出入场判断和停车时长计算。

① 数据结构定义：用结构体存放车辆的入场信息，包括车辆类型、车辆编号和入场时间。

② 车辆出入信息解析：包括格式和逻辑判断。

③ 出入场判断：如果车辆不在场中，则进行入场操作——保存相关信息，否则进行出场操作——计算停车时长和费用并通过串口输出，删除相关信息。

④ 停车时长计算：根据入场时间和出场时间计算停车时长和费用。

系统设计在 TIM 设计的基础上完成：在 HAL 或 LL 文件夹中将“084_TIM”文件夹复制粘贴并重命名为“123_121”文件夹，打开“123_121”文件夹中的工程。

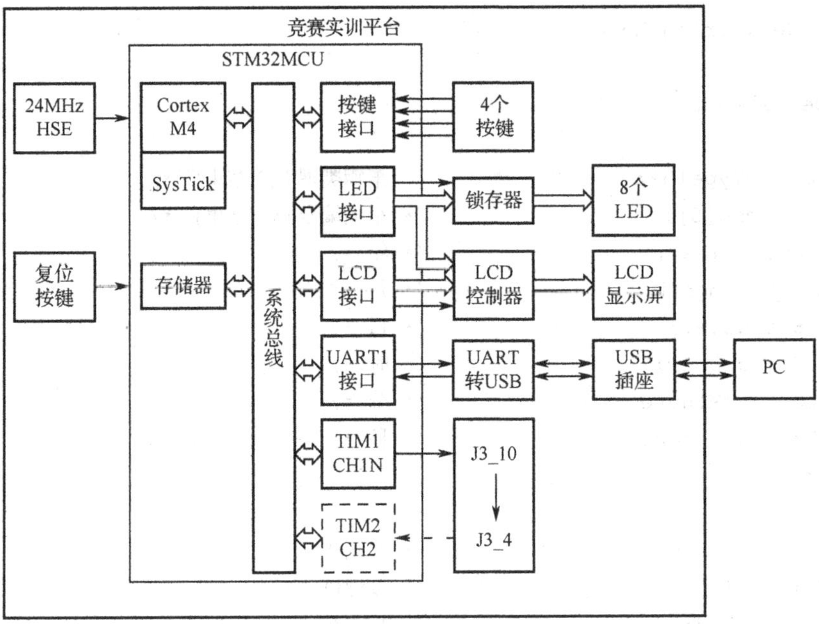

图 12.18　系统详细框图

系统主程序流程图如图 12.19 所示。

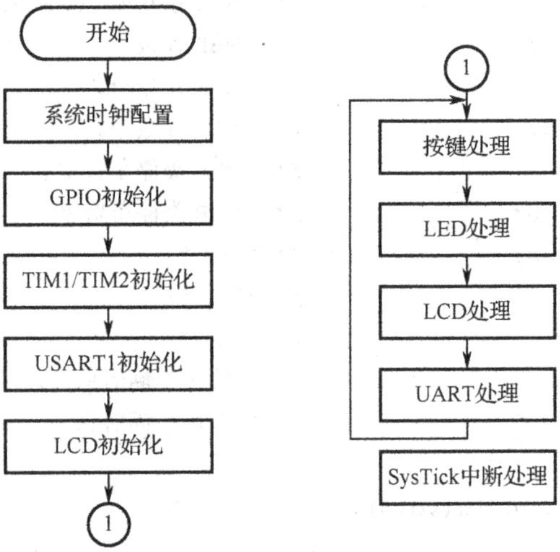

图 12.19　系统主程序流程图

主程序首先对系统进行初始化，包括系统时钟配置（SysTick 初始化）、GPIO 初始化、TIM1/TIM2 初始化、USART1 初始化和 LCD 初始化。主循环包括按键处理、LED 处理、LCD 处理和 UART 处理，SysTick 中断处理实现刷新计时。

主程序内容如下：

```
#include "main.h"
#include "tim.h"
#include "usart.h"
#include "gpio.h"

#include "lcd.h"
#include <stdio.h>
```

```
#include <string.h>

typedef struct
{
  char    cType[5];                  /* 车辆类型(\0 结束) */
  char    cNo[5];                    /* 车辆编号(\0 结束) */
  uint8_t ucYear;                    /* 年 */
  uint8_t ucMonth;                   /* 月 */
  uint8_t ucDay;                     /* 日 */
  uint8_t ucHour;                    /* 时 */
  uint8_t ucMinute;                  /* 分 */
  uint8_t ucSecond;                  /* 秒 */
} sCinfo;

uint8_t  ucState;                    /* 系统状态 */
uint8_t  ucKey;                      /* 按键值 */
uint8_t  ucLed;                      /* LED 值 */
uint8_t  ucLcd[21];                  /* LCD 值(\0 结束) */
uint16_t usTlcd;                     /* LCD 刷新时间 */
uint8_t  ucUrx[23];                  /* UART 接收值(\0 结束) */
uint8_t  ucNcnbr=0;                  /* CNBR 计数 */
uint8_t  ucNvnbr=0;                  /* VNBR 计数 */
uint8_t  ucNidle=8;                  /* IDLE 计数 */
uint8_t  ucFcnbr=35;                 /* CNBR 类停车费率(*10) */
uint8_t  ucFvnbr=20;                 /* VNBR 类停车费率(*10) */
uint8_t  ucLocation;                 /* 位置 */
uint16_t usHours;                    /* 时长 */
uint16_t usMoney;                    /* 费用 */
sCinfo   sNew;                       /* 新接收车辆信息 */
sCinfo   sCar[8];                    /* 停车场车辆信息 */

void SystemClock_Config(void);

void KEY_Proc(void);                 /* 按键处理 */
void LED_Proc(void);                 /* LED 处理 */
void LCD_Proc(void);                 /* LCD 处理 */
void UART_Proc(void);                /* UART 处理 */

int main(void)
{
  SystemClock_Config();

  MX_GPIO_Init();
  MX_USART1_UART_Init();
  MX_TIM1_Init();
  MX_TIM2_Init();
```

```
  LCD_Init();                        /* LCD 初始化 */
  LCD_Clear(Black);                  /* LCD 清屏 */
  LCD_SetTextColor(White);           /* 设置字符色 */
  LCD_SetBackColor(Black);           /* 设置背景色 */

  TIM1_SetCompare1(0);               /* 修改 PA7 的占空比为 0% */

  while (1)
  {
    KEY_Proc();                      /* 按键处理 */
    LED_Proc();                      /* LED 处理 */
    LCD_Proc();                      /* LCD 处理 */
    UART_Proc();                     /* UART 处理 */
  }
}
```

初始化程序已由 CubeMX 生成，处理程序包括按键处理、LED 处理、LCD 处理、UART 处理和 SysTick 中断处理，系统处理程序流程图如图 12.20 所示。

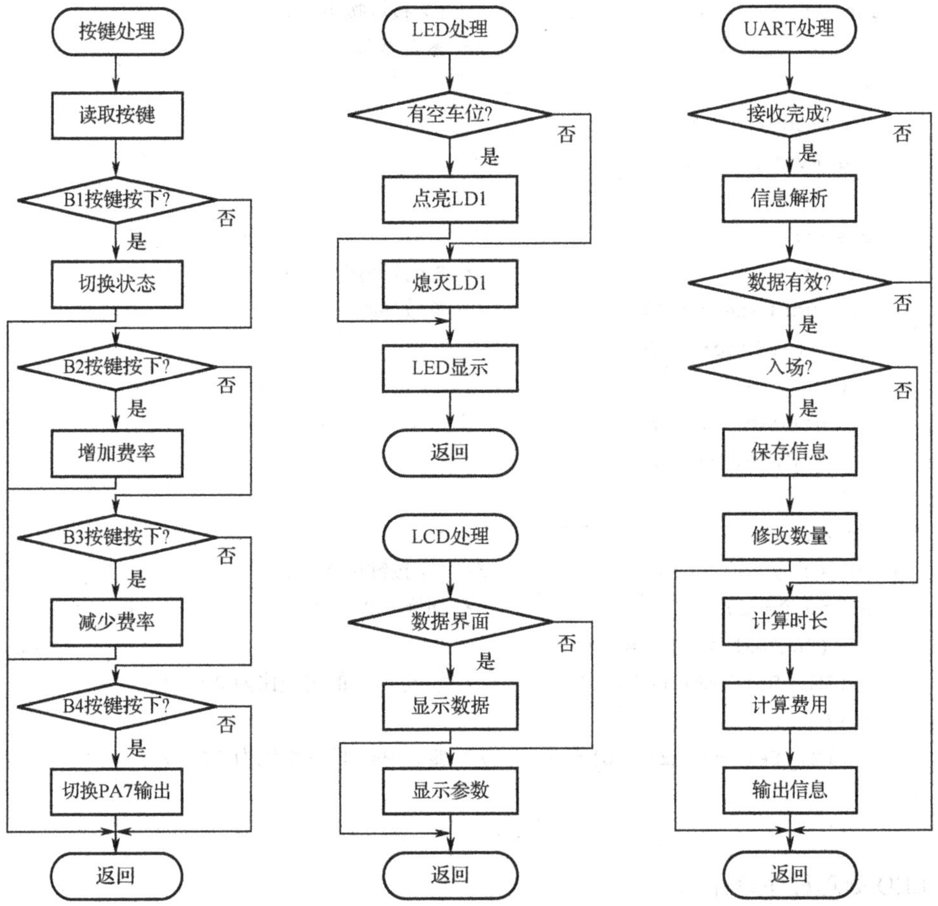

图 12.20　系统处理程序流程图

(1) 按键处理程序设计

按键处理程序设计如下：

```
void KEY_Proc(void)                    /* 按键处理 */
{
  uint8_t ucKey1 = 0;

  ucKey1 = KEY_Read();                 /* 按键读取 */
  if (ucKey1 != ucKey)                 /* 键值变化 */
    ucKey = ucKey1;                    /* 保存键值 */
  else
    ucKey1 = 0;                        /* 清除键值 */

  switch (ucKey1)
  {
    case 1:                            /* B1 按键按下 */
      ucState ^= 1;                    /* 切换状态 */
      LCD_Clear(Black);                /* LCD 清屏 */
      break;
    case 2:                            /* B2 按键按下 */
      if (ucState == 1)                /* 参数界面 */
      {
        ucFcnbr += 5;
        ucFvnbr += 5;
      }
      break;
    case 3:                            /* B3 按键按下 */
      if (ucState == 1)                /* 参数界面 */
        if (ucFvnbr > 5)
        {
          ucFcnbr -= 5;
          ucFvnbr -= 5;
        }
      break;
    case 4:                            /* B4 按键按下 */
      ucLed ^= 2;                      /* 切换 LD2 */
      if ((ucLed & 2) == 2)
        TIM1_SetCompare1(100);         /* 修改 PA7 的占空比为 20% */
      else
        TIM1_SetCompare1(0);           /* 修改 PA7 的占空比为 0% */
  }
}
```

(2) LED 处理程序设计

LED 处理程序设计如下：

```
void LED_Proc(void)                    /* LED 处理 */
```

```
{
  if (ucNidle != 0)
    ucLed |= 1;                    /* 点亮 LD1 */
  else
    ucLed &= ~1;                   /* 熄灭 LD1 */
  LED_Disp(ucLed);                 /* LED 显示 */
}
```

（3）LCD 处理程序设计

LCD 处理程序设计如下：

```
void LCD_Proc(void)                /* LCD 处理 */
{
  uint16_t usCapt[2];

  if (usTlcd < 500)                /* 500ms 未到 */
    return;
  usTlcd = 0;

  if (ucState == 0)                /* 数据界面 */
  {
    sprintf((char*)ucLcd, "      Data");
    LCD_DisplayStringLine(Line1, ucLcd);
    sprintf((char *)ucLcd, "   CNBR:%1u", ucNcnbr);
    LCD_DisplayStringLine(Line3, ucLcd);
    sprintf((char *)ucLcd, "   VNBR:%1u", ucNvnbr);
    LCD_DisplayStringLine(Line5, ucLcd);
    sprintf((char *)ucLcd, "   IDLE:%1u", ucNidle);
    LCD_DisplayStringLine(Line7, ucLcd);
  }
  else                             /* 参数界面 */
  {
    sprintf((char*)ucLcd, "      Para");
    LCD_DisplayStringLine(Line1, ucLcd);
    sprintf((char *)ucLcd, "   CNBR:%3.2f", ucFcnbr/10.0);
    LCD_DisplayStringLine(Line3, ucLcd);
    sprintf((char *)ucLcd, "   VNBR:%3.2f", ucFvnbr/10.0);
    LCD_DisplayStringLine(Line5, ucLcd);
    if ((ucLed & 2) == 2)
      TIM2_GetCapture(usCapt);     /* 测试用 */
    else
      usCapt[1] = 0;
    sprintf((char *)ucLcd, "   DUTY:%02u%%  ", usCapt[0]*100/usCapt[1]);
    LCD_DisplayStringLine(Line7, ucLcd);
  }
}
```

（4）UART 处理程序设计

UART 处理程序设计如下：

```
void UART_Proc(void)                    /* UART 处理 */
{
  if (UART_Receive(ucUrx, 22) != 0)
    return;
  printf("%s\r\n", ucUrx);
  for (uint8_t i=0; i<4; i++)           /* 信息解析 */
  {
    sNew.cType[i] = ucUrx[i];
    sNew.cNo[i] = ucUrx[i+5];
  }
  sNew.ucYear   = (ucUrx[10]-'0')*10+ucUrx[11]-'0';
  sNew.ucMonth  = (ucUrx[12]-'0')*10+ucUrx[13]-'0';
  sNew.ucDay    = (ucUrx[14]-'0')*10+ucUrx[15]-'0';
  sNew.ucHour   = (ucUrx[16]-'0')*10+ucUrx[17]-'0';
  sNew.ucMinute = (ucUrx[18]-'0')*10+ucUrx[19]-'0';
  sNew.ucSecond = (ucUrx[20]-'0')*10+ucUrx[21]-'0';

  if (((strcmp(sNew.cType, "CNBR")==0) || strcmp(sNew.cType, "VNBR")==0)
    && sNew.ucYear<=99 && sNew.ucMonth<=12 && sNew.ucDay<=30
    && sNew.ucHour<=23 && sNew.ucMinute<60 && sNew.ucSecond<60)
  {
    for (uint8_t i=0; i<8; i++)         /* 出入场判断 */
    {
      if (sCar[i].cType[0]==0)
        ucLocation = i;                 /* 空车位 */
      if ((strcmp(sNew.cType, sCar[i].cType)==0) &&
        strcmp(sNew.cNo, sCar[i].cNo)==0)
      {
        ucLocation = i+8;               /* 停车位 */
        break;
      }
    }
    if (ucLocation<8)                   /* 入场操作 */
    {
      if (ucNidle != 0)
      {
        strcpy(sCar[ucLocation].cType, sNew.cType);
        strcpy(sCar[ucLocation].cNo, sNew.cNo);
        sCar[ucLocation].ucYear   = sNew.ucYear;
        sCar[ucLocation].ucMonth  = sNew.ucMonth;
        sCar[ucLocation].ucDay    = sNew.ucDay;
        sCar[ucLocation].ucHour   = sNew.ucHour;
        sCar[ucLocation].ucMinute = sNew.ucMinute;
```

```
      sCar[ucLocation].ucSecond = sNew.ucSecond;
      if (sNew.cType[0] == 'C')
        ucNcnbr++;
      else
        ucNvnbr++;
      ucNidle--;
    }
  }
  else                                /* 出场操作 */
  {
    ucLocation -= 8;                  /* 时长计算 */
    usHours = (((sNew.ucYear-sCar[ucLocation].ucYear)*365+
      (sNew.ucMonth-sCar[ucLocation].ucMonth)*30+
      sNew.ucDay-sCar[ucLocation].ucDay)*24+
      sNew.ucHour-sCar[ucLocation].ucHour);
    if (((sNew.ucMinute-sCar[ucLocation].ucMinute)*60+
      sNew.ucSecond-sCar[ucLocation].ucSecond) > 0)
      usHours++;
    if (sNew.cType[0] == 'C')
    {
      ucNcnbr--;
      usMoney = usHours * ucFcnbr;
    }
    else
    {
      ucNvnbr--;
      usMoney = usHours * ucFvnbr;
    }
    ucNidle++;
    printf("%s:%s:%2u:%5.2f\r\n",   sNew.cType, sNew.cNo,
      usHours, usMoney/10.0);
    sCar[ucLocation].cType[0]=0;     /* 删除车辆信息 */
  }
 }
 else
   printf("error\r\n");              /* 格式错误 */
}

int fputc(int ch, FILE* f)           /* printf()实现 */
{
  UART_Transmit((uint8_t*)&ch, 1);
  return ch;
}
```

（5）SysTick 中断处理程序设计

SysTick 中断处理程序设计如下：

```
void SysTick_Handler(void)
{
  extern uint16_t usTlcd;              /* LCD 刷新计时 */

  HAL_IncTick();                       /* 仅用于 HAL 工程 */

  usTlcd++;                            /* LCD 刷新计时 */
}
```

12.3.2 系统测试

系统测试的主要步骤如下：

（1）运行程序，LD1 点亮，LD2 熄灭。LCD 显示车位界面：CNBR:0，VNBR:0，IDLE:8。

（2）通过串口助手发送下列信息：

CNBR:A39**2**:200202120000
CNBR:A39**3**:200202120000
CNBR:A39**4**:200202120000
CNBR:A39**5**:200202120000

LCD 显示：CNBR:4，VNBR:0，IDLE:4。

（3）通过串口助手发送下列信息：

VNBR:D58**3**:200202120000
VNBR:D58**4**:200202120000
VNBR:D58**5**:200202120000
VNBR:D58**6**:200202120000

LD1 熄灭，LCD 显示：CNBR:4，VNBR:4，IDLE:0。

（4）通过串口助手发送下列信息：

VNBR:D586:200202**213205**

LD1 点亮，LCD 显示：CNBR:4，VNBR:3，IDLE:1。

串口助手接收下列信息：

VNBR:D586:10:20.00

（5）按 B1 按键进入参数界面：CNBR:3.50，VNBR:2.00，DUTY:00%（PA7 输出低电平，用导线连接 PA1 和 PA7）。

（6）按 B2 按键，CNBR 和 VNBR 各增加 0.50，按 B3 按键，CNBR 和 VNBR 各减少 0.50。

（7）按 B4 按键，LD2 点亮，DUTY 变为 20%（PA7 输出频率为 2kHz、占空比为 20%的脉冲信号，断开连接 PA1 和 PA7 的导线，DUTY 的值改变）；再按 B4 按键，LD2 熄灭，DUTY 变回 00%（PA7 输出低电平，用导线连接 PA1 和 PA7）。

12.3.3 客观题解析

不定项选择（3 分/题）。

（1）串口通信中用于描述通信速度的波特单位是（　　）。

A．字节/秒　　B．位/秒　　C．帧/秒　　D．字/秒

（2）放大电路的开环指的是（　　）。

A．无负载　　B．无信号源　　C．无反馈通路　　D．未接入电源

（3）I^2C 协议中设备的地址模式有（　　）。

A．7 位地址模式　　B．8 位地址模式　　C．10 位地址模式　　D．4 位地址模式

（4）下列哪个电路不是时序逻辑电路？（　　）

A．计数器　　B．寄存器　　C．译码器　　D．触发器

（5）下列关于 do-while 语句的循环体说法正确的是（　　）。

A．可能一次都不执行　　B．至少执行一次

C．先判断条件，再执行循环体　　D．以上说法均不正确

（6）当放大电路的电压增益为-20dB 时，说明它的电压放大倍数为（　　）。

A．-20 倍　　B．20 倍　　C．10 倍　　D．0.1 倍

（7）希望变量的内容每次都被直接读值，不被编译器优化省略，应使用下列哪个关键字？（　　）

A．volatile　　B．register　　C．static　　D．extern

（8）理论上，多级放大电路和组成它的各单级放大电路相比，通频带（　　）。

A．变宽　　B．变窄　　C．不变　　D．无关联

（9）定义一个指向函数的指针 a，该函数有一个整型参数，并返回一个整型数（　　）。

A．int(*a)（int)　　B．(*int)(a)(int)　　C．int(*a)(*int)　　D．*int a(int)

（10）两套硬件之间采用下列哪些通信方式进行通信时，必须共地？（　　）

A．I^2C　　B．SPI　　C．UART(TTL)　　D．RS485

解析：

（1）串口通信中用于描述通信速度的波特单位是位/秒。答案是（B）。

（2）放大电路的开环指的是无反馈通路。答案是（C）。

（3）I^2C 协议中设备的地址模式有 7 位地址模式和 10 位地址模式。答案是（AC）。

（4）计数器、寄存器和触发器是时序逻辑电路，译码器是组合逻辑电路。答案是（C）。

（5）do-while 的循环体至少执行一次。答案是（B）。

（6）电压增益 dB 表示为 20lgAu，-20dB 时 $A_u=10^{-1}$。答案是（D）。

（7）volatile 确保变量不会因编译器的优化而省略且每次直接读值，register 将变量保存在 CPU 的寄存器中，static 将变量定义为静态全局变量，extern 将变量定义为外部变量。答案是（A）。

（8）多级放大电路的上限频率小于单级放大电路的上限频率，下限频率大于单级放大电路的下限频率，所以整体频宽相对组成它的单级放大电路变窄。答案是（B）。

（9）符合要求的定义是 int(*a)(int)。答案是（A）。

（10）I^2C、SPI 和 UART(TTL)必须共地。答案是（ABC）。

12.4　第十二届省赛试题 2

系统硬件框图如图 12.21 所示。

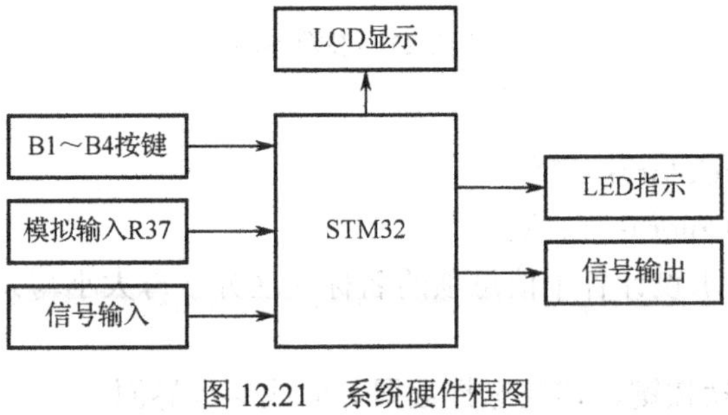

图 12.21　系统硬件框图

系统功能描述如下：

（1）功能概述

① 使用竞赛平台微控制器内部 ADC 测量电位器 R37 输出的电压信号。

② 使用 PA1 实现频率测量功能。

③ 使用 PA7 实现脉冲输出功能。

④ 使用按键实现参数设置和界面切换功能。

⑤ 按照试题要求，使用 LCD 实现数据显示功能。

⑥ 使用 LED 实现相关指示功能。

（2）性能要求

① 频率测量精度：≤±8%。

② 占空比测量精度：≤±5%。

③ 电压测量精度：≤±5%。

④ 按键响应时间：≤0.1s。

（3）LCD 显示功能

① 数据界面：通过 LCD 显示界面名称（Data）、测量到的频率数据（FRQ）和电压数据（R37，正文中用 V_{R37} 表示），频率数据单位为 Hz，电压数据单位为 V，保留小数点后 2 位有效数字，如图 12.22 所示。

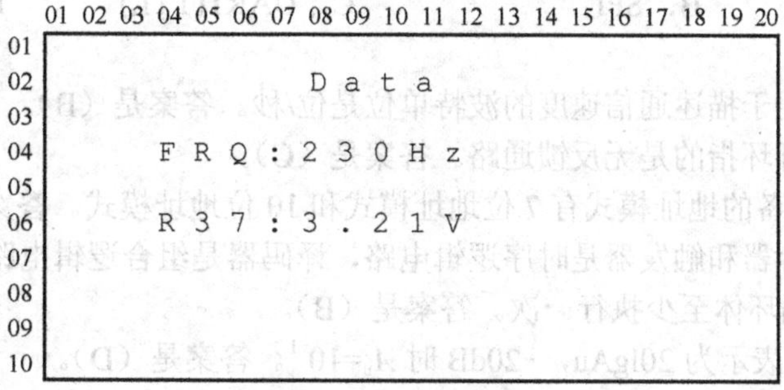

图 12.22　数据界面

② 参数界面：通过 LCD 显示界面名称（Para）和分频参数（R），如图 12.23 所示。

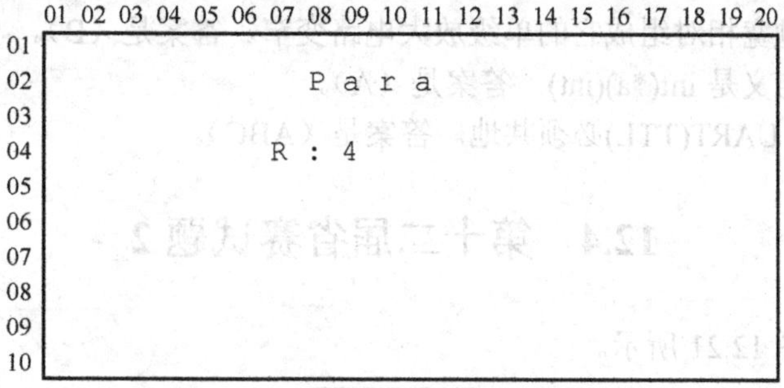

图 12.23　参数界面

③ 显示说明

● 显示背景色（BackColor）：黑色。

● 显示前景色（TextColor）：白色。

● 请严格按照图示要求设计各个信息项的名称（区分字母大小写）和行列位置。

（4）按键功能

① B1 按键：界面切换按键，切换选择数据界面或参数界面。

② B2 按键：加按键，每按下一次 B2 按键，R 增加 2。

③ B3 按键：减按键，每按下一次 B3 按键，R 减少 2。

④ B4 按键：LED 显示控制按键，启用或禁用 LED 显示，禁用时所有 LED 处于熄灭状态。

⑤ 按键说明

- 按键应进行有效的防抖处理，避免出现一次按下多次触发等情形。
- B2 按键和 B3 按键仅在参数设置界面有效。
- R 参数设置范围：2、4、6、8、10。

（5）信号输出功能

① 使用 PA7 引脚实现信号输出功能。

② 输出信号频率为信号输入频率的 R 分频，例如测量到 PA1 引脚接入了频率为 1kHz 的信号，R 参数为 2，则 PA7 输出信号的频率为 500Hz。

③ 输出信号的占空比与测量到的 R37 的电压成正比，0V 对应持续的低电平，3.3V 对应持续的高电平。

（6）LED 功能

① LD1：数据界面下点亮，否则熄灭。

② LD2：参数界面下点亮，否则熄灭。

③ LD3：电压指示，$V_{R37} < 1V$ 或 $V_{R37} \geq 3V$ 时点亮，$1V \leq V_{R37} < 3V$ 时熄灭。

④ LD4：频率指示，FRQ < 1kHz 或 FRQ ≥ 5kHz 时点亮，1kHz ≤FRQ <5kHz 时熄灭。

（7）初始状态

① 上电后默认处于数据界面。

② R 默认为 4。

③ 启用 LED 显示。

12.4.1 系统设计

通过分析系统功能，可以得到系统详细框图如图 12.24 所示。

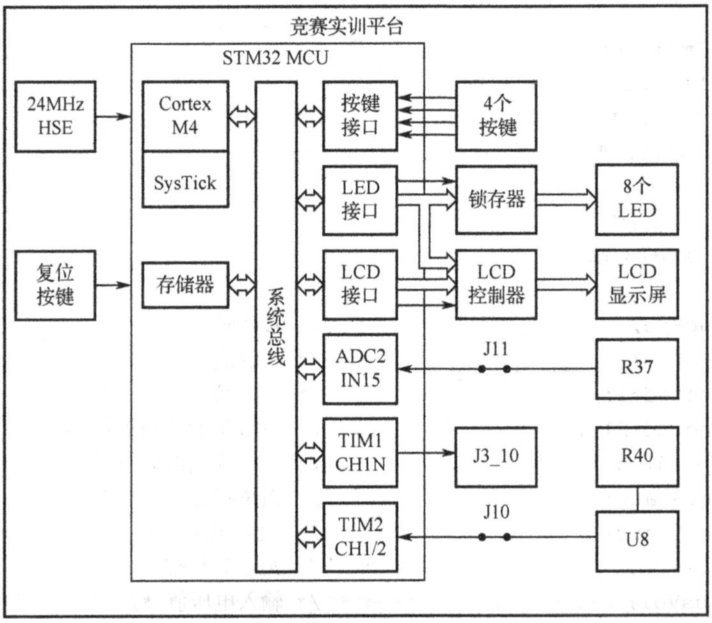

图 12.24 系统详细框图

4 个按键通过按键接口与 MCU 相连，LED 和 LCD 分别通过 LED 接口和 LCD 接口与 MCU 相连，R37 通过 J11 连接到 ADC2 IN15，TIM1 CH1N（PA7）通过 J3_10 输出信号。TIM2 CH2（PA1）通过 J3_4 和 J10_2、TIM2 CH1（PA15）通过 J10 输入 U8 产生的信号，R40 调节输入信号频率。

注意：下面用 TIM2 CH2（PA1）通过 J3_4 和 J10_2 输入 U8 产生的信号，用 TIM2 CH1（PA15）通过 J10 输入 U8 产生的信号的程序请自行修改完成（开发板默认连接）。

系统设计在 TIM 设计的基础上完成：在 HAL 或 LL 文件夹中将“084_TIM”文件夹复制粘贴为“124_122”文件夹，打开“124_122”文件夹中的工程。

系统主程序流程图如图 12.25 所示。

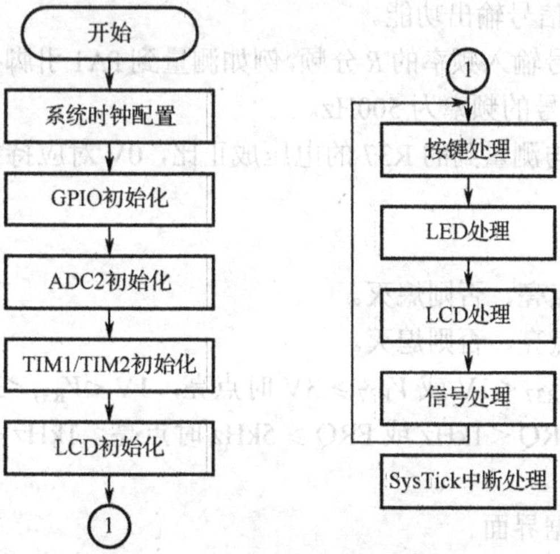

图 12.25　系统主程序流程图

主程序首先对系统进行初始化，包括系统时钟配置（SysTick 初始化）、GPIO 初始化、ADC2 初始化、TIM1/TIM2 初始化和 LCD 初始化。主循环包括按键处理、LED 处理、LCD 处理和信号处理，SysTick 中断处理实现刷新计时。

主程序内容如下：

```
#include "main.h"
#include "adc.h"
#include "tim.h"
#include "gpio.h"

#include "lcd.h"
#include <stdio.h>

uint8_t  ucSec;                              /* 秒计时 */
uint8_t  ucKey;                              /* 按键值 */
uint8_t  ucLed=1;                            /* LED 值 */
uint8_t  ucLcd[21];                          /* LCD 值(\0 结束) */
uint16_t usTlcd;                             /* LCD 刷新时间 */
uint8_t  ucState;                            /* 系统状态 */
uint8_t  ucContr=1;                          /* LED 控制 */
uint16_t usAdc;                              /* ADC 转换值 */
uint16_t usVol;                              /* 输入电压值 */
uint16_t usCapt[2];                          /* TIM 输入捕捉值 */
uint16_t usFre;                              /* 输入信号频率 */
```

```
uint8_t  ucDiv=4;                      /* 分频值 */

void SystemClock_Config(void);

void KEY_Proc(void);                   /* 按键处理 */
void LED_Proc(void);                   /* LED 处理 */
void LCD_Proc(void);                   /* LCD 处理 */
void SIG_Proc(void);                   /* 信号处理 */

int main(void)
{
  SystemClock_Config();

  MX_GPIO_Init();
  MX_ADC2_Init();
  MX_TIM1_Init();
  MX_TIM2_Init();

  LCD_Init();                          /* LCD 初始化 */
  LCD_Clear(Black);                    /* LCD 清屏 */
  LCD_SetTextColor(White);             /* 设置字符色 */
  LCD_SetBackColor(Black);             /* 设置背景色 */

  while (1)
  {
    KEY_Proc();                        /* 按键处理 */
    LED_Proc();                        /* LED 处理 */
    LCD_Proc();                        /* LCD 处理 */
    SIG_Proc();                        /* 信号处理 */
  }
}
```

初始化程序已由 CubeMX 生成，处理程序包括按键处理、LED 处理、LCD 处理、信号处理和 SysTick 中断处理，系统处理程序流程图如图 12.26 所示。

（1）按键处理程序设计

按键处理程序设计如下：

```
void KEY_Proc(void)                /* 按键处理 */
{
  uint8_t ucKey1 = 0;

  ucKey1 = KEY_Read();             /* 按键读取 */
  if (ucKey1 != ucKey)             /* 键值变化 */
    ucKey = ucKey1;                /* 保存键值 */
  else
    ucKey1 = 0;                    /* 清除键值 */

  switch(ucKey1)
  {
    case 1:                        /* B1 按键按下 */
```

```
      ucState ^= 1;                       /* 切换状态 */
      LCD_Clear(Black);                   /* LCD 清屏 */
      break;
    case 2:                               /* B2 按键按下 */
      if (ucState == 1)
        ucDiv += 2;
        if (ucDiv == 12)
          ucDiv = 2;
      break;
    case 3:                               /* B3 按键按下 */
      if (ucState == 1)
        ucDiv -= 2;
        if (ucDiv == 0)
          ucDiv = 10;
      break;
    case 4:                               /* B4 按键按下 */
      ucContr ^= 1;                       /* 切换 LED 控制 */
  }
}
```

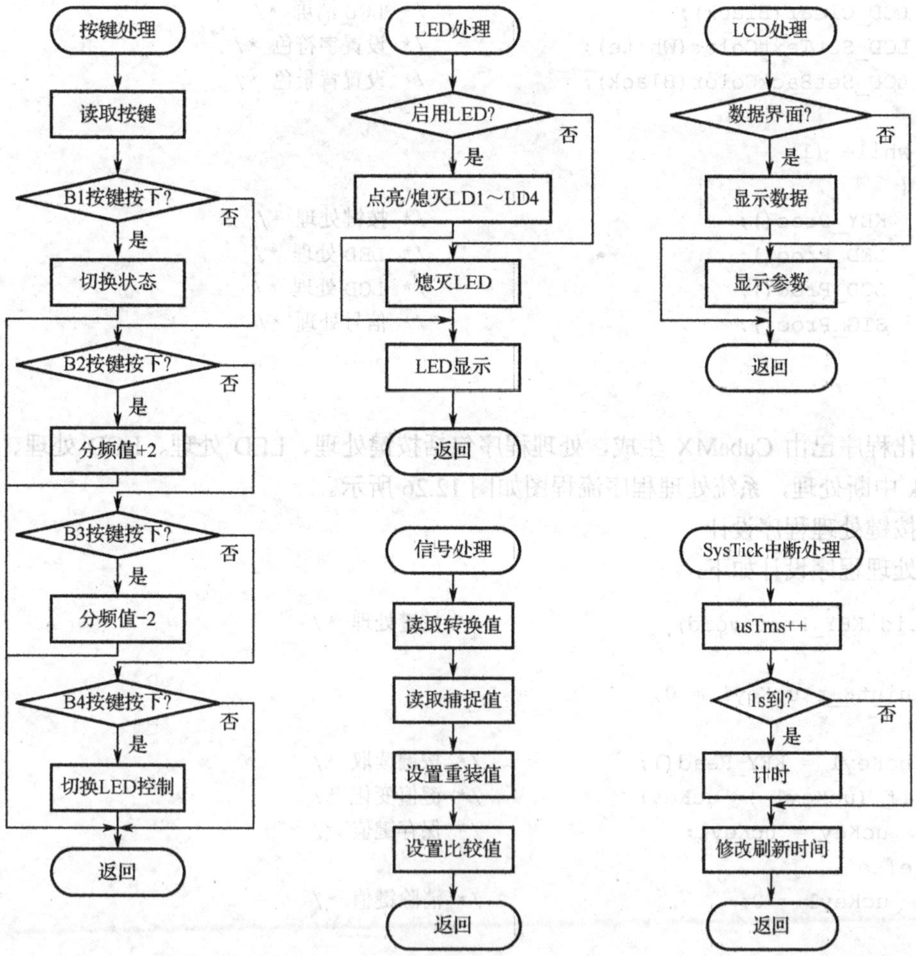

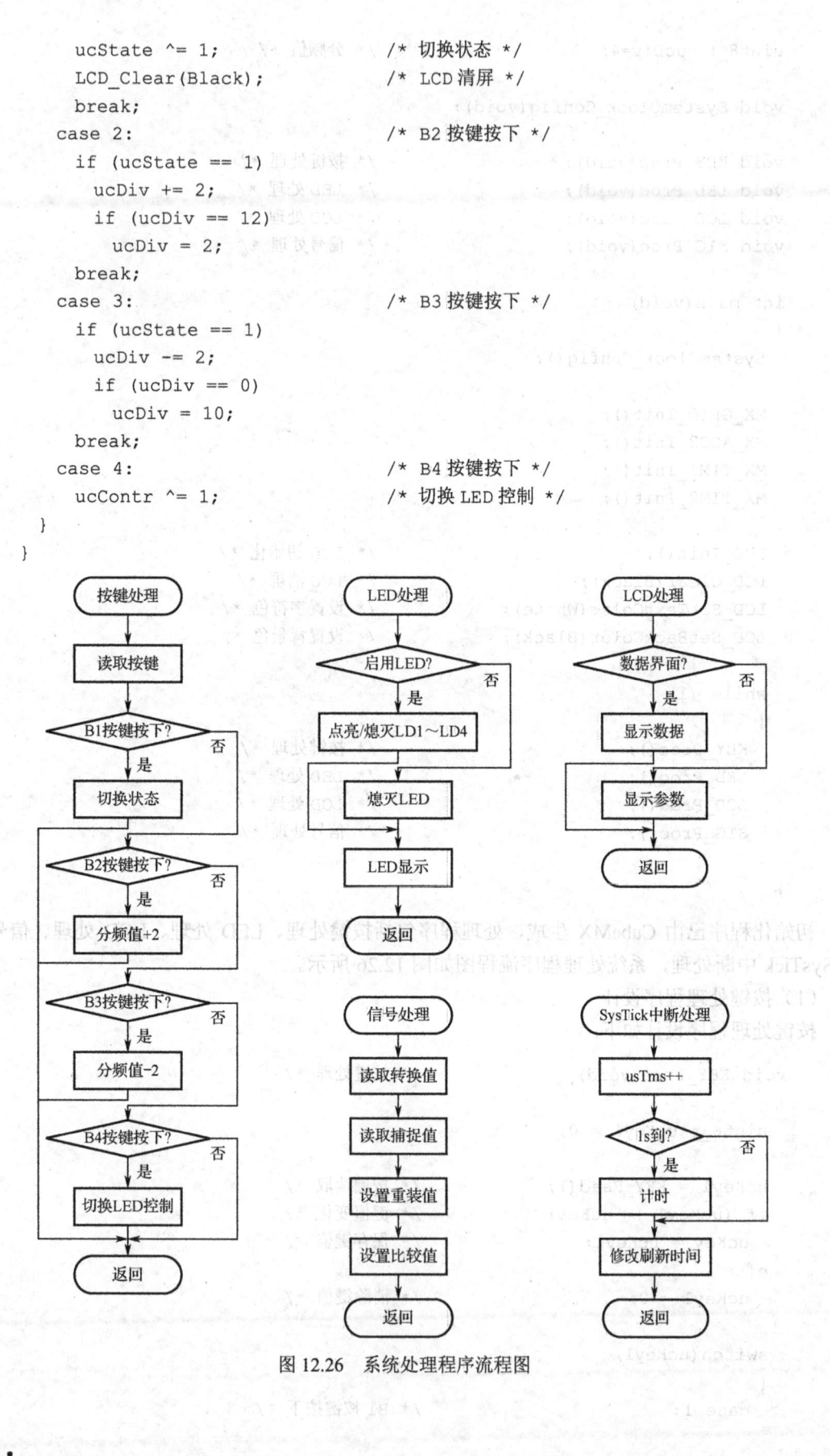

图 12.26　系统处理程序流程图

(2) LED 处理程序设计

LED 处理程序设计如下：

```
void LED_Proc(void)                    /* LED 处理 */
{
  if (ucContr == 1)
  {
    if (ucState == 0)
    {
      ucLed |= 1;                      /* LD1 点亮 */
      ucLed &= ~2;                     /* LD2 熄灭 */
    }
    else
    {
      ucLed |= 2;                      /* LD2 点亮 */
      ucLed &= ~1;                     /* LD1 熄灭 */
    }
    if ((usVol<100) || (usVol>=300))
      ucLed |= 4;                      /* LD3 点亮 */
    else
      ucLed &= ~4;                     /* LD3 熄灭 */
    if ((usFre<1000) || (usFre>=5000))
      ucLed |= 8;                      /* LD4 点亮 */
    else
      ucLed &= ~8;                     /* LD4 熄灭 */
  }
  else
    ucLed = 0;
  LED_Disp(ucLed);                     /* LED 显示 */
}
```

(3) LCD 处理程序设计

LCD 处理程序设计如下：

```
void LCD_Proc(void)                    /* LCD 处理 */
{
  if (usTlcd < 500)                    /* 500ms 未到 */
    return;
  usTlcd = 0;

  if (ucState == 0)                    /* 数据界面 */
  {
    sprintf((char*)ucLcd, "      Data");
    LCD_DisplayStringLine(Line1, ucLcd);
    sprintf((char*)ucLcd, "  FRQ:%05uHz", usFre);
    LCD_DisplayStringLine(Line3, ucLcd);
    sprintf((char*)ucLcd, "  R37:%4.2fV", usVol/100.0);
```

```
    LCD_DisplayStringLine(Line5, ucLcd);
  }
  else                                 /* 参数界面 */
  {
    sprintf((char*)ucLcd, "      Para");
    LCD_DisplayStringLine(Line1, ucLcd);
    sprintf((char*)ucLcd, "     R:%1u ", ucDiv);
    LCD_DisplayStringLine(Line3, ucLcd);
  }
}
```

（4）信号处理程序设计

信号处理程序设计如下：

```
void SIG_Proc(void)                  /* 信号处理 */
{
  usAdc = ADC2_Read();               /* 读取转换值 */
  usVol = usAdc*330/4095;

  TIM2_GetCapture(usCapt);           /* 读取捕捉值 */
  usFre = 1000000/usCapt[0];

  TIM1_SetAutoReload(usCapt[0]*ucDiv);              /* 设置重装值 */
  TIM1_SetCompare1(usCapt[0]*ucDiv*usAdc/4095);     /* 设置比较值 */
}
```

（5）SysTick 中断处理程序设计

SysTick 中断处理程序设计如下：

```
void SysTick_Handler(void)
{
  static uint16_t usTms;             /* 毫秒计时 */
  extern uint8_t  ucSec;             /* 秒计时 */
  extern uint16_t usTlcd;            /* LCD 刷新时间 */

  HAL_IncTick();                     /* 仅用于 HAL 工程 */

  if (++usTms == 1000)               /* 1s 到 */
  {
    usTms = 0;
    ucSec++;                         /* 秒加 1 */
  }
  usTlcd++;                          /* LCD 刷新计时 */
}
```

12.4.2 系统测试

系统测试的主要步骤如下：

（1）用导线连接 J3_4（PA1）和 J10_2，用示波器连接 PA7，运行程序，LCD 显示数据界面，LD1 点亮，LD2 熄灭。

（2）旋转 R37，PA7 输出信号的占空比改变，当电压为 0 时 PA7 输出低电平，电压低于 1V 时 LD3 点亮，电压高于 1V 低于 3V 时 LD3 熄灭，电压高于 3V 时 LD3 点亮，电压为 3.3V 时 PA7 输出高电平。

（3）旋转 R40，PA7 输出信号的频率改变（LCD 显示频率/4），当频率低于 1kHz 时 LD4 点亮，频率高于 1kHz 低于 5kHz 时 LD4 熄灭，频率高于 5kHz 时 LD4 点亮。

（4）按 B1 按键进入参数界面，LD1 熄灭，LD2 点亮。按 B2 按键分频值加 2，加到 10 时返回 2。按 B3 按键分频值减 2，减到 2 时返回 10。分频值改变时，PA7 输出信号的频率相应改变。

（5）按 B4 按键，LED 全部熄灭，再按 B4 按键，LED 恢复显示。

12.4.3 客观题解析

不定项选择（3 分/题）。

（1）下列通信方式中，没有同步时钟信号的是（　　）。

A．I^2C　　B．SPI　　C．USB　　D．UART

（2）二极管的伏安特性曲线（正向部分）在环境温度下降时将（　　）。

A．左移　　B．右移　　C．上移　　D．下移

（3） 8 个触发器最多可以标识多少种状态？（　　）

A．4　　B．16　　C．128　　D．256

（4）在 TTL 电路中，若输入端悬空了，其状态（　　）。

A．等效于输入高电平　　B．等效于输入低电平

C．等效于接地　　D．状态不确定

（5）一个贴片电阻，标识为 1002，下列对该电阻描述正确的是（　　）。

A．电阻值为 10kΩ，精度为 1%　　B．电阻值为 10kΩ，精度为 10%

C．电阻值为 100kΩ，精度为 1%　　D．电阻值为 100kΩ，精度为 10%

（6）下列哪些定时器属于 STM32 高级定时器？（　　）

A．TIM1　　B．TIM2　　C．TIM3　　D．TIM8

（7）以 9600 波特进行串口通信时，完成 1KB 的数据传输，大约需要（　　）。

A．0.1s　　B．1s　　C．5s　　D．10s

（8）I^2C 通信“停止”信号定义为（　　）。

A．SCL 高电平期间，拉低 SDA　　B．SCL 高电平期间，拉高 SDA

C．SCL 低电平期间，拉低 SDA　　D．SCL 低电平期间，拉高 SDA

（9）如图 12.27 所示的电路中，当 $U_i = 1V$ 时，U_o 为（　　）。

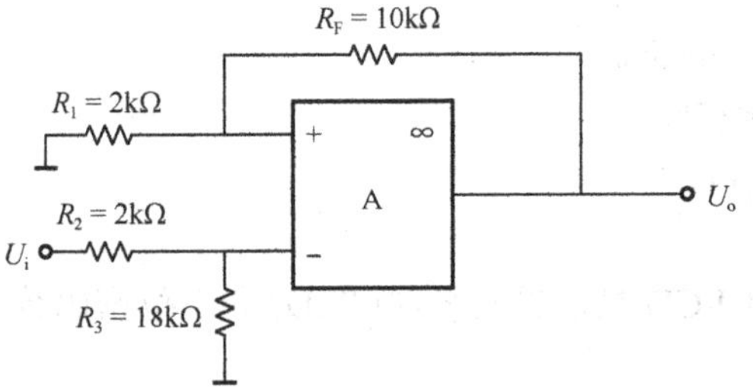

图 12.27　题（9）图

A．0.1V　　B．5.4V　　C．0V　　D．−0.1V

（10）竞赛平台板载的 STM32 微控制器不具备（ ）。

A．ADC B．DMA C．LCD Controller D．Ethernet

解析：

（1）没有同步时钟信号的是 USB 和 UART。答案是（CD）。

（2）在环境温度下降时将右移。答案是（B）。

（3）8 个触发器最多可以标识 256（2^8）种状态。答案是（D）。

（4）输入端悬空了，其状态等效于输入高电平。答案是（A）。

（5）电阻值为 10kΩ，精度为 1%。答案是（A）。

（6）STM32 高级定时器是 TIM1 和 TIM8。答案是（AD）。

（7）需要的时间是 1024×8 / 9600 = 0.85（s）。答案是（B）。

（8）I^2C 通信“停止”信号定义为 SCL 高电平期间拉高 SDA。答案是（B）。

（9）运放反相端的电压为 1×18 / (2+18) = 0.9（V），根据虚短原则，同相端的电压也为 0.9V，流过 R_1 的电流为 0.9 / 2 = 0.45（mA），方向由右向左，根据虚断原则，这个电流全部流过 R_F，压降是 0.45×10 = 4.5（V），左负右正，输出电压为 0.9 + 4.5 = 5.4（V）。答案是（B）。

（10）STM32 微控制器不具备 LCD Controller 和 Ethernet。答案是（CD）。

12.5 第十三届省赛试题 1

系统硬件框图如图 12.28 所示。

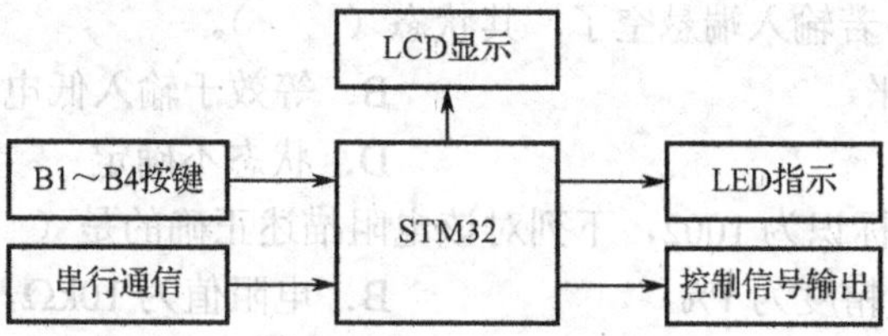

图 12.28 系统硬件框图

系统功能描述如下：

（1）功能概述

① 支持通过串口设定 3 位密码。

② 通过竞赛板上的 B1～B3 按键，输入 0～9 密码值，通过 B4 按键确认密码。

③ 通过 PA1（TIM2-CH2，修改为 PA6：TIM3-CH1）引脚实现控制信号输出功能。

④ 依试题要求，通过 LCD 实现数据显示功能。

⑤ 依试题要求，通过 LED 实现相关指示功能。

（2）性能要求

① 频率信号输出精度：≤±5%。

② 占空比测量精度：≤±2%。

③ 按键响应时间：≤0.1s。

（3）LCD 显示功能

① 密码输入界面：通过 LCD 显示界面名称（PSD）和三位密码数值。每位密码调整范围为 0～9，如图 12.29 所示。

② 输出状态界面：通过 LCD 显示界面名称（STA）和当前输出信号状态（频率 *F* 和占空比 *D*）。频率数据单位为 Hz，如图 12.30 所示。

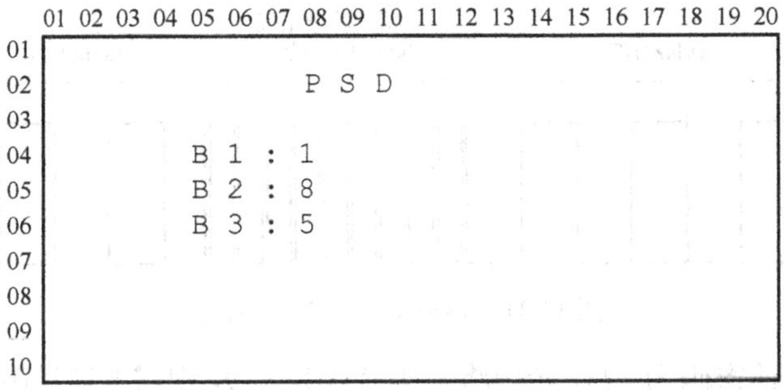

图 12.29　密码输入界面

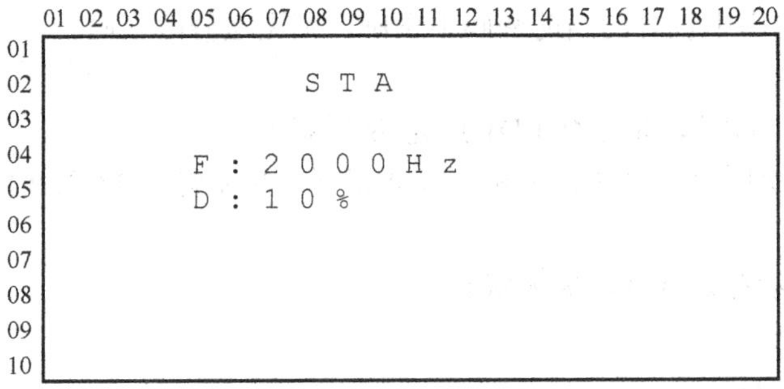

图 12.30　输出状态界面

③ LCD 通用显示要求

- 显示前景色（TextColor）：白色。
- 显示背景色（BackColor）：黑色。
- 请严格按照图示要求设计各个信息项的名称（区分字母大小写）和行列位置。

（4）按键功能

① 密码调整：在密码输入界面下，B1～B3 按键分别可对密码的第一位到第三位进行调整，每次按下按键密码值加 1。密码值可在 0～9 之间调整，数值调整模式：

@　0　1　2　3　...　9　0　1　2　3　...　9

注意：设备上电或重新进入密码输入界面时，显示界面的密码值重置为字符@。

② 密码确认：在密码输入界面下，按下 B4 按键，确认密码。如密码正确，LCD 显示跳转到输出状态界面；否则停留在密码输入界面，显示界面的三位密码值重置为@。

③ 通用按键设计要求

- 按键应进行有效的防抖处理，避免出现一次按下多次触发等情形。
- 按键 B1～B3 仅在密码输入界面下有效。

（5）脉冲输出功能

① 使用 PA1（TIM2-CH2，修改为 PA6：TIM3-CH1）引脚实现脉冲输出功能。

② 无正确密码提交状态下，PA1（修改为 PA6）输出 1kHz 的方波信号；密码验证正确后，PA1（修改为 PA6）输出频率为 2kHz、占空比为 10%的脉冲信号，持续 5s，切换为 1kHz 的方波信号输出，屏幕显示切换回密码输入界面，屏幕显示的三位密码值重置为字符@。

输出信号状态切换模式如图 12.31 所示。

（6）串口通信功能

使用竞赛平台上提供的 USB 转串口模块实现串口通信功能，能够通过串口修改密码。通信波特率设定为 9600Bits/s。修改密码字符串格式：当前密码-新密码。

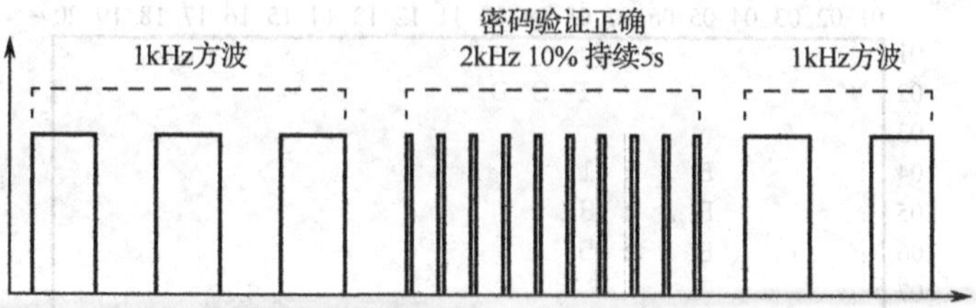

图 12.31　输出信号状态切换模式

举例说明：假定当前密码为 123，希望将密码修改为 789，则需要通过串口向设备发送字符串：123-789（共 7 个 ASCII 字符）。

备注：若输入字符串中包含的当前密码不正确，则无法修改密码。

（7）LED 功能

① LD1：密码验证成功，指示灯 LD1 点亮 5s 后熄灭。

② LD2：连续 3 次以上（含 3 次）密码输入错误，指示灯 LD2 以 0.1s 为间隔亮、灭闪烁报警，5s 后熄灭。

③ LD3～LD8 指示灯始终处于熄灭状态。

（8）初始状态说明

① 默认密码值：123。

② PA1 输出 1kHz 的方波信号。

③ 上电后，处于密码输入界面，3 位密码值显示为字符@。

12.5.1　系统设计

通过分析系统功能，可以得到系统详细框图如图 12.32 所示。

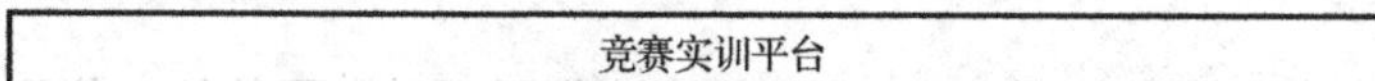

图 12.32　系统详细框图

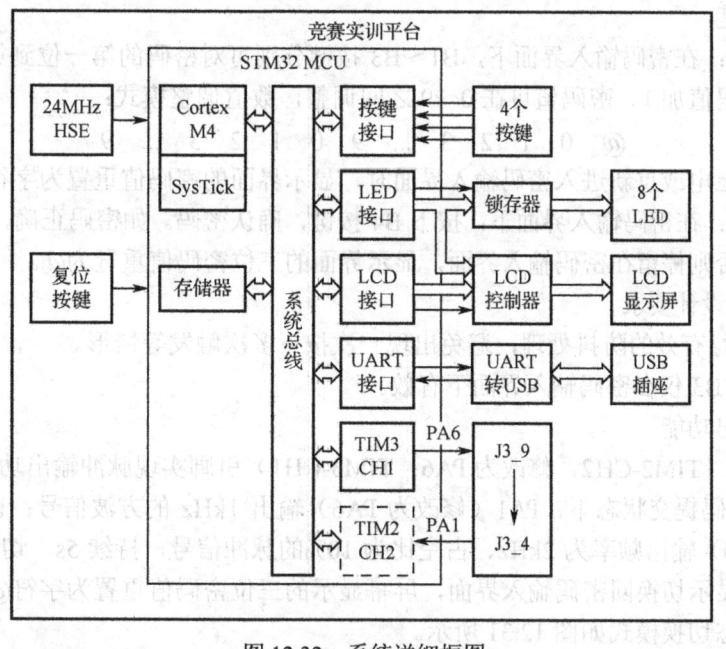

4 个按键通过按键接口与 MCU 相连，LED 和 LCD 分别通过 LED 接口和 LCD 接口与 MCU 相连，UART1 接口通过 UART 转 USB 与 PC 相连，TIM3 CH1（PA6）通过 J3_9 输出控制信号，TIM2 CH2（PA1）通过 J3_4 对 PA6 输出的信号进行测量（测试用）。

注意：为了和模块设计一致，这里将 PA1 输出脉冲信号修改为 PA6 输出脉冲信号，而用 PA1 测量 PA6 输出脉冲信号的周期和脉冲宽度（测试用）。

系统设计在 TIM 设计的基础上完成：在 HAL 或 LL 文件夹中将“084_TIM”文件夹复制粘贴为“125_131”文件夹，打开“125_131”文件夹中的工程。

系统主程序流程图如图 12.33 所示。

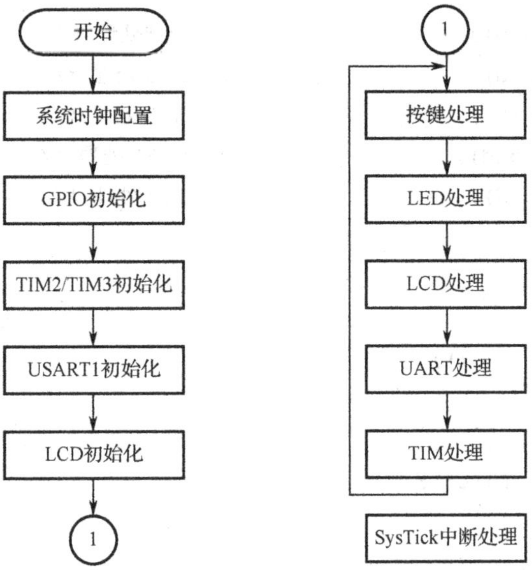

图 12.33　系统主程序流程图

主程序首先对系统进行初始化，包括系统时钟配置（SysTick 初始化）、GPIO 初始化、TIM2/TIM3 初始化、USART1 初始化和 LCD 初始化。主循环包括按键处理、LED 处理、LCD 处理、UART 处理和 TIM 处理等。

主程序内容如下：

```
#include "main.h"
#include "tim.h"
#include "usart.h"
#include "gpio.h"

#include "lcd.h"
#include <stdio.h>

uint8_t  ucState;                    /* 系统状态 */
uint8_t  ucSec;                      /* 秒计时 */
uint8_t  ucKey;                      /* 按键值 */
uint8_t  ucLed;                      /* LED 值 */
uint8_t  ucTblk;                     /* LED 闪烁延时 */
uint8_t  ucLcd[21];                  /* LCD 值(\0 结束) */
uint16_t usTlcd;                     /* LCD 刷新计时 */
uint8_t  ucUrx[20];                  /* UART 接收值 */
uint8_t  ucPsd[3]={'@','@','@'};     /* 设置密码值 */
```

```
uint8_t ucPsw[3]={'1','2','3'};          /* 当前密码值 */
uint8_t  ucNum;                          /* 密码错误次数 */
uint16_t usCapt[2];                      /* TIM2 捕捉值 */

void SystemClock_Config(void);

void KEY_Proc(void);                     /* 按键处理 */
void LED_Proc(void);                     /* LED 处理 */
void LCD_Proc(void);                     /* LCD 处理 */
void UART_Proc(void);                    /* UART 处理 */
void TIM_Proc(void);                     /* TIM 处理 */

int main(void)
{
  SystemClock_Config();

  MX_GPIO_Init();
  MX_USART1_UART_Init();
  MX_TIM2_Init();
  MX_TIM3_Init();

  LCD_Init();                            /* LCD 初始化 */
  LCD_Clear(Black);                      /* LCD 清屏 */
  LCD_SetTextColor(White);               /* 设置字符色 */
  LCD_SetBackColor(Black);               /* 设置背景色 */

  TIM3_SetCompare1(500);

  while (1)
  {
    KEY_Proc();                          /* 按键处理 */
    LED_Proc();                          /* LED 处理 */
    LCD_Proc();                          /* LCD 处理 */
    UART_Proc();                         /* UART 处理 */
    TIM_Proc();                          /* TIM 处理 */
  }
}
```

初始化程序已由 CubeMX 生成，处理程序包括按键处理、LED 处理、LCD 处理、UART 处理和 TIM 处理，处理程序流程图如图 12.34 所示。

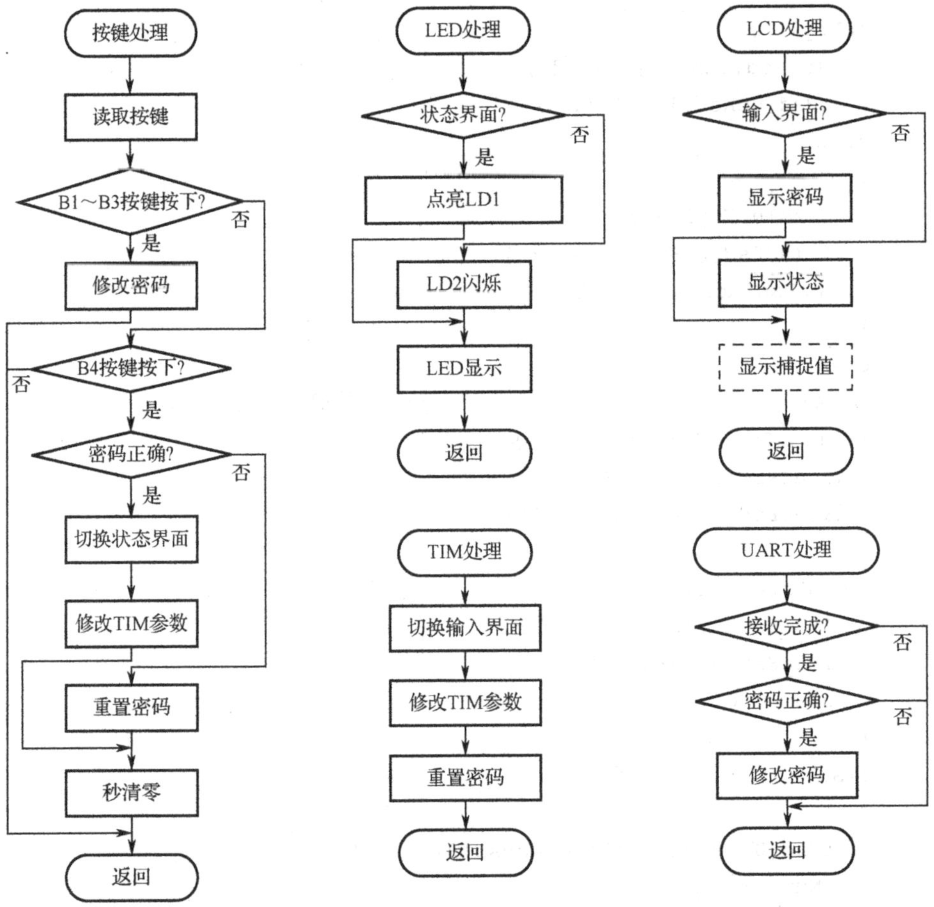

图 12.34 系统处理程序流程图

（1）按键处理程序设计

按键处理程序设计如下：

```
void KEY_Proc(void)                      /* 按键处理 */
{
  uint8_t ucKey1 = 0;

  if (ucState == 1)
    return;

  ucKey1 = KEY_Read();                   /* 按键读取 */
  if (ucKey1 != ucKey)                   /* 键值变化 */
    ucKey = ucKey1;                      /* 保存键值 */
  else
    ucKey1 = 0;                          /* 清除键值 */

  switch (ucKey1)
  {
    case 1:                              /* B1 按键按下 */
    case 2:                              /* B2 按键按下 */
    case 3:                              /* B3 按键按下 */
```

```
      ucKey1--;
      if (ucPsd[ucKey1] == '@')
        ucPsd[ucKey1] = '0';
      else
      {
        ucPsd[ucKey1]++;
        if (ucPsd[ucKey1] == ':')
          ucPsd[ucKey1] = '0';
      }
      break;
    case 4:                                       /* B4 按键按下 */
      if ((ucPsd[0] == ucPsw[0])
        &&(ucPsd[1] == ucPsw[1])
        &&(ucPsd[2] == ucPsw[2]))
      {
        ucState = 1;
        TIM3_SetAutoReload(499);
        TIM3_SetCompare1(50);
        ucNum = 0;
      }
      else
      {
        ucPsd[0] = ucPsd[1] = ucPsd[2] = '@';
        ucNum++;
      }
      ucSec = 0;
  }
}
```

(2) LED 处理程序设计

LED 处理程序设计如下：

```
void LED_Proc(void)                             /* LED 处理 */
{
  if (ucTblk < 100)
    return;
  ucTblk = 0;

  if (ucState == 1)
    ucLed |= 1;
  else
  {
    ucLed &= ~1;
    if ((ucNum >= 3) && (ucSec < 5))
      ucLed ^= 2;
    else
      ucLed &= ~2;
```

```
    }
    LED_Disp(ucLed);                  /* LED 显示 */
  }
```

（3）LCD 处理程序设计

LCD 处理程序设计如下：

```
  void LCD_Proc(void)                 /* LCD 处理 */
  {
    if (usTlcd < 500)                 /* 500ms 未到 */
      return;
    usTlcd = 0;

    if (ucState == 0)
    {
      LCD_DisplayStringLine(Line1, (uint8_t *)"      PSD");
      sprintf((char*)ucLcd, "    B1:%c %c  ", ucPsd[0], ucPsw[0]);
      LCD_DisplayStringLine(Line3, ucLcd);
      sprintf((char*)ucLcd, "    B2:%c %c", ucPsd[1], ucPsw[1]);
      LCD_DisplayStringLine(Line4, ucLcd);
      sprintf((char*)ucLcd, "    B3:%c %c", ucPsd[2], ucPsw[2]);
      LCD_DisplayStringLine(Line5, ucLcd);
    }
    else
    {
      LCD_DisplayStringLine(Line1, (uint8_t *)"      STA");
      LCD_DisplayStringLine(Line3, (uint8_t *)"    F:2000Hz");
      LCD_DisplayStringLine(Line4, (uint8_t *)"    D:10% ");
      LCD_DisplayStringLine(Line5, (uint8_t *)"          ");
    }
    TIM2_GetCapture(usCapt);             /* TIM2 捕捉（测试用） */
    sprintf((char*)ucLcd, "   %03uHz %02u%% ",
      1000000/usCapt[1], usCapt[0]*100/usCapt[1]);
    LCD_DisplayStringLine(Line7, ucLcd);
  }
```

（4）UART 处理程序设计

UART 处理程序设计如下：

```
  void UART_Proc(void)                   /* UART 处理 */
  {
    if (UART_Receive(ucUrx, 7) == 0)     /* 接收完成 */
    {
      if ((ucUrx[0] == ucPsw[0])         /* 密码正确 */
        &&(ucUrx[1] == ucPsw[1])
        &&(ucUrx[2] == ucPsw[2]))
      {
        ucPsw[0] = ucUrx[4];             /* 修改密码 */
```

```
      ucPsw[1] = ucUrx[5];
      ucPsw[2] = ucUrx[6];
    }
  }
}

int fputc(int ch, FILE *f)                /* printf()实现 */
{
  UART_Transmit((uint8_t *)&ch, 1);
  return ch;
}
```

(5) TIM 处理程序设计

TIM 处理程序设计如下：

```
void TIM_Proc(void)                       /* TIM 处理 */
{
  if ((ucSec >= 5) && (ucState == 1))
  {
    ucState = 0;
    TIM3_SetAutoReload(999);
    TIM3_SetCompare1(500);
    ucPsd[0] = ucPsd[1] = ucPsd[2] = '@';
  }
}
```

(6) SysTick 中断处理程序设计

SysTick 中断处理程序设计如下：

```
void SysTick_Handler(void)
{
  static uint16_t usTms;                  /* 毫秒计时 */
  extern uint8_t  ucSec;                  /* 秒计时 */
  extern uint16_t usTlcd;                 /* LCD 刷新时间 */
  extern uint8_t  ucTblk;                 /* LED 闪烁延时 */

  HAL_IncTick();                          /* 仅用于 HAL 工程 */

  if(++usTms == 1000)                     /* 1s 到 */
  {
    usTms = 0;
    ucSec++;                              /* 秒加 1 */
  }
  usTlcd++;                               /* LCD 刷新计时 */
  ucTblk++;                               /* LED 闪烁延时 */
}
```

12.5.2 系统测试

系统测试的主要步骤如下：

（1）将 PA1 和 PA6 用导线连接，运行程序，LD1 和 LD2 熄灭，LCD 显示密码界面，密码显示@，捕捉显示 1000Hz、50%。

（2）通过 B1～B3 按键将密码调整为默认密码“123”。按下 B4 按键，LD1 点亮，LCD 切换到状态界面，捕捉显示 2000Hz、10%。5s 后 LD1 熄灭，LCD 切换回密码界面，密码显示@，捕捉显示 1000Hz、50%。按下 B4 按键 3 次，LD2 以 0.1s 为间隔闪烁 5s 后熄灭。

（3）通过串口调试助手发送修改密码字符串“123-789”，密码修改为“789”；再发送修改密码字符串“123-456”，由于密码已修改为“789”，密码错误，无法修改密码。

12.5.3 客观题解析

不定项选择（1.5 分/题）。

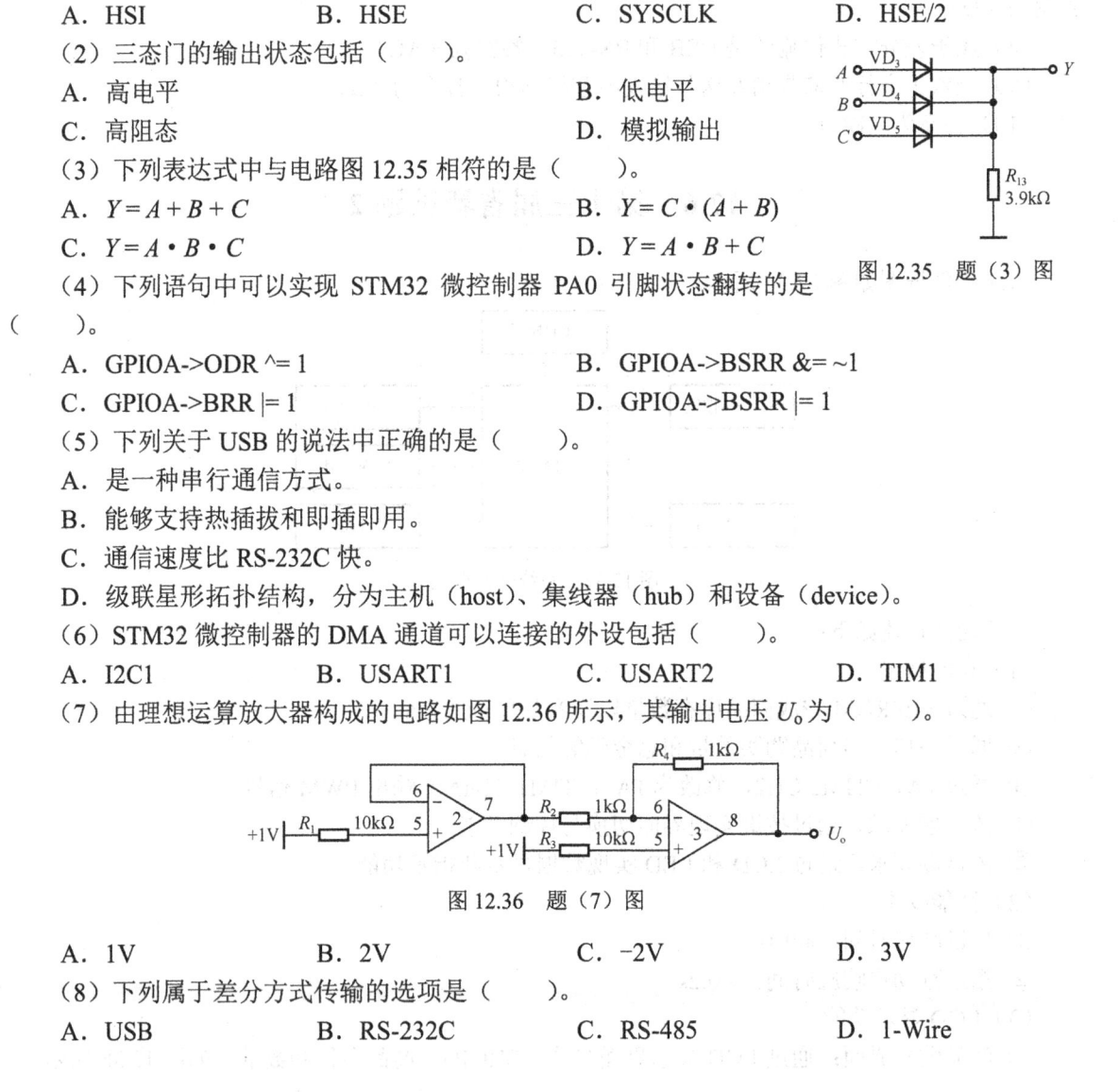

（1）在 STM32 系列微控制器中，可以作为主时钟 MCO 输出的时钟源是（　　）。

A．HSI　　B．HSE　　C．SYSCLK　　D．HSE/2

（2）三态门的输出状态包括（　　）。

A．高电平　　B．低电平

C．高阻态　　D．模拟输出

（3）下列表达式中与电路图 12.35 相符的是（　　）。

A．$Y=A+B+C$　　B．$Y=C\cdot(A+B)$

C．$Y=A\cdot B\cdot C$　　D．$Y=A\cdot B+C$

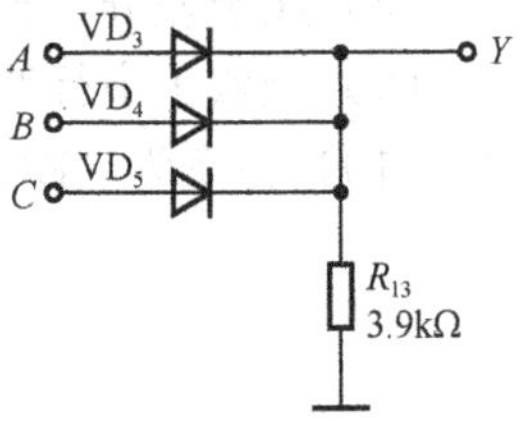

图 12.35　题（3）图

（4）下列语句中可以实现 STM32 微控制器 PA0 引脚状态翻转的是（　　）。

A．GPIOA->ODR ^= 1　　B．GPIOA->BSRR &= ~1

C．GPIOA->BRR |= 1　　D．GPIOA->BSRR |= 1

（5）下列关于 USB 的说法中正确的是（　　）。

A．是一种串行通信方式。

B．能够支持热插拔和即插即用。

C．通信速度比 RS-232C 快。

D．级联星形拓扑结构，分为主机（host）、集线器（hub）和设备（device）。

（6）STM32 微控制器的 DMA 通道可以连接的外设包括（　　）。

A．I2C1　　B．USART1　　C．USART2　　D．TIM1

（7）由理想运算放大器构成的电路如图 12.36 所示，其输出电压 U_o 为（　　）。

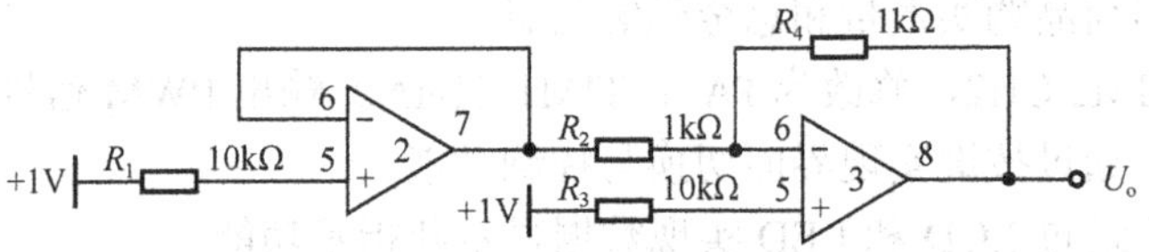

图 12.36　题（7）图

A．1V　　B．2V　　C．−2V　　D．3V

（8）下列属于差分方式传输的选项是（　　）。

A．USB　　B．RS-232C　　C．RS-485　　D．1-Wire

（9）全双工串行通信是指（　　）。

A．设计有数据发送和数据接收引脚　　B．发送与接收不互相制约

C．设计有两条数据传输线　　D．通信模式和速度可编程、可配置

（10）下列选项中，属于 STM32 内核级外设的是（　　）。

A．TIM1　　B．SysTick　　C．NVIC　　D．EXTI

解析：

（1）时钟源是 HSI、HSE 和 SYSCLK。答案为（ABC）。

（2）三态门的输出状态包括高电平、低电平和高阻态。答案为（ABC）。

（3）与电路图相符的表达式是 $Y=A+B+C$。答案为（A）。

（4）可以实现 STM32 微控制器 PA0 引脚状态翻转的是 GPIOA->ODR ^= 1。答案为（A）。

（5）4 种说法都正确。答案为（ABCD）。

（6）答案为（ABCD）。

（7）根据理想运算放大器的虚短和虚断原则，R_2 左右两端的电压分别为 1V 和 2V，流过 R_2 的电流是 1mA，方向从右向左，1mA 电流全部流过 R_4，R_4 两端的电压是 1V，极性左负右正，U_o=3V。答案为（D）。

（8）属于差分方式传输的是 USB 和 RS-485。答案为（AC）。

（9）全双工串行通信是指发送与接收不互相制约。答案为（B）。

（10）答案为（BC）。

12.6　第十三届省赛试题 2

系统硬件框图如图 12.37 所示。

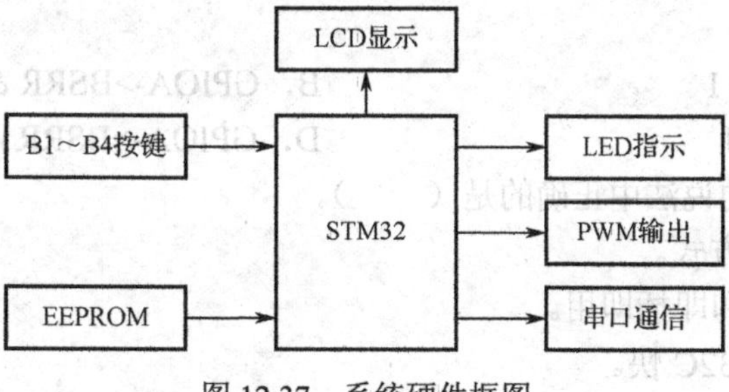

图 12.37　系统硬件框图

系统功能描述如下：

（1）功能概述

① 通过 EEPROM 完成商品库存数量以及商品单价的存储。

② 通过串口输出商品购买数量和总金额等信息。

③ 通过 PA1（TIM2 CH2，修改为 PA7：TIM1 CH1N）输出 PWM 信号。

④ 依试题要求，通过按键实现界面切换与控制功能。

⑤ 依试题要求，通过 LCD 和 LED 实现数据显示和指示功能。

（2）性能要求

① 按键响应时间：≤0.1s。

② 指示灯动作响应时间：≤0.2s。

（3）LCD 显示功能

① 商品购买界面：通过 LCD 显示界面名称（SHOP）、商品名称和数量，如图 12.38 所示。

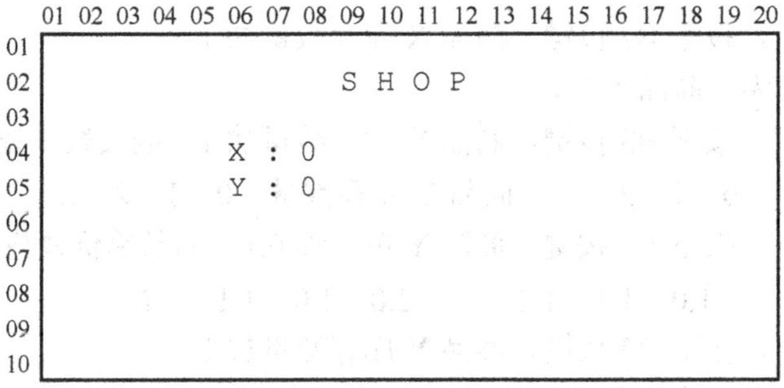

图 12.38　商品购买界面

② 商品价格界面：通过 LCD 显示界面名称（PRICE）、商品名称和商品价格（范围：1.0～2.0，保留小数点后 1 位有效数字），如图 12.39 所示。

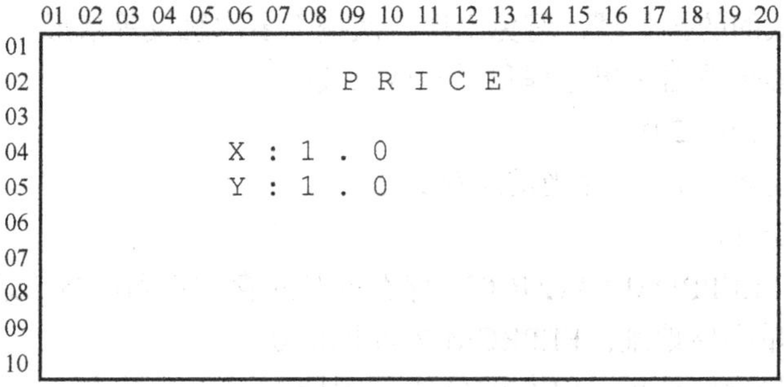

图 12.39　商品价格界面

③ 库存信息界面：通过 LCD 显示界面名称（REP）、商品名称和库存数量，如图 12.40 所示。

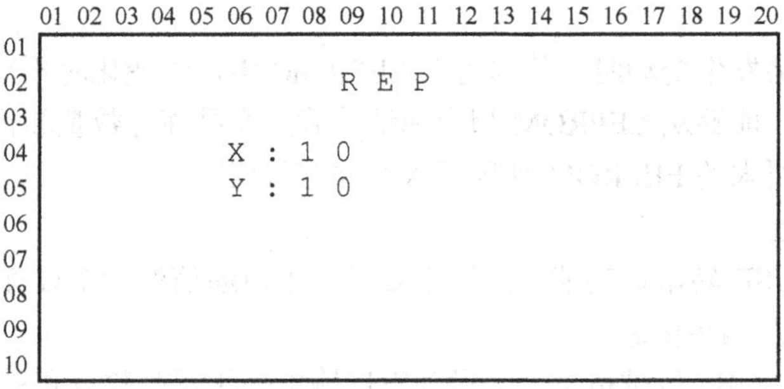

图 12.40　库存信息界面

④ LCD 通用显示要求

- 显示前景色（TextColor）：白色。
- 显示背景色（BackColor）：黑色。
- 请严格按照图示要求设计各个信息项的名称（区分字母大小写）和行列位置。

（4）按键功能

① B1 按键：定义为界面切换按键，按下 B1 按键可以循环切换商品购买、商品价格和库存信息三个界面。

② B2 按键：定义为“商品 X”。

在商品购买界面下，按下 B2 按键，商品 X 购买数量加 1。购买数量调整模式：

0　1　2　…　商品 X 库存数量　0　1　2　…

在商品价格界面下，按下 B2 按键，商品 X 单价加 0.1。商品单价调整模式：

1.0　1.1　1.2　…　2.0　1.0　1.1　1.2　…

在库存信息界面下，按下B2按键，商品X库存数量加1。

③ B3按键：定义为“商品Y”。

在商品购买界面下，按下B3按键，商品Y购买数量加1。购买数量调整模式：

0　1　2　…　商品Y库存数量　0　1　2　…

在商品价格界面下，按下B3按键，商品Y单价加0.1。商品单价调整模式：

1.0　1.1　1.2　…　2.0　1.0　1.1　1.2　…

在库存信息界面下，按下B3按键，商品Y库存数量加1。

④ B4按键：定义为“确认”按键。

在商品购买界面下，按下B4按键，确认购买信息，商品购买界面下的X和Y的购买数量重置为0，库存减少相应数量。

注意：

- 按键应进行有效的防抖处理，避免出现一次按下多次触发等情形。
- 按键动作不应影响数据采集过程和屏幕显示效果。
- 价格调整区间：1.0～2.0。
- 购买数量调整区间：0～商品当前库存数量。

（5）EEPROM存储功能

通过竞赛平台上的EEPROM（AT24C02）保存商品库存数量和价格信息，存储位置要求如下：

- 商品X库存数量存储地址：EEPROM内部地址0
- 商品Y库存数量存储地址：EEPROM内部地址1
- 商品X单价存储地址：EEPROM内部地址2
- 商品Y单价存储地址：EEPROM内部地址3

注意：

- 库存数量或价格发生变动时，数据写入EEPROM中，无变化时不写入。
- 设备重新上电，能够从EEPROM相应地址中载入商品库存数量和价格。
- 严格按照试题要求的EEPROM地址写入并保存数据。

（6）串口输出功能

使用竞赛板上的USB转串口功能完成以下要求，串口通信波特率设置为9600Bits/s。

① 打印输出总价及购买信息

在商品购买界面下，B4按键按下后，设备串口输出购买商品数量和总价。

数据格式要求：X:2,Y:2,Z:4.0

示例字符串表示购买了2个商品X，2个商品Y，总价为4.0元。

总价保留小数点后1位有效数字，输出信息为ASCII编码字符串。

② 查询当前单价信息

在任意界面下，通过串口调试助手，从PC端向设备发送查询字符‘?’，设备返回当前各类商品单价：X:1.0,Y:1.0

示例字符串表示商品X单价为1.0元，商品Y单价为1.0元。

商品单价保留小数点后1位有效数字，输出信息为ASCII编码字符串。

（7）LED功能

① LD1：在商品购买界面下，按下B4按键确认购买后，LD1点亮5s后熄灭。

② LD2：若商品X和商品Y库存数量均为0，指示灯LD2以0.1s为间隔切换亮灭状态。

③ LD3～LD8指示灯始终处于熄灭状态。

（8）PWM 输出功能

在商品购买界面下，通过 B4 按键确认购买信息后，5s 内通过 PA1 引脚输出频率为 2kHz、占空比为 30%的脉冲信号，其余时间频率不变，占空比为 5%。

（9）初始状态说明

请严格按照下列要求设计作品上电后的初始状态：

① 商品 X：库存数量 10 个，单价 1.0 元。

② 商品 Y：库存数量 10 个，单价 1.0 元。

③ 上电后，处于商品购买界面，商品 X 和商品 Y 购买数量为 0。

12.6.1 系统设计

通过分析系统功能，可以得到系统详细框图如图 12.41 所示。

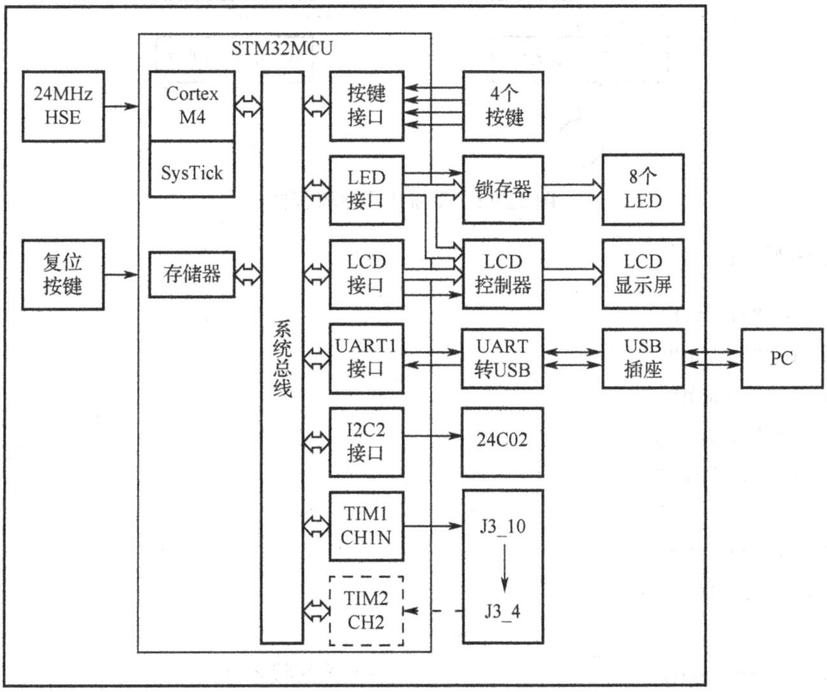

图 12.41 系统详细框图

4 个按键通过按键接口与 MCU 相连，LED 和 LCD 分别通过 LED 接口和 LCD 接口与 MCU 相连，UART1 接口通过 UART 转 USB 与 PC 相连，24C02 通过 I2C2 接口与 MCU 相连，TIM1 CH1N（PA7）通过 J3_10 输出频率为 2kHz、占空比为 5%的脉冲信号，TIM2 CH1 和 CH2（PA1）用于测量 PA7 输出脉冲信号的周期和脉冲宽度（测试用）。

注意： 为了和模块设计一致，这里将 PA1 输出脉冲信号修改为 PA7 输出脉冲信号，而用 PA1 测量 PA7 输出脉冲信号的周期和脉冲宽度（测试用）。

系统设计在 TIM 设计的基础上完成：在 HAL 或 LL 文件夹中将“084_TIM”文件夹复制粘贴为“126_132”文件夹，打开“126_132”文件夹中的工程。

系统主程序流程图如图 12.42 所示。

主程序首先对系统进行初始化，包括系统时钟配置（SysTick 初始化）、GPIO 初始化、TIM1/TIM2 初始化、USART1 初始化、I2C1 初始化、LCD 初始化和读取参数。主循环包括按键处理、LED 处理、LCD 处理和 UART 处理等。

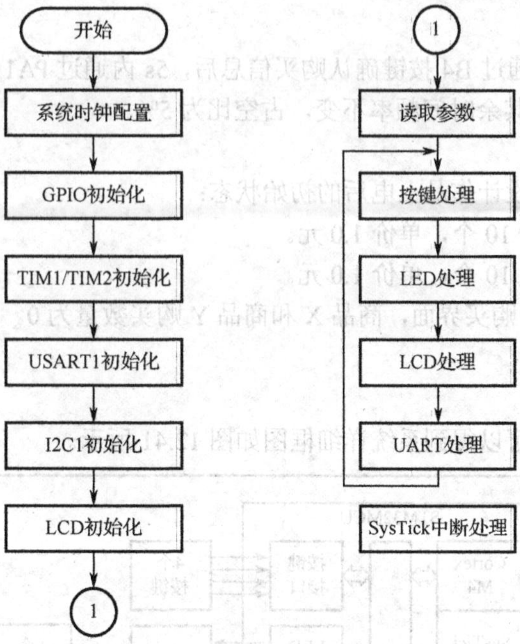

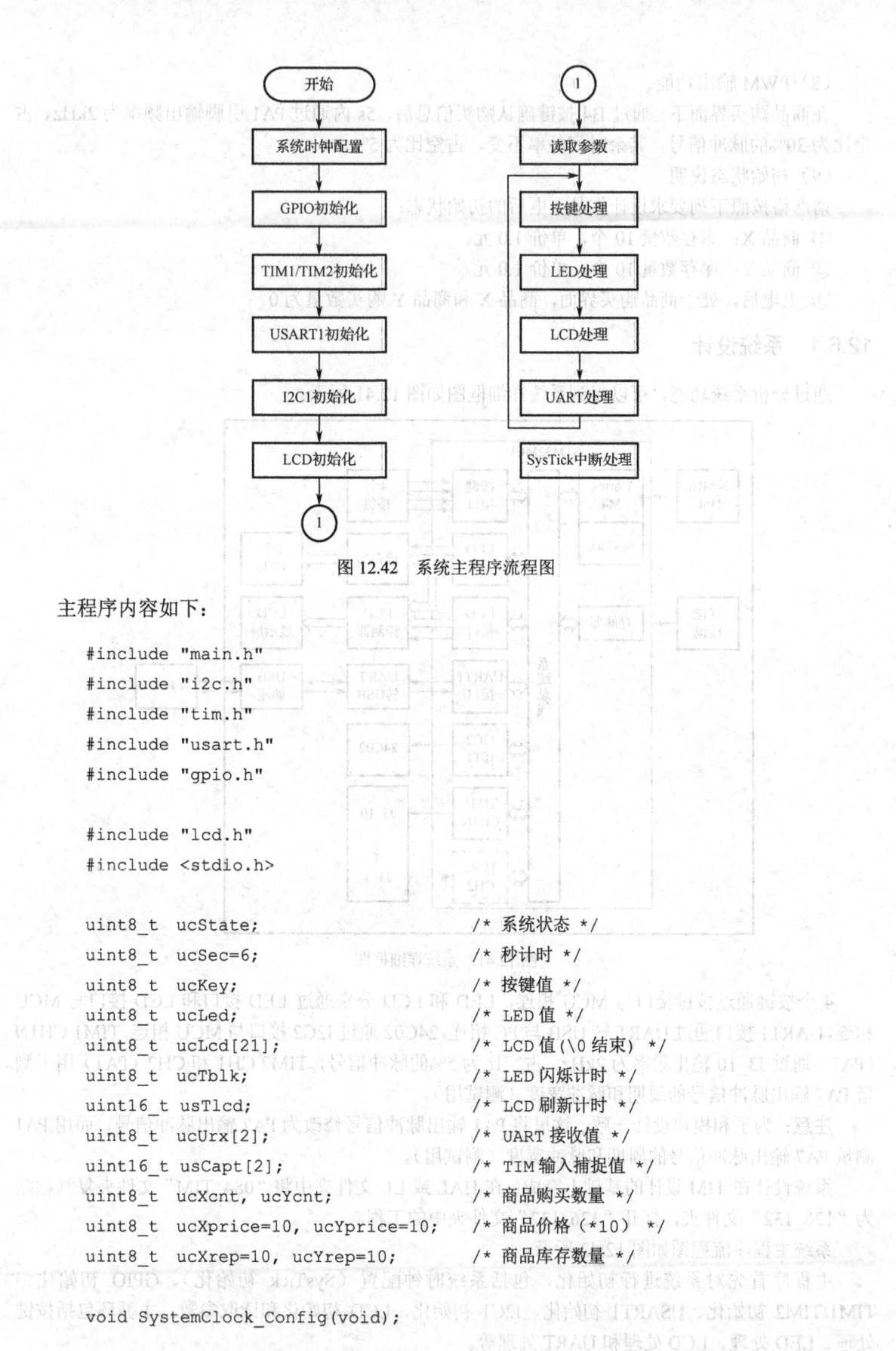

图 12.42　系统主程序流程图

主程序内容如下：

```
#include "main.h"
#include "i2c.h"
#include "tim.h"
#include "usart.h"
#include "gpio.h"

#include "lcd.h"
#include <stdio.h>

uint8_t  ucState;                       /* 系统状态 */
uint8_t  ucSec=6;                       /* 秒计时 */
uint8_t  ucKey;                         /* 按键值 */
uint8_t  ucLed;                         /* LED 值 */
uint8_t  ucLcd[21];                     /* LCD 值(\0 结束) */
uint8_t  ucTblk;                        /* LED 闪烁计时 */
uint16_t usTlcd;                        /* LCD 刷新计时 */
uint8_t  ucUrx[2];                      /* UART 接收值 */
uint16_t usCapt[2];                     /* TIM 输入捕捉值 */
uint8_t  ucXcnt, ucYcnt;                /* 商品购买数量 */
uint8_t  ucXprice=10, ucYprice=10;      /* 商品价格 (*10) */
uint8_t  ucXrep=10, ucYrep=10;          /* 商品库存数量 */

void SystemClock_Config(void);
```

```
void KEY_Proc(void);                    /* 按键处理 */
void LED_Proc(void);                    /* LED 处理 */
void LCD_Proc(void);                    /* LCD 处理 */
void UART_Proc(void);                   /* UART 处理 */

int main(void)
{
  SystemClock_Config();

  MX_GPIO_Init();
  MX_USART1_UART_Init();
  MX_I2C1_Init();
  MX_TIM1_Init();
  MX_TIM2_Init();

  LCD_Init();                           /* LCD 初始化 */
  LCD_Clear(Black);                     /* LCD 清屏 */
  LCD_SetTextColor(White);              /* 设置字符色 */
  LCD_SetBackColor(Black);              /* 设置背景色 */

  TIM1_SetCompare1(25);                 /* 占空比为 5% */
  EEPROM_Read(ucLcd, 0, 4);             /* 读取参数 */
  if (ucLcd[0] < 10)
    ucXrep = ucLcd[0];
  if (ucLcd[1] < 10)
    ucYrep = ucLcd[1];
  if ((ucLcd[2] >= 10) && (ucLcd[2] <= 20))
    ucXprice = ucLcd[2];
  if ((ucLcd[3] >= 10) && (ucLcd[3] <= 20))
    ucYprice = ucLcd[3];

  while (1)
  {
    KEY_Proc();                         /* 按键处理 */
    LED_Proc();                         /* LED 处理 */
    LCD_Proc();                         /* LCD 处理 */
    UART_Proc();                        /* UART 处理 */
  }
}
```

初始化程序已由 CubeMX 生成，处理程序包括按键处理、LED 处理、LCD 处理和 UART 处理，处理程序流程图如图 12.43 所示。

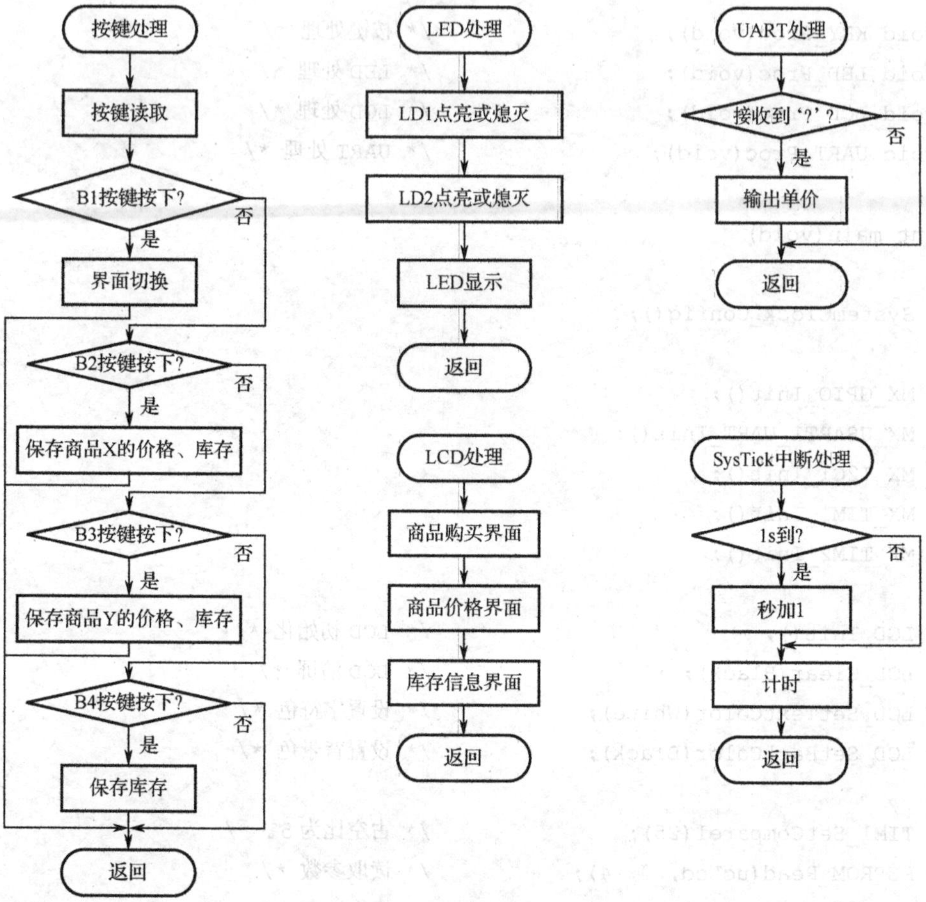

图 12.43　系统处理程序流程图

(1) 按键处理程序设计

按键处理程序设计如下：

```
void KEY_Proc(void)                   /* 按键处理 */
{
  uint8_t ucKey1 = 0;

  ucKey1 = KEY_Read();                /* 按键读取 */
  if (ucKey1 != ucKey)                /* 键值变化 */
    ucKey = ucKey1;                   /* 保存键值 */
  else
    ucKey1 = 0;                       /* 清除键值 */

  switch (ucKey1)
  {
    case 1:                           /* B1 按键按下 */
      if (++ucState == 3)
        ucState = 0;
      break;
    case 2:                           /* B2 按键按下 */
      switch (ucState)
```

```
    {
      case 0:
        if (++ucXcnt == ucXrep + 1)
          ucXcnt = 0;
        break;
      case 1:
        if (++ucXprice == 21)
          ucXprice = 10;
        ucLcd[0] = ucXprice;
        EEPROM_Write(ucLcd, 2, 1);    /* 保存商品 X 的价格 */
        break;
      case 2:
        ++ucXrep;
        ucLcd[0] = ucXrep;
        EEPROM_Write(ucLcd, 0, 1);    /* 保存商品 X 的库存 */
    }
    break;
  case 3:                             /* B3 按键按下 */
    switch (ucState)
    {
      case 0:
        if (++ucYcnt == ucYrep + 1)
          ucYcnt = 0;
        break;
      case 1:
        if (++ucYprice == 21)
          ucYprice = 10;
        ucLcd[0] = ucYprice;
        EEPROM_Write(ucLcd, 3, 1);    /* 保存商品 Y 的价格 */
        break;
      case 2:
        ++ucYrep;
        ucLcd[0] = ucYrep;
        EEPROM_Write(ucLcd, 1, 1);    /* 保存商品 Y 的库存 */
    }
    break;
  case 4:                             /* B4 按键按下 */
    if (ucState == 0)
    {
      ucXrep -= ucXcnt;
      ucYrep -= ucYcnt;
      ucLcd[0] = ucXrep;
      ucLcd[1] = ucYrep;
      ucLcd[2] = ucXprice;
      ucLcd[3] = ucYprice;
      EEPROM_Write(ucLcd, 0, 2);     /* 保存库存数量 */
```

```
      printf("X:%u,Y:%u,Z:%2.1f\r\n", ucXcnt, ucYcnt,
        (ucXcnt*ucXprice+ucYcnt*ucYprice)/10.0);
      ucSec = 0;
      ucXcnt = 0;
      ucYcnt = 0;
    }
  }
}
```

（2）LED 处理程序设计

LED 处理程序设计如下：

```
void LED_Proc(void)                          /* LED 处理 */
{
  if (ucTblk < 100)
    return;
  ucTblk = 0;

  if (ucSec < 5)
  {
    ucLed |= 1;                              /* LD1 点亮 */
    TIM1_SetCompare1(150);                   /* 占空比为 30% */
  }
  else
  {
    ucLed &= ~1;                             /* LD1 熄灭 */
    TIM1_SetCompare1(25);                    /* 占空比为 5% */
  }
  if ((ucXrep == 0) && (ucYrep == 0)) /* 库存数量为 0 */
    ucLed ^= 2;                              /* LD2 闪烁 */
  else
    ucLed &= ~2;                             /* LD2 熄灭 */

  LED_Disp(ucLed);                           /* LED 显示 */
}
```

（3）LCD 处理程序设计

LCD 处理程序设计如下：

```
void LCD_Proc(void)                          /* LCD 处理 */
{
  if (usTlcd < 500)                          /* 500ms 未到 */
    return;
  usTlcd = 0;

  switch (ucState)
  {
    case 0:
```

```
      LCD_DisplayStringLine(Line1, (uint8_t *)"       SHOP ");
      sprintf((char*)ucLcd, "    X:%1u  ", ucXcnt);
      LCD_DisplayStringLine(Line3, ucLcd);
      sprintf((char*)ucLcd, "    Y:%1u  ", ucYcnt);
      LCD_DisplayStringLine(Line4, ucLcd);
      break;
    case 1:
      LCD_DisplayStringLine(Line1, (uint8_t *)"       PRICE");
      sprintf((char*)ucLcd, "    X:%2.1f  ", ucXprice/10.0);
      LCD_DisplayStringLine(Line3, ucLcd);
      sprintf((char*)ucLcd, "    Y:%2.1f  ", ucYprice/10.0);
      LCD_DisplayStringLine(Line4, ucLcd);
      break;
    case 2:
      LCD_DisplayStringLine(Line1, (uint8_t *)"       REP  ");
      sprintf((char*)ucLcd, "    X:%1u  ", ucXrep);
      LCD_DisplayStringLine(Line3, ucLcd);
      sprintf((char*)ucLcd, "    Y:%1u  ", ucYrep);
      LCD_DisplayStringLine(Line4, ucLcd);
  }
  TIM2_GetCapture(usCapt);
  sprintf((char *)ucLcd, " FRE:%1uKHz  DUT:%02u%%  ",
    1000/usCapt[1], usCapt[0]*100/usCapt[1]);
  LCD_DisplayStringLine(Line6, ucLcd);
}
```

（4）UART 处理程序设计

UART 处理程序设计如下：

```
void UART_Proc(void)                 /* UART 处理 */
{
  if (UART_Receive(ucUrx, 1) == 0)   /* 接收到字符 */
    if (ucUrx[0] == '?')
      printf("X:%2.1f,Y:%2.1f\r\n", ucXprice/10.0, ucYprice/10.0);
}

int fputc(int ch, FILE *f)           /* printf()实现 */
{
  UART_Transmit((uint8_t *)&ch, 1);
  return ch;
}
```

（5）SysTick 中断处理程序设计

SysTick 中断处理程序设计如下：

```
void SysTick_Handler(void)
{
  static uint16_t usTms;             /* 毫秒计时 */
```

```
  extern uint8_t  ucSec;                  /* 秒计时 */
  extern uint16_t usTlcd;                 /* LCD 刷新计时 */
  extern uint8_t  ucTblk;                 /* LED 闪烁计时 */

  HAL_IncTick();                          /* 仅用于 HAL 工程 */

  if(++usTms == 1000)                     /* 1s 到 */
  {
    usTms = 0;
    if (ucSec < 6)
      ucSec++;                            /* 秒加 1 */
  }
  usTlcd++;                               /* LCD 刷新计时 */
  ucTblk++;                               /* LED 闪烁计时 */
}
```

12.6.2 系统测试

系统测试的主要步骤如下：

（1）将 PA1 和 PA7 用导线连接，打开串口终端，运行程序，LD1 和 LD2 熄灭，LCD 显示商品购买界面，PA7 输出频率为 2kHz、占空比为 5%的矩形波。

（2）分别通过 B2 按键和 B3 按键修改商品 X 和商品 Y 的购买数量（修改范围是 0～10），将商品 X 和商品 Y 的购买数量修改为“5”，按下 B4 按键，商品 X 和商品 Y 的购买数量变为 0，LD1 点亮 5s，PA7 的占空比由 5%变为 30% 5s，串口终端显示“X:5,Y:5,Z:10.0”。

（3）按下 B1 按键，LCD 显示商品价格界面，分别通过 B2 按键和 B3 按键修改商品 X 和商品 Y 的价格（修改范围是 1.0～2.0），将商品 X 和商品 Y 的价格修改为“1.2”。

（4）按下 B1 按键，LCD 显示库存信息界面，分别通过 B2 按键和 B3 按键修改商品 X 和商品 Y 的库存数量，将商品 X 和商品 Y 的库存数量修改为“6”。

注意：在库存信息界面，商品 X 和商品 Y 的库存数量只能增加，可在商品购买界面减少。

（5）按下 B1 按键，LCD 重新显示商品购买界面，将商品 X 和商品 Y 的购买数量修改为“6”（最大值），按下 B4 按键，商品 X 和商品 Y 的购买数量变为 0，LD1 点亮 5s，LD2 闪烁，PA7 的占空比由 5%变为 30% 5s，串口终端显示“X:6,Y:6,Z:14.4”。

（6）在串口终端中发送字符‘?’，串口终端显示“X:1.2,Y:1.2”。

（7）按下 B1 按键 2 次，LCD 显示库存信息界面，商品 X 和商品 Y 的库存数量均为 0，按下 B2 按键或 B3 按键，LD2 熄灭，将商品 X 和商品 Y 的库存数量修改为“2”。

（8）按下复位按键，LCD 显示商品购买界面，按下 B1 按键，LCD 显示商品价格界面，商品 X 和商品 Y 的价格均应为 1.2，再次按下 B1 按键，LCD 显示库存信息界面，商品 X 和商品 Y 的库存数量均应为 2。

12.6.3 客观题解析

不定项选择（1.5 分/题）。

（1）嵌入式系统的特点包括（　　）。

A．采用专用微控制器　　B．软件和硬件协同一体化设计

C．功能可订制可裁剪　　D．跨平台可移植

（2）两个微控制器通过 UART 通信，TXD、RXD 和地信号应如何连接？（　　）

A．直连（TXD-TXD、RXD-RXD），共地

B．交叉（TXD-RXD、RXD-TXD），共地

C．直连（TXD-TXD、RXD-RXD），不共地

D．交叉（TXD-RXD、RXD-TXD），不共地

（3）图 12.44 所示电路由理想二极管组成，输出电压 U_o 为（　　）。

A．0V　　B．2V　　C．3V　　D．9V

（4）STM32 微控制器不经过 CPU，直接控制传输的传输方式是（　　）。

A．DMA　　B．DAC　　C．FSMC　　D．DFU

（5）在图 12.45 所示理想运算放大器电路中，输出电压与输入电压之间的关系是（　　）。

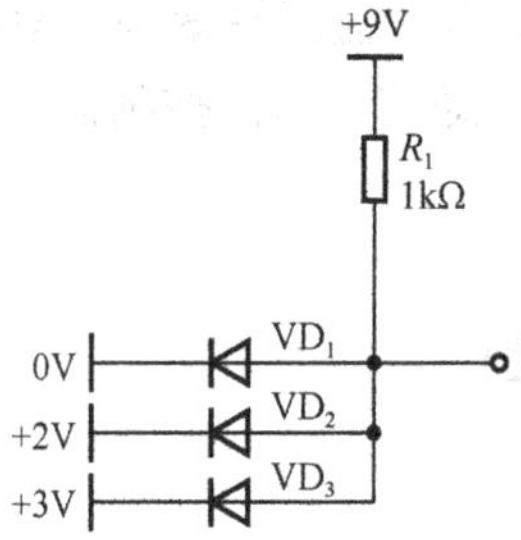

图 12.44　题（3）图

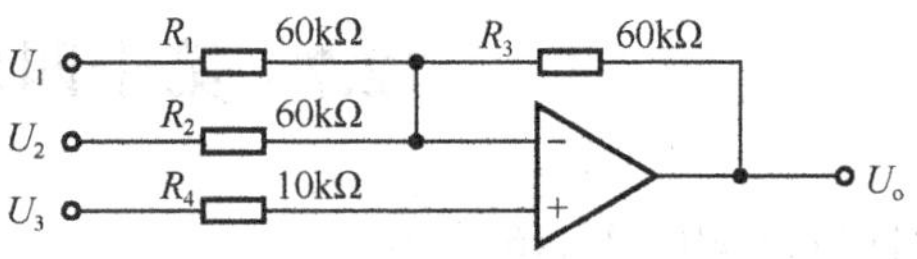

图 12.45　题（5）图

A．$U_o = U_1 + U_2 - U_3$　　B．$U_o = 2(U_1 + U_2) - U_3$

C．$U_o = 3U_3 - U_1 - U_2$　　D．$U_o = -2(U_1 - U_2) + U_3$

（6）下列存储器中属于非易失存储器的是（　　）。

A．SRAM　　B．EEPROM　　C．NOR FLASH　　D．DRAM

（7）下列关于 STM32 微控制器 SysTick 定时器的说法中正确的是（　　）。

A．SysTick 属于内核外设

B．24 位递减计数器

C．与其他定时器一样，具有输入捕获和比较输出功能

D．可以通过软件控制 sysTick 定时器启动和停止

（8）一个完整的电子电路设计方案包括（　　）。

A．原理图与 PCB 设计　　B．PCB 制板

C．元器件焊接　　D．电路模块和整机调试

（9）有源滤波器和无源滤波器的区别是（　　）。

A．是否需要电源　　B．电路中是否包含电阻

C．电路中是否包含电容　　D．是否有增益

（10）关于 STM32 USART 描述中正确的是（　　）。

A．USART 是通用同步/异步收发器

B．可以实现全双工串行通信

C．USART 的数据收发器与微控制器位数相关，固定为 32 位

D．STM32 提供了多个 USART

解析：

（1）嵌入式系统的特点包括采用专用微控制器、软件和硬件协同一体化设计及功能可订制可裁剪。答案为（ABC）。

（2）两个微控制器通过 UART 通信，TXD 和 RXD 交叉，共地。答案为（B）。

（3）输出电压 U_o 被 VD_1 嵌位到 0V。答案为（A）。

（4）STM32 微控制器不经过 CPU，直接控制传输的传输方式是 DMA。答案为（A）。

（5）根据虚短和虚断原则，输出电压与输入电压的关系是 $(U_o - U_3)/R_3 = (U_3 - U_1)/R_1 + (U_3 - U_2)/R_2$，即 $U_o = 3U_3 - U_1 - U_2$。答案为（C）。

（6）属于非易失存储器的是 EEPROM 和 NOR FLASH。答案为（BC）。

（7）SysTick 定时器属于内核外设，是 24 位递减计数器，不具有输入捕获和比较输出功能，可以通过软件控制启动和停止。答案为（ABD）。

（8）一个完整的电子电路设计方案包括原理图与 PCB 设计、PCB 制板、元器件焊接、电路模块和整机调试。答案为（ABCD）。

（9）有源滤波器和无源滤波器的区别是是否需要电源和是否有增益。答案为（AD）。

（10）USART 是通用同步/异步收发器，可以实现全双工串行通信，与微控制器位数无关，有多个 USART。答案为（ABD）。

12.7　第十四届省赛试题

系统硬件框图如图 12.46 所示。

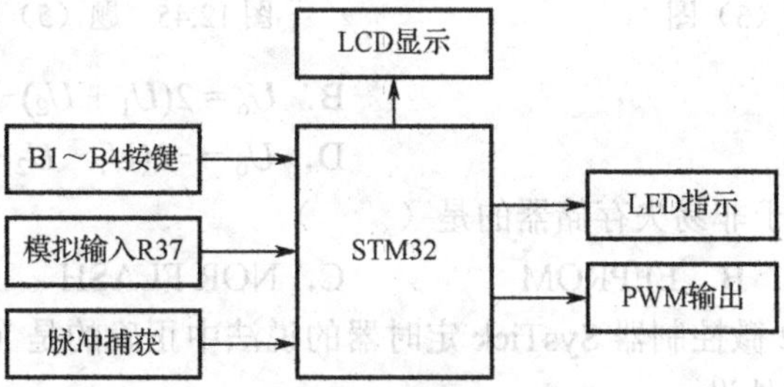

图 12.46　系统硬件框图

系统功能描述如下：

（1）功能概述

① 通过 PA1 引脚输出频率和占空比可调节的脉冲信号。

② 通过 PA7 引脚完成脉冲捕获功能，测量输入该引脚的信号频率。

③ 通过微控制器的 ADC 功能，检测电位器 R37 上输入的模拟电压信号。

④ 依试题要求，通过 LCD 和 LED 完成数据显示和报警指示等功能。

⑤ 依试题要求，通过按键完成界面配置和参数设置等功能。

（2）性能要求

① 按键响应时间：≤0.1s。

② 指示灯动作响应时间：≤0.2s。

（3）PWM 输出（PA1）

① 低频模式：输出信号频率为 4kHz。

② 高频模式：输出信号频率为 8kHz。

PA1 输出信号占空比可以通过电位器 R37 进行调节，关系如图 12.47 所示。

当模式切换时，在保证占空比不变的前提下，频率在 5s 内均匀地升高或降低到目标频率，要求频率步进值小于 200Hz。

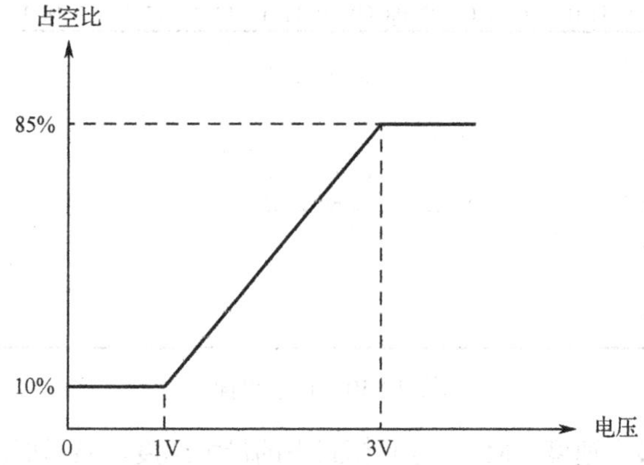

图 12.47　模拟电压（R37）-占空比对应关系

（4）频率测量（PA7）

测量输入 PA7 引脚的信号频率，并将其转换为速度，速度（v）与频率（f）的对应关系为：

$$v = 2\pi Rf / (100K)$$

其中 f 的单位为 Hz，R 和 K 为参数，可以通过按键进行调整，π 取小数点后 2 位有效数字。

（5）LCD 显示功能

① 数据界面：显示要素包括界面名称（DATA）、PWM 输出模式（M）、实时占空比（P）和实时速度（V，保留小数点后 1 位有效数字），如图 12.48 所示。

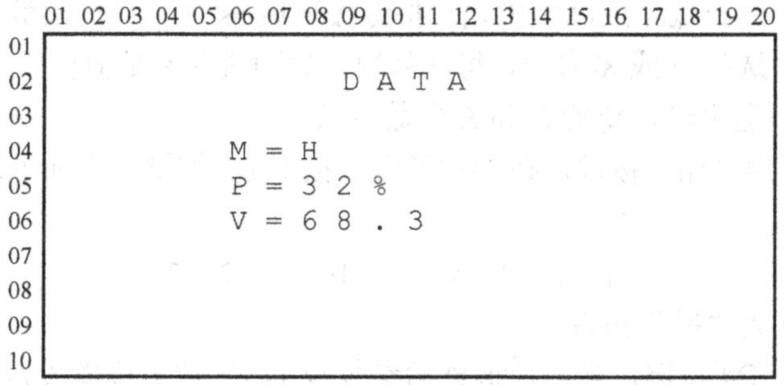

图 12.48　数据界面

输出模式以“H”表示高频模式、“L”表示低频模式，模式切换完成前，屏幕显示的输出模式保持不变。

② 参数界面：显示要素包括界面名称（PARA）、参数 R 和 K 的当前值，R 和 K 值的有效范围是 1～10（整数），如图 12.49 所示。

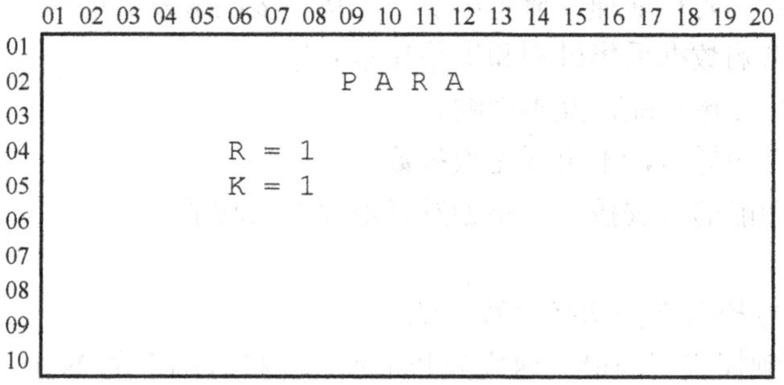

图 12.49　参数界面

③ 记录界面：显示要素包括界面名称（RECD）、PWM 输出模式切换次数（N）、高频和低频模式下的最大速度，如图 12.50 所示。

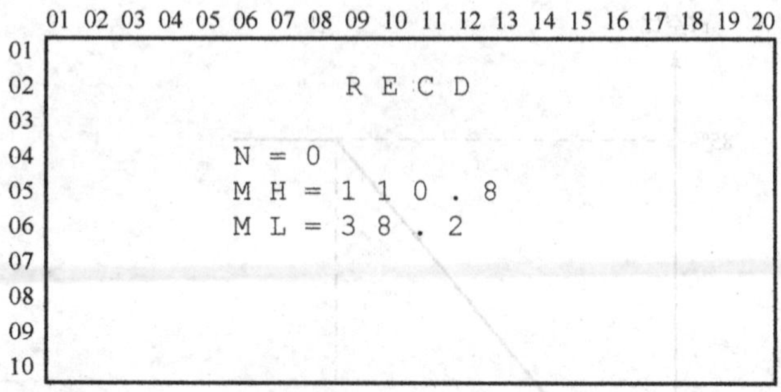

图 12.50　记录界面

MH：高频模式下的最大速度，ML：低频模式下的最大速度，显示保留小数点后 1 位有效数字。

④ LCD 通用显示要求

- 显示前景色（TextColor）：白色。
- 显示背景色（BackColor）：黑色。
- 数据项与对应的数据之间使用“=”间隔开。
- 请严格按照图示要求设计各个信息项的名称（区分字母大小写）和行列位置。

（6）按键功能

① B1 按键：定义为“界面”按键，循环切换数据、参数和记录 3 个界面。

② B2 按键：定义为“选择”按键。

在数据界面下用于选择低频或高频模式，按键按下后 5s 内不可再次触发选择功能。

在参数界面下用于选择 R 或 K 参数，每次从数据界面进入参数界面，默认当前可调整的参数为 R 参数，从参数界面退出时，新的 R 和 K 参数生效。

③ B3 按键：定义为“加”按键，在参数界面下按下 B3 按键，当前可调整的参数加 1，参数调整模式为：

1　2　3　4　...　10　1　2　3

④ B4 按键：定义为“减”按键。

在参数界面下按下 B4 按键，当前可调整的参数减 1，参数调整模式为：

2　1　10　9　...　2　1　10　9

在数据界面下，长按 B4 按键超过 2s 后松开（长按键），可以“锁定”占空比调整功能，此时输出信号占空比保持不变，不受电位器 R37 输入电压控制；处于“锁定”状态后，再次按下 B4 按键（短按键），实现“解锁”功能，恢复 R37 电位器对输出信号占空比的控制。

⑤ 要求：

- 按键应进行有效的防抖处理，避免出现一次按键多次触发等情形。
- 按键动作不应影响数据采集过程和屏幕显示效果。
- 有效区分长、短按键功能，互不影响。
- 参数调整应考虑边界值，不出现无效参数。
- 当前界面下无功能的按键按下，不触发其他界面的功能。

（7）记录功能

① 低频模式和高频模式下的切换次数（N）。

② 高频模式和低频模式下的最大速度分开记录，保持时间不足 2s 的速度不记录。

（8）LED 功能

① LD1：处于数据界面时 LD1 点亮，否则熄灭。

② LD2：低频模式和高频模式切换期间，LD2 以 0.1s 为间隔切换亮灭状态，模式切换完成后

熄灭。

③ LD3：占空比调整处于“锁定”状态时 LD3 点亮，否则熄灭。

④ LD4～LD8 始终处于熄灭状态。

（9）初始状态说明

请严格按照下列要求设计作品上电后的初始状态：

① 参数 R 为 1。

② 参数 K 为 1。

③ 切换次数 N 为 0。

④ PWM 输出模式为低频模式。

⑤ 处于“解锁”状态，电位器 R37 可以控制信号占空比。

⑥ 处于数据显示界面。

12.7.1 系统设计

通过分析系统功能，可以得到系统详细框图如图 12.51 所示。

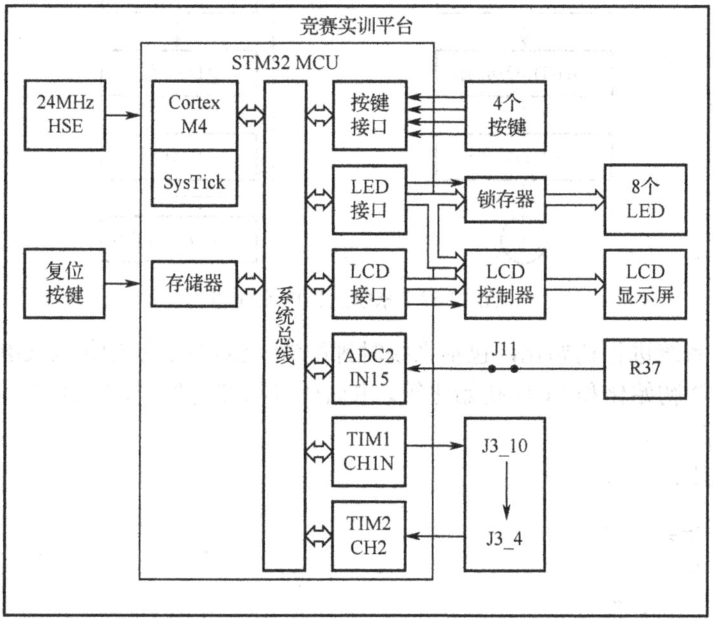

图 12.51 系统详细框图

4 个按键通过按键接口与 MCU 相连，LED 和 LCD 分别通过 LED 接口和 LCD 接口与 MCU 相连，R37 通过 J11 连接到 ADC2_IN15，TIM1_CH1N（PA7）通过 J3_10 输出 PWM 信号，TIM2_CH2（PA1）通过 J3_4 对 PA7 输出的信号进行测量。

注意：按照题目要求，TIM2_CH2（PA1）输出 PWM 信号，TIM3_CH2（PA7）对 PA1 输出的信号进行测量。为了和模块设计一致，这里将 PA1 和 PA7 进行了对调，对调后 PA1 由输出变为输入，PA7 由 TIM3_CH2 输入变为 TIM1_CH1N 输出。

注意：用 TIM2_CH2（PA1）输出 PWM 信号时，TIM2_CNT 的值可能会超出允许范围，造成没有信号输出。解决办法是：在改变 TIM2 重装值时清零 TIM2_CNT。

系统设计的重点是频率步进、速度表示和速度记录。

① 频率步进：频率的变化值是 4kHz，频率步进值小于 200Hz，因此步进次数应大于 20，取步进次数为 25，则频率步进值为 160Hz，步进时间间隔为 5s/25=200ms（用 ucT200 表示）。

② 速度表示：速度要求保留小数点后 1 位有效数字，为了表示方便，将速度值乘以 10（分别用 usV[2]、usMl 和 usMh 表示）。

③ 速度记录：当速度变化时用 usT2s 开始计时，并将当前速度保存到 usV[3]，如果 2s 内速度不变，则记录低频或高频最大速度，否则不记录。

系统设计在 TIM 设计的基础上完成：在 HAL 或 LL 文件夹中将“084_TIM”文件夹复制粘贴并重命名为“127_141”文件夹，在“127_141”文件夹中双击工程文件打开工程。

系统主程序流程图如图 12.52 所示。

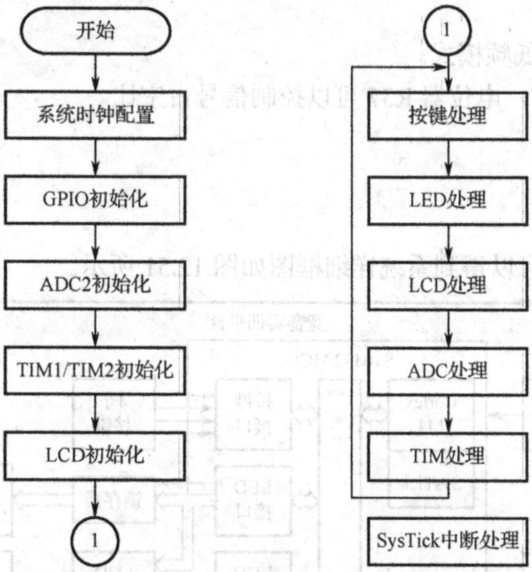

图 12.52　系统主程序流程图

主程序首先对系统进行初始化，包括系统时钟配置（SysTick 初始化）、GPIO 初始化、ADC2 初始化、TIM1/TIM2 初始化和 LCD 初始化等。主循环包括按键处理、LED 处理、LCD 处理、ADC 处理和 TIM 处理等。

主程序内容如下：

```
#include "main.h"
#include "adc.h"
#include "tim.h"
#include "gpio.h"

#include "lcd.h"
#include <stdio.h>

uint8_t  ucState;                      /* 系统状态 */
uint8_t  ucSec=5;                      /* 秒计时 */
uint8_t  ucKey;                        /* 按键值 */
uint8_t  ucLed;                        /* LED 值 */
uint8_t  ucTblk;                       /* LED 闪烁延时 */
uint8_t  ucLcd[21];                    /* LCD 值(\0 结束) */
uint16_t usTlcd;                       /* LCD 刷新计时 */
uint8_t  ucT200;                       /* 频率步进计时 */
```

```
uint8_t  ucStep;                        /* 频率步进标志 */
uint16_t usFreq=4000;                   /* 频率值 */
uint8_t  ucMode=0;                      /* 输出模式(低频模式) */
uint8_t  ucMode1=0;                     /* 输出模式1(低频模式) */
uint8_t  ucPara='R';                    /* 参数选择 */
uint8_t  ucDuty;                        /* 占空比 */
uint16_t usV[4];                        /* 脉冲宽度，周期，速度，速度1 */
uint8_t  ucR=1, ucK=1;                  /* 参数 */
uint8_t  ucR1=1, ucK1=1;                /* 参数1 */
uint8_t  ucN;                           /* 模式切换次数 */
uint16_t usMl, usMh;                    /* 最大速度 */
uint16_t usT2s;                         /* 速度统计计时 */
uint8_t  ucLock;                        /* 锁定状态 */

void SystemClock_Config(void);

void KEY_Proc(void);                    /* 按键处理 */
void LED_Proc(void);                    /* LED 处理 */
void LCD_Proc(void);                    /* LCD 处理 */
void ADC_Proc(void);                    /* ADC 处理 */
void TIM_Proc(void);                    /* TIM 处理 */

int main(void)
{
  SystemClock_Config();

  MX_GPIO_Init();
  MX_ADC2_Init();
  MX_TIM1_Init();
  MX_TIM2_Init();

  LCD_Init();                           /* LCD 初始化 */
  LCD_Clear(Black);                     /* LCD 清屏 */
  LCD_SetTextColor(White);              /* 设置字符色 */
  LCD_SetBackColor(Black);              /* 设置背景色 */

  TIM1_SetAutoReload(249);              /* PA7 输出频率 4kHz */

  while (1)
  {
    KEY_Proc();                         /* 按键处理 */
    LED_Proc();                         /* LED 处理 */
    LCD_Proc();                         /* LCD 处理 */
    ADC_Proc();                         /* ADC 处理 */
    TIM_Proc();                         /* TIM 处理 */
  }
}
```

初始化程序已由 CubeMX 生成，处理程序包括按键处理、LED 处理、LCD 处理、ADC 处理和 TIM 处理，处理程序流程图如图 12.53 所示。

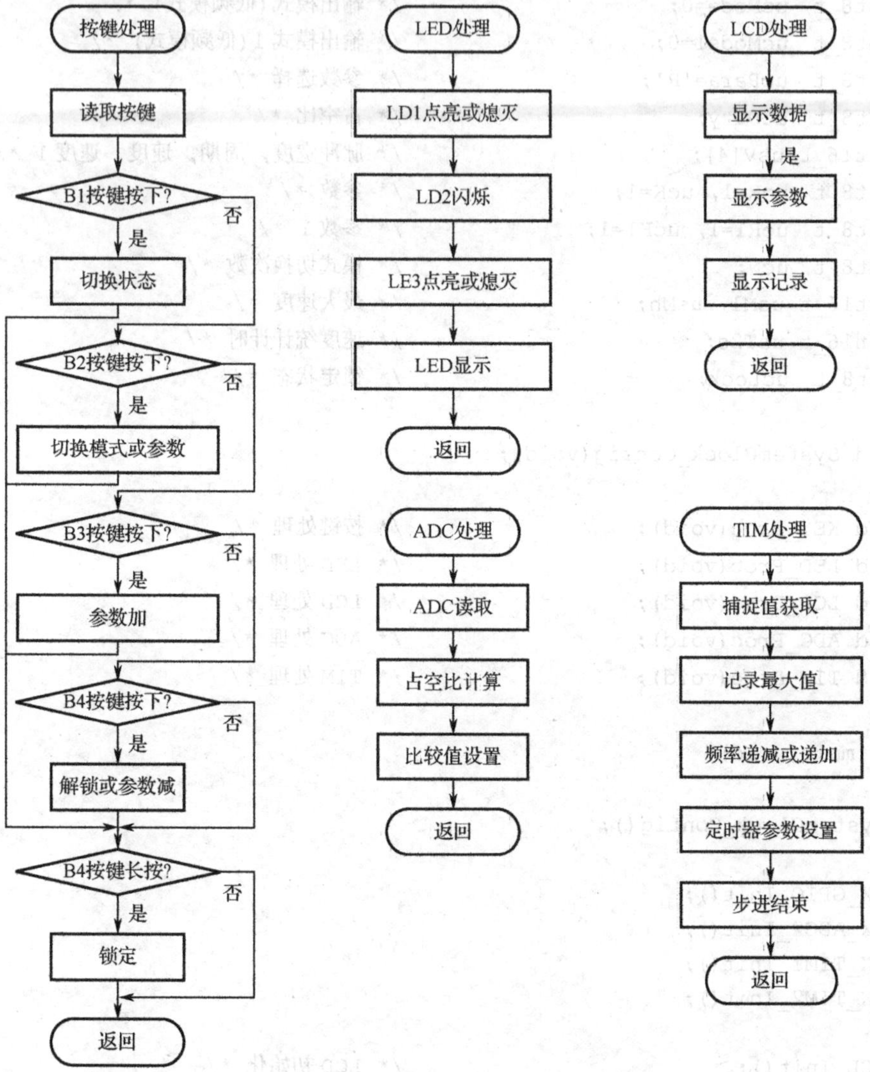

图 12.53 系统处理程序流程图

（1）按键处理程序设计

按键处理程序设计如下：

```
void KEY_Proc(void)                    /* 按键处理 */
{
  uint8_t ucKey1, ucKey2;

  ucKey1 = KEY_Read();                 /* 按键读取 */
  if (ucKey1 != ucKey)                 /* 键值变化 */
  {
    ucKey2 = ucKey;                    /* 按键松开值 */
    ucKey = ucKey1;                    /* 保存键值 */
  }
```

```
else
{
  ucKey1 = 0;                        /* 清除键值 */
  ucKey2 = 0;
}

switch (ucKey1)
{
  case 1:                            /* B1 按键按下 */
    if (++ucState == 3)              /* 切换状态 */
      ucState = 0;
    if (ucState == 1)
      ucPara = 'R';
    if (ucState == 2)
    {
      ucR = ucR1;                    /* 参数生效 */
      ucK = ucK1;
    }
    LCD_Clear(Black);                /* LCD 清屏 */
    break;
  case 2:                            /* B2 按键按下 */
    if ((ucState == 0) && (ucSec >= 5))
    {
      ucMode ^= 1;                   /* 切换模式 */
      if (ucMode == 0)
      {
        usFreq = 8000;               /* 8kHz -> 4kHz*/
        ucStep = 1;                  /* 频率递减 */
      }
      else
      {
        usFreq = 4000;               /* 4kHz -> 8kHz*/
        ucStep = 2;                  /* 频率递加 */
      }
      ucSec = 0;
      ucN++;
    }
    else                             /* 切换参数 */
    {
      if (ucPara == 'R')
        ucPara = 'K';
      else
        ucPara = 'R';
    }
    break;
  case 3:                            /* B3 按键按下 */
```

```
    if (ucState == 1)
    {
      if (ucPara == 'R')
        if (++ucR1 == 11)                 /* 参数加 */
          ucR1 = 1;
      if (ucPara == 'K')
        if (++ucK1 == 11)                 /* 参数加 */
          ucK1 = 1;
    }
    break;
  case 4:                                 /* B4 按键按下 */
    if (ucState == 0)
    {
      ucSec = 0;
      ucLock = 0;                         /* 解锁 */
    }
    if (ucState == 1)
    {
      if (ucPara == 'R')
        if (--ucR1 == 0)                  /* 参数减 */
          ucR1 = 10;
      if (ucPara == 'K')
        if (--ucK1 == 0)                  /* 参数减 */
          ucK1 = 10;
    }
  }
  if ((ucKey2 == 4) && (ucState == 0) && (ucSec >= 2))
    ucLock = 1;                           /* 锁定 */
}
```

（2）LED 处理程序设计

LED 处理程序设计如下：

```
void LED_Proc(void)                       /* LED 处理 */
{
  if (ucTblk < 100)
    return;
  ucTblk = 0;

  if (ucState == 0)
    ucLed |= 1;                           /* LD1 点亮 */
  else
    ucLed &= ~1;                          /* LD1 熄灭 */

  if (ucStep >= 1)
    ucLed ^= 2;                           /* LD2 闪烁 */
  else
```

```c
    ucLed &= ~2;                         /* LD2 熄灭 */

  if (ucLock == 1)
    ucLed |= 4;                          /* LD3 点亮 */
  else
    ucLed &= ~4;                         /* LD3 熄灭 */

  LED_Disp(ucLed);                       /* LED 显示 */
}
```

（3）LCD 处理程序设计

LCD 处理程序设计如下：

```c
void LCD_Proc(void)                      /* LCD 处理 */
{
  if (usTlcd < 100)                      /* 100ms 未到 */
    return;
  usTlcd = 0;

  switch (ucState)
  {
    case 0:                              /* 数据界面 */
      LCD_DisplayStringLine(Line1, (uint8_t *)"        DATA");
      if (ucModel == 0)
        LCD_DisplayStringLine(Line3, (uint8_t *)"     M=L");
      else
        LCD_DisplayStringLine(Line3, (uint8_t *)"     M=H");
//    sprintf((char*)ucLcd, "     P=%02u%% ", ucDuty);
      sprintf((char*)ucLcd, "     P=%02u%%  %02u%% ",
        ucDuty, usV[0]*usFreq/10000);
      LCD_DisplayStringLine(Line4, ucLcd);
//    sprintf((char*)ucLcd, "     V=%4.1f ", usV[2]/10.0);
      sprintf((char*)ucLcd, "     V=%4.1f %1uKHz", usV[2]/10.0, usFreq/1000);
      LCD_DisplayStringLine(Line5, ucLcd);
      break;
    case 1:                              /* 参数界面 */
      LCD_DisplayStringLine(Line1, (uint8_t *)"        PARA");
      sprintf((char*)ucLcd, "     R=%u ", ucR1);
      if (ucPara == 'R') ucLcd[4] = '.';
      LCD_DisplayStringLine(Line3, ucLcd);
      sprintf((char*)ucLcd, "     K=%u ", ucK1);
      if (ucPara == 'K') ucLcd[4] = '.';
      LCD_DisplayStringLine(Line4, ucLcd);
      break;
    case 2:                              /* 记录界面 */
      LCD_DisplayStringLine(Line1, (uint8_t *)"        RECD");
      sprintf((char*)ucLcd, "     N=%u ", ucN);
```

```
    LCD_DisplayStringLine(Line3, ucLcd);
    sprintf((char*)ucLcd, "    MH=%4.1f ", usMh/10.0);
    LCD_DisplayStringLine(Line4, ucLcd);
    sprintf((char*)ucLcd, "    ML=%3.1f ", usMl/10.0);
    LCD_DisplayStringLine(Line5, ucLcd);
  }
}
```

（4）ADC 处理程序设计

ADC 处理程序设计如下：

```
void ADC_Proc(void)                    /* ADC 处理 */
{
  uint8_t ucAdc;                       /* ADC 电压*10 */

  if (ucLock == 1)
    return;

  ucAdc = ADC2_Read()*33/4095;         /* ADC 读取 */
  if (ucAdc < 10)
    ucDuty = 10;
  else if (ucAdc > 30)
    ucDuty = 85;
  else
    ucDuty = (375*ucAdc-2750)/100;
  TIM1_SetCompare1(10000*ucDuty/usFreq);
}
```

（5）TIM 处理程序设计

TIM 处理程序设计如下：

```
void TIM_Proc(void)                    /* TIM 处理 */
{
  TIM2_GetCapture(usV);                /* TIM2 捕捉脉冲宽度和周期 */
  usV[2]=628000*ucR/ucK/usV[1];        /* 速度计算*10 */
  if (usV[2] != usV[3])
  {
    usT2s = 0;                         /* 2s 计时开始 */
    usV[3] = usV[2];
  }

  if (usT2s > 2000)                    /* 2s 计时到 */
  {
    if (ucMode1 == 0)
    {
      if (usV[2] > usMl)
        usMl = usV[2];                 /* 记录低频最大值 */
    }
```

```
    else
      if (usV[2] > usMh)
        usMh = usV[2];                    /* 记录高频最大值 */
  }
  if (ucStep == 0)
    return;
  if (ucT200 < 200)                       /* 步进 200ms */
    return;
  ucT200 = 0;

  if (ucStep == 1)
    usFreq -= 160;                        /* 频率递减 */
  else
    usFreq += 160;                        /* 频率递加 */

  TIM1_SetAutoReload(1000000/usFreq-1);
  TIM1_SetCompare1(10000*ucDuty/usFreq);
  if ((usFreq <= 4000) ||(usFreq >= 8000))
  {
    ucStep = 0;                           /* 步进结束 */
    ucMode1 = ucMode;
  }
}
```

（6）SysTick 中断处理程序设计

SysTick 中断处理程序设计如下：

```
void SysTick_Handler(void)
{
  static uint16_t usTms;                 /* 毫秒计时 */
  extern uint8_t  ucSec;                 /* 秒计时 */
  extern uint16_t usTlcd;                /* LCD 刷新计时 */
  extern uint8_t  ucTblk;                /* LED 闪烁延时 */
  extern uint8_t  ucT200;                /* 频率步进计时 */
  extern uint16_t usT2s;                 /* 速度记录计时 */

  HAL_IncTick();                         /* 仅用于 HAL 工程 */

  if(++usTms == 1000)                    /* 1s 到 */
  {
    usTms = 0;
    ucSec++;                             /* 秒加 1 */
  }
  usTlcd++;                              /* LCD 刷新计时 */
  ucTblk++;                              /* LED 闪烁延时 */
  ucT200++;                              /* 200ms 计时 */
  usT2s++;                               /* 2s 计时 */
}
```

12.7.2 系统测试

系统测试的主要步骤如下：

（1）将 PA1 和 PA7 用导线连接，运行程序，LD1 点亮，LCD 显示数据界面：*M* 值为 L，旋转 R37，*P* 值在 10%～85%间变化，*V* 值为 251.2。

（2）按一下 B1 按键，LD1 熄灭，LCD 显示参数界面：*R* 和 *K* 值均为 1。按一下 B1 按键，LCD 显示记录界面：*N* 值为 0，MH 值为 0.0，ML 值为 251.2。

（3）按一下 B1 按键，LD1 点亮，LCD 重新显示数据界面，按一下 B2 按键，LD2 闪烁，*V* 值 5s 内由 251.2 递加到 502.4，5s 到 LD2 熄灭，*M* 值变为 H。再按一下 B2 按键，LD2 闪烁，*V* 值 5s 内由 502.4 递减到 251.2，5s 到 LD2 熄灭，*M* 值变回 L。

（4）按一下 B1 按键，LD1 熄灭，LCD 显示参数界面，按一下 B3 按键，*R* 值加 1，连续按 B3 按键，*R* 值连续加 1，加到 10 时 *R* 值返回 1；按一下 B4 按键，*R* 值变为 10，连续按 B4 按键，*R* 值连续减 1，减到 1 时 *R* 值又变为 10。

（5）按一下 B2 按键切换参数，再按一下 B3 按键，*K* 值加 1，连续按 B3 按键，*K* 值连续加 1，加到 10 时 *R* 值返回 1；按一下 B4 按键，*K* 值变为 10，连续按 B4 按键，*K* 值连续减 1，减到 1 时 *K* 值又变为 10，将 *K* 值调为 2。

（6）按一下 B1 按键，LCD 显示记录界面：*N* 值变为 2，MH 值变为 502.4，2s 后 ML 值由 251.2 变为 1256.0，增加至原来的 5 倍（R/K=10/2=5）。

（7）按一下 B1 按键，LD1 点亮，LCD 再次显示数据界面，*V* 值变为 1256.0。按下 B4 按键 2s 以上松开，LD3 点亮，旋转 R37，*P* 值不变（锁定），再按一下 B4 按键，LD3 熄灭，旋转 R37，*P* 值在 10%～85%间变化（解锁）。

12.7.3 客观题解析

不定项选择（1.5 分/题）。

（1）下列电路中属于时序逻辑电路的是（　　）。

A．计数器　　B．分频器　　C．D 触发器　　D．编码器

（2）一个 8 位二进制减法计数器，初始状态为 0000 0000，经过 300 个输入脉冲后，计数器的状态为（　　）。

A．0010 1100　　B．1101 0011　　C．0010 0011　　D．1101 0100

（3）晶体管的穿透电流 I_{CEO} 能够体现（　　）。

A．晶体管的温度稳定性　　B．晶体管允许通过最大电流极限参数

C．晶体管放大能力　　D．晶体管的频率特性

（4）STM32 系列微控制器的程序可以在哪些区域上运行？（　　）

A．ROM　　B．RAM　　C．寄存器　　D．EEPROM

（5）一个 8 位的 DAC 转换器，供电电压为 3.3V，参考电压为 2.4V，其 1LSB 产生的输出电压增量是（　　）V。

A．0.0129　　B．0.0047　　C．0.0064　　D．0.0094

（6）下列门电路中，输出端可以直接相连实现线与的是（　　）。

A．OC 门　　B．TTL 或非门　　C．OD 门　　D．CMOS 与非门

（7）在 STM32 系列微控制器中，中断优先级可配置的是（　　）。

A．RCC　　B．NMI　　C．HardFault　　D．SysTick

（8）工作在线性区域的运算放大器应处于（　　）状态。

A．负反馈　　B．正反馈　　C．开环　　D．振荡

（9）同步电路和异步电路的区别是（　　）。

A．电路中是否包含缓冲器　　B．电路中是否包含触发器

C．电路中是否存在时钟信号　　D．电路中是否存在统一的时钟信号

（10）下列关于关键字 inline 的描述正确的是（　　）。

A．可以降低栈内存的消耗

B．可以提高代码的运行效率

C．可以提高微控制器访问内部寄存器的速度

D．程序中大量使用会增大代码编译后的可执行文件的大小

解析：

（1）计数器、分频器和 D 触发器是时序逻辑电路。答案是（ABC）。

（2）−300 mod 256 = −44，真值为 1010 1100，补码为 1101 0100。答案为（D）。

（3）晶体管的穿透电流 I_{CEO} 能够体现晶体管的温度稳定性。答案为（A）。

（4）STM32 系列微控制器的程序可以在 ROM 和 RAM 上运行。答案为（AB）。

（5）输出电压增量是 2.4 / 256 = 0.0094（V）。答案为（D）。

（6）输出端可以直接相连实现线与的是 OC 门和 OD 门。答案为（AC）。

（7）中断优先级可配置的是 RCC 和 SysTick。答案为（AD）。

（8）工作在线性区域的运算放大器应处于负反馈状态。答案为（A）。

（9）同步电路和异步电路的区别是电路中是否存在统一的时钟信号。答案为（D）。

（10）关键字 inline 可以降低栈内存的消耗、可以提高代码的运行效率、程序中大量使用会增大代码编译后的可执行文件的大小。答案为（ABD）。

12.8　第十四届国赛试题

系统硬件框图如图 12.54 所示。

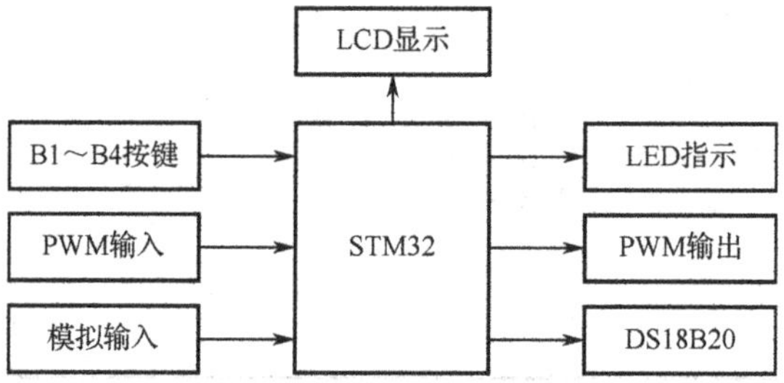

图 12.54　系统硬件框图

系统功能描述如下：

（1）功能概述

① 测量输入 PA1 引脚的脉冲信号频率和占空比。

② 通过 PA7 引脚输出频率、占空比可调的脉冲信号。

③ 通过资源扩展板上的 DS18B20（PA6-DS18B20:DQ）获取环境温度数据。

④ 通过微控制器的 ADC 功能，检测电位器 R37 上输出的模拟电压信号。

⑤ 依试题要求，通过 LCD 完成数据显示等功能。

⑥ 依试题要求，通过按键完成界面切换和参数设置等功能。

⑦ 依试题要求，通过 LED 完成报警输出和状态指示功能。

（2）性能要求

① 按键响应时间：≤0.1s。

② 温度数据刷新时间：≤1s。

③ 频率精度要求：±3%（全量程）。

④ 占空比精度要求：±1%。

⑤ 输出动作响应时间：≤0.1s。

（3）LCD 显示功能

① 数据界面：显示要素包括界面名称（DATA）、输入 PA1 引脚的信号频率和占空比（*F* 和 *D*）、电位器 R37 输出的实时电压（*V*）和采集到的环境温度（*T*），如图 12.55 所示。

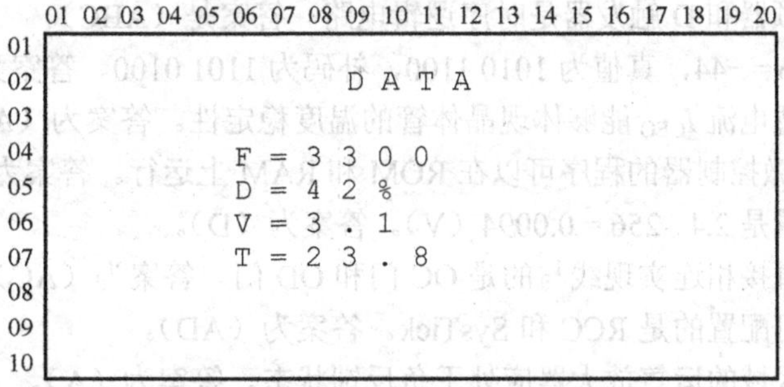

图 12.55　数据界面

输入 PA1 引脚的脉冲信号频率（*F*）数据单位为 Hz，整数。

电位器 R37 输出的实时电压（*V*）单位为 V，保留小数点后 1 位有效数字。

采集到的环境温度单位为℃，保留小数点后 1 位有效数字。

② 参数界面：显示要素包括界面名称（PARA）、频率上限参数（FH）、电压上限参数（VH）和温度上限参数（TH），如图 12.56 所示。

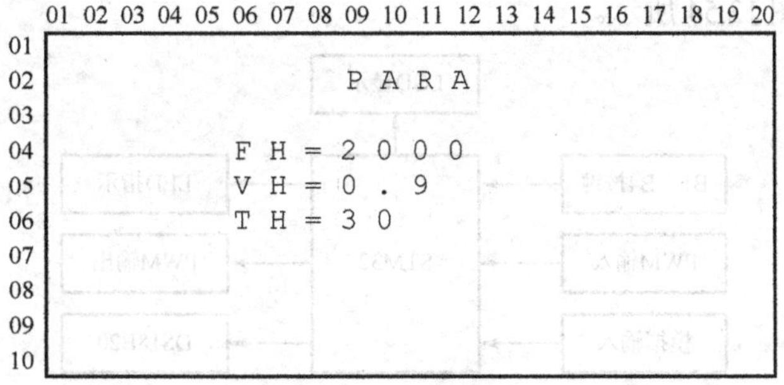

图 12.56　参数界面

频率上限参数（FH）：单位为 Hz，整数。

电压上限参数（VH）：单位为 V，保留小数点后 1 位有效数字。

温度上限参数（TH）：单位为℃，整数。

③ 统计界面：显示要素包括界面名称（RECD）、频率报警次数（FN）、电压报警次数（VN）和温度报警次数（TN），如图 12.57 所示。

频率、电压和温度报警次数为整数。频率、电压、温度的实时值大于对应的上限参数，相应的报警次数累加一次，持续处于报警状态不累加。

```
    01 02 03 04 05 06 07 08 09 10 11 12 13 14 15 16 17 18 19 20
01
02                            R  E  C  D
03
04                   F  N  =  0
05                   V  N  =  3
06                   T  N  =  8
07
08
09
10
```

图 12.57　统计界面

④ 回放设置界面：显示要素包括界面名称（FSET）、脉冲信号回放分频系数（FP）、电压信号回放最小值（VP）和记录回放时间（TT），如图 12.58 所示。

```
    01 02 03 04 05 06 07 08 09 10 11 12 13 14 15 16 17 18 19 20
01
02                            F  S  E  T
03
04                   F  P  =  1
05                   V  P  =  0  .  9
06                   T  T  =  6
07
08
09
10
```

图 12.58　回放设置界面

脉冲信号回放分频系数（FP）为整数。

电压信号回放最小值（VP）保留小数点后 1 位有效数字。

记录回放时间（TT）单位为 s，整数。

⑤ LCD 通用显示要求

- 显示前景色（TextColor）：白色。
- 显示背景色（BackColor）：黑色。
- 数据项与对应的数据之间使用“=”间隔开。
- 请严格按照图示要求设计各个信息项的名称（区分字母大小写）和行列位置。

（4）信号记录

记录内容：电位器 R37 输出的电压变化、输入 PA1 引脚的脉冲信号频率和占空比。记录时长为记录回放时间（TT）的值。

（5）信号回放

通过 PA7 输出频率和占空比可调的脉冲信号，完成信号的回放功能。回放的时长为记录回放时间（TT）的值。回放结束后，PA7 输出低电平。

① 脉冲信号的回放：将记录下来的一段输入 PA1 引脚上信号频率和占空比的连续变化，通过 PA7 播放输出，输出信号频率按照脉冲信号回放分频系数（FP）进行分频处理，占空比与记录值保持一致。

② 电压信号的回放：将记录下来的一段电位器 R37 电压输出的连续变化，通过 PA7 引脚播放输出，输出信号频率固定为 1kHz，信号占空比如图 12.59 所示。

VP 是设置界面的电压信号回放最小值。

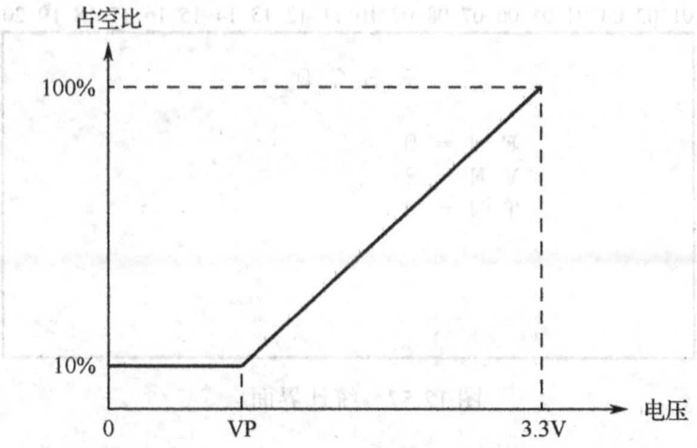

图 12.59　电压与 PA7 输出信号占空比的关系

（6）按键功能

① B1 按键：定义为“界面”按键，按下 B1 按键可以循环切换数据、参数、统计和回放设置四个界面。

每次从数据界面进入参数界面，默认当前可调整的报警参数是频率上限参数（FH）。

每次从统计界面进入到回放设置界面，默认当前可调整的是脉冲信号回放分频系数（FP）。

② B2 按键：在数据界面下定义为“记录”按键。按下 B2 按键后，系统开始记录电位器 R37 输出电压和输入 PA1 引脚的脉冲信号频率、占空比。记录完成前，设备处于“锁定状态”，所有按键操作失效，直至信号记录完成后恢复。仅保留最近一次记录的一组数据。

在参数界面和回放设置界面下定义为“选择”按键。在参数界面下，按下 B2 按键，切换选择频率上限参数（FH）、电压上限参数（VH）和温度上限参数（TH），从参数界面退出时，新的 FH、VH 和 TH 参数生效。

在回放设置界面下，按下 B2 按键，切换选择脉冲信号回放分频系数（FP）、电压信号回放最小值（VP）和记录回放时间（TT），从回放设置界面退出时，新的 FP、VP 和 TT 参数生效。

在统计界面下定义为“清零”按键，按下 B2 按键清零频率、电压和温度报警次数。

③ B3 按键：定义为“加”按键。

在参数界面下按下 B3 按键：

若当前选择的是频率上限参数（FH），FH 值加 1000Hz。

若当前选择的是电压上限参数（VH），VH 值加 0.3V。

若当前选择的是温度上限参数（TH），TH 值加 1℃。

在回放设置界面下，按下 B3 按键：

若当前选择的是脉冲信号回放分频系数（FP），FP 值加 1。

若当前选择的是电压信号回放最小值（VP），VP 值加 0.3V。

若当前选择的是记录回放时间（TT），TT 值加 2s。

在实时数据界面下，按下 B3 按键：

若设备已经完成了数据记录，则通过 PA7 引脚回放“脉冲信号”。

④ B4 按键：定义为“减”按键。

在参数界面下，按下 B4 按键：

若当前选择的是频率上限参数（FH），FH 值减 1000Hz。

若当前选择的是电压上限参数（VH），VH 值减 0.3V。

若当前选择的是温度上限参数（TH），TH 值减 1℃。

在回放设置界面下，按下 B4 按键：

若当前选择的是脉冲信号回放分频系数（FP），FP 值减 1。

若当前选择的是电压信号回放最小值（VP），VP 值减 0.3V。

若当前选择的是记录回放时间（TT），TT 值减 2s。

在数据界面下，按下 B4 按键：

若设备已经完成了数据记录，则通过 PA7 引脚回放“电压信号”。

⑤ B3 和 B4 按键组合：在任何一个界面下，B3 和 B4 按键均处于按下状态且持续时间超 2s，设备回到初始状态。

⑥ 通用按键要求：

- 按键应进行有效的防抖处理，避免出现一次按键多次触发等情形。
- 按键动作不应影响数据采集过程和屏幕显示效果。
- 有效区分长短按键功能，互不影响。
- 参数调整应考虑边界值，不出现无效参数。
- 当前界面下无功能的按键按下，不触发其他界面的功能。

（7）LED 功能

① LD1：处于记录信号状态时，LD1 以 0.1s 为间隔切换亮灭状态，其余时间熄灭。

② LD2：处于回放脉冲信号状态时，LD2 以 0.1s 为间隔切换亮灭状态，其余时间熄灭。

③ LD3：处于回放电压信号状态时，LD3 以 0.1s 为间隔切换亮灭状态，其余时间熄灭。

④ LD4：频率报警指示灯，满足 F>FH 时，指示灯点亮，否则熄灭。

⑤ LD5：电压报警指示灯，满足 V>VH 时，指示灯点亮，否则熄灭。

⑥ LD6：温度报警指示灯，满足 T>TH 时，指示灯点亮，否则熄灭。

⑦ LD7～LD8：始终处于熄灭状态。

（8）初始状态说明

请严格按照下列要求设计作品的初始状态：

① 处于数据界面

② 频率上限参数（FH）默认值：2kHz，可调整范围：1～10kHz。

③ 电压上限参数（VH）默认值：3.0V，可调整范围：0～3.3V。

④ 温度上限参数（TH）默认值：30℃，可调整范围：0～80℃。

⑤ 脉冲信号回放分频系数（FP）默认值：1，可调整范围：1～10。

⑥ 电压信号回放最小值（VP）默认值：0.9V，可调整范围：0～3.3V。

⑦ 记录回放时间（TT）默认值：6s，可调整范围：2～10s。

⑧ 统计界面（FN、VN、TN）初始值为 0。

（9）资源扩展板跳线配置

扩展板跳线配置如图 12.60 所示。

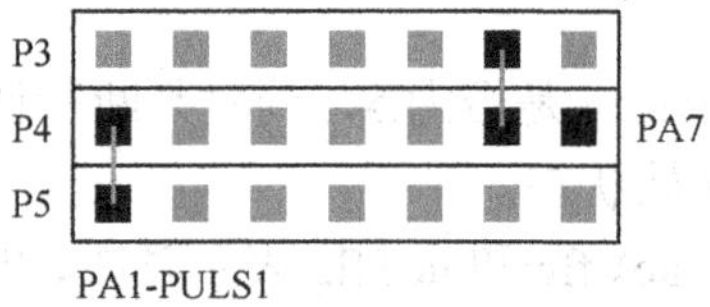

图 12.60　扩展板跳线配置

请将嵌入式竞赛实训平台的 J3 接口与资源扩展板的 P1 接口对位连接，以免损坏硬件。

12.8.1 系统设计

通过分析系统功能，可以得到系统详细框图如图 12.61 所示。

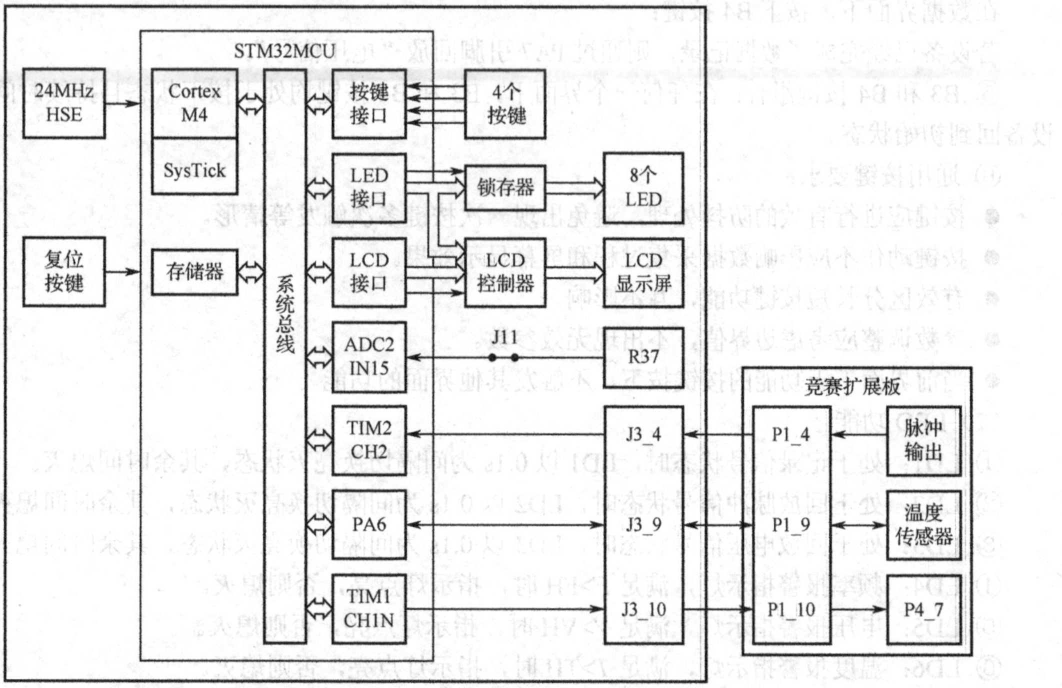

图 12.61 系统详细框图

4 个按键通过按键接口与 MCU 相连，LED 和 LCD 分别通过 LED 接口和 LCD 接口与 MCU 相连，ADC2_CH15 通过 J11 与 R37 相连，TIM2_CH2（PA1）通过 J3_4 和 P1_4 与扩展板上的脉冲输出相连，温度传感器通过 P1_9 和 J3_9 与 PA6 相连，TIM1_CH1N（PA7）通过 J3_10 和 P1_10 连接到扩展板上的 P4_7。

系统设计的重点是信号记录与回放、组合长按键处理和报警统计。

① 信号记录与回放：用 ucDrec 表示记录回放状态，ucDrec=0 是默认状态。

在数据界面下按下 B2 按键，记录数据：ucDrec=1，每秒记录 1 次，数据存放在 sDrec[]中，同时锁定按键，达到记录回放时间 ucTtim 后设置 ucDrec=2，解锁按键。

在 ucDrec=2 状态下按下 B3 按键，回放脉冲：ucDrec=3，按下 B4 按键，回放电压：ucDrec=4。脉冲和电压每秒回放 1 次，达到记录回放时间 ucTtim 后重新设置 ucDrec=2。

② 组合长按键处理：修改按键读取程序，在判断 B3 或 B4 按键按下后，增加 B4 或 B3 按键按下判断，如果 B4 或 B3 按键按下，则赋值键值 5（组合按键值），否则赋值键值 3（B3 按键值）或赋值键值 4（B4 按键值）。

在按键处理程序中判断键值 ucKey 是否为 5，同时判断秒计时 ucSec 是否达到 2s，如果条件满足则将变量赋值初始值，回到初始状态。

③ 报警统计：分别用 ucFflg、ucVflg 和 ucTflg 表示频率、电压和温度报警标志，默认值为 0。默认状态下如果频率、电压或温度报警，则将对应的报警次数加 1，同时置位报警标志，否则清除报警标志。

系统设计在 TIM 设计的基础上完成：在 HAL 或 LL 文件夹中将“084_TIM”文件夹复制粘贴为“128_142”文件夹，打开“128_142”文件夹中的工程。

系统主程序流程图如图 12.62 所示。

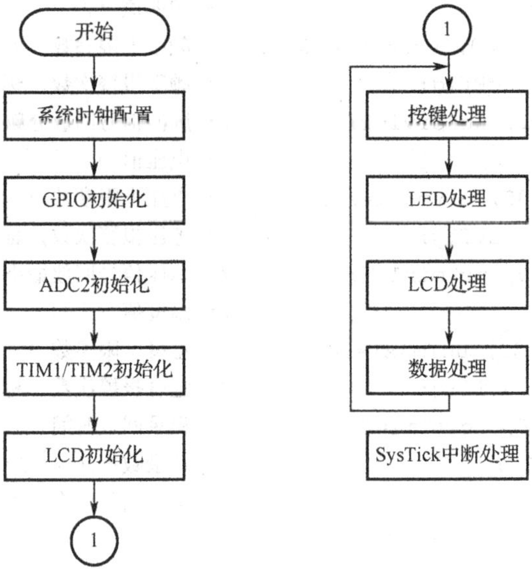

图 12.62　系统主程序流程图

主程序首先对系统进行初始化，包括系统时钟配置（SysTick 初始化）、GPIO 初始化、ADC2 初始化、TIM1/TIM2 初始化和 LCD 初始化。主循环包括按键处理、LED 处理、LCD 处理和数据处理。

主程序内容如下：

```
#include "main.h"
#include "adc.h"
#include "tim.h"
#include "gpio.h"

#include "lcd.h"
#include <stdio.h>

typedef struct
{
  uint8_t  ucVval;                /* 电压值 */
  uint16_t usFval;                /* 频率值 */
  uint8_t  ucDuty;                /* 占空比 */
} sData;

uint8_t  ucState;                 /* 系统状态 */
uint16_t usTms;                   /* 毫秒计时 */
uint8_t  ucSec, ucSec1;           /* 秒计时 */
uint8_t  ucKey;                   /* 按键值 */
uint8_t  ucLed;                   /* LED 值 */
uint8_t  ucTblk;                  /* LED 闪烁延时 */
uint8_t  ucLcd[21];               /* LCD 值(\0 结束) */
uint16_t usTlcd;                  /* LCD 刷新计时 */
```

```
uint8_t  ucDuty;                         /* 占空比 */
uint16_t usFval;                         /* 频率值 */
uint16_t usFmax=2000, usFmax1=2000;     /* 频率上限参数 */
uint8_t  ucFnum, ucFflg;                 /* 频率报警次数，标志 */
uint8_t  ucFdiv=1, ucFdiv1=1;            /* 脉冲信号回放分频系数 */
uint16_t ucVval;                         /* 电压值 */
uint8_t  ucVmax=30, ucVmax1=30;          /* 电压上限参数 */
uint8_t  ucVnum, ucVflg;                 /* 电压报警次数，标志 */
uint8_t  ucVmin=9, ucVmin1=9;            /* 电压信号回放最小值 */
uint16_t usTval;                         /* 温度值 */
uint16_t ucTmax=30, ucTmax1=30;          /* 温度上限参数 */
uint8_t  ucTnum, ucTflg;                 /* 温度报警次数，标志 */
uint8_t  ucTtim=6, ucTtim1=6;            /* 记录回放时间 */
sData    sDrec[11];                      /* 记录数据（0~10） */
uint8_t  ucDrec;                         /* 记录回放状态 */

void SystemClock_Config(void);

void KEY_Proc(void);                     /* 按键处理 */
void LED_Proc(void);                     /* LED 处理 */
void LCD_Proc(void);                     /* LCD 处理 */
void DATA_Proc(void);                    /* 数据处理 */
uint16_t DSB_Read(void);

int main(void)
{
  SystemClock_Config();

  MX_GPIO_Init();
  MX_ADC2_Init();
  MX_TIM1_Init();
  MX_TIM2_Init();

  LCD_Init();                            /* LCD 初始化 */
  LCD_Clear(Black);                      /* LCD 清屏 */
  LCD_SetTextColor(White);               /* 设置字符色 */
  LCD_SetBackColor(Black);               /* 设置背景色 */

  TIM1_SetCompare1(0);

  while (1)
  {
    KEY_Proc();                          /* 按键处理 */
    LED_Proc();                          /* LED 处理 */
    LCD_Proc();                          /* LCD 处理 */
    DATA_Proc();                         /* 数据处理 */
```

```
    }
  }
```

注意：将 ds18b20.c 添加到工程中。

初始化程序已由 CubeMX 生成，处理程序包括按键处理、LED 处理、LCD 处理和数据处理，处理程序流程图如图 12.63 所示。

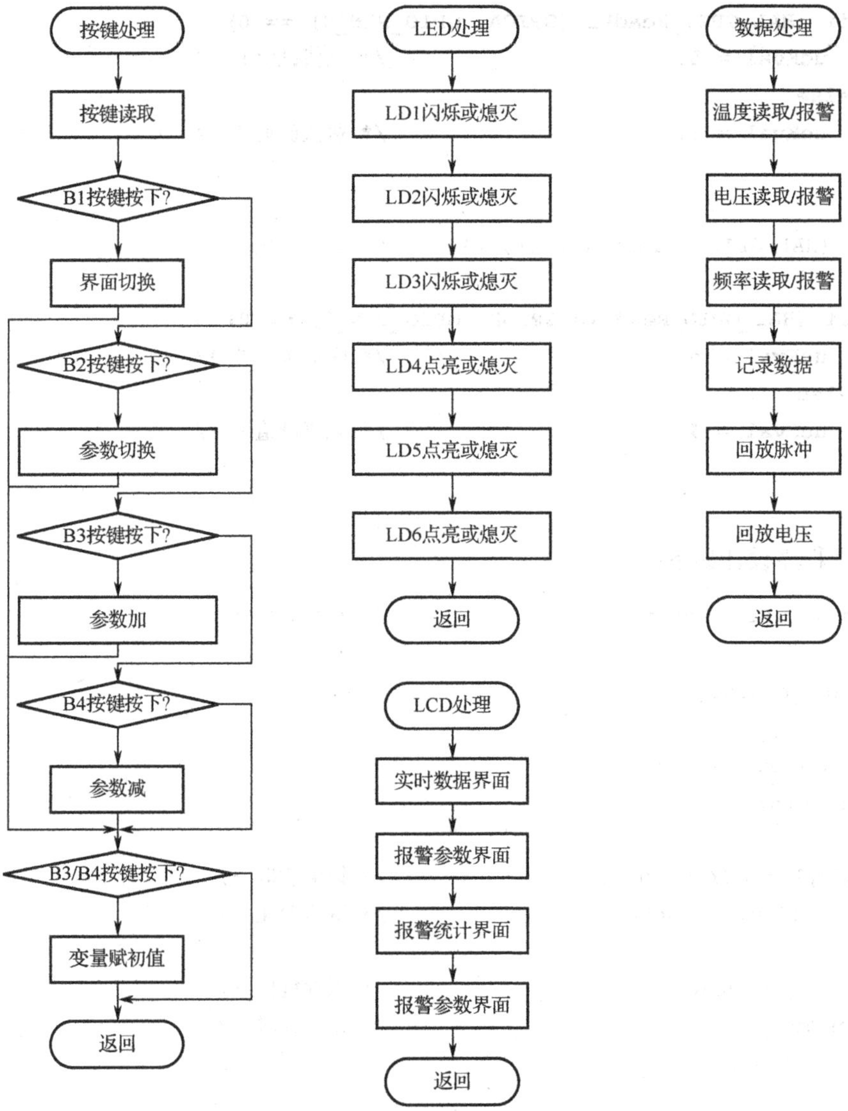

图 12.63　系统处理程序流程图

（1）按键程序设计

按键程序设计包括按键读取程序修改和按键处理程序设计。

按键读取程序修改如下：

在 gpio.c 的 KEY_Read()中将下列代码：

```
if (HAL_GPIO_ReadPin(GPIOB, GPIO_PIN_2) == 0)
  ucKval = 3;                         /* 赋值键值 3 */

if (HAL_GPIO_ReadPin(GPIOA, GPIO_PIN_0) == 0)
```

```
    ucKval = 4;                              /* 赋值键值 4 */
  }
```

修改为：

```
    if (HAL_GPIO_ReadPin(GPIOB, GPIO_PIN_2) == 0)
    {
      if (HAL_GPIO_ReadPin(GPIOA, GPIO_PIN_0) == 0)
        ucKval = 5;                          /* 赋值键值 5 */
      else
        ucKval = 3;                          /* 赋值键值 3 */
    }

    if (HAL_GPIO_ReadPin(GPIOA, GPIO_PIN_0) == 0)
    {
      if (HAL_GPIO_ReadPin(GPIOB, GPIO_PIN_2) == 0)
        ucKval = 5;                          /* 赋值键值 5 */
      else
        ucKval = 4;                          /* 赋值键值 4 */
    }
  }
```

按键处理程序设计如下：

```
  void KEY_Proc(void)                        /* 按键处理 */
  {
    uint8_t ucKey1;

    if (ucDrec == 1)
      return;

    ucKey1 = KEY_Read();                     /* 键值读取 */
    if (ucKey1 != ucKey)                     /* 键值变化 */
    {
      ucKey = ucKey1;                        /* 保存键值 */
      usTms = 0;                             /* 毫秒计时 */
      ucSec = 0;
    }
    else
      ucKey1 = 0;                            /* 清除键值 */

    switch (ucKey1)
    {
      case 1:                                /* B1 按键按下 */
        ucState &= 0xf0;
        ucState += 0x10;                     /* 界面切换 */
        if (ucState == 0x20)
        {
```

```
    usFmax = usFmax1;                 /* 报警参数生效 */
    ucVmax = ucVmax1;
    ucTmax = ucTmax1;
  }
  if (ucState == 0x40)
  {
    ucFdiv = ucFdiv1;                 /* 回放参数生效 */
    ucVmin = ucVmin1;
    ucTtim = ucTtim1;
    ucState = 0;
  }
  LCD_Clear(Black);                   /* LCD 清屏 */
  break;
case 2:                               /* B2 按键按下 */
  switch (ucState & 0xf0)
  {
    case 0:
      ucDrec = 1;                     /* 记录数据 */
      break;
    case 0x10:
      if (++ucState == 0x13)          /* 报警参数切换 */
        ucState = 0x10;
      break;
    case 0x20:
      ucFnum = ucVnum = ucTnum = 0;
      break;
    case 0x30:
      if (++ucState == 0x33)          /* 回放参数切换 */
        ucState = 0x30;
  }
  break;
case 3:                               /* B3 按键按下 */
  switch (ucState)
  {
    case 0:
      if (ucDrec == 2)
        ucDrec = 3;                   /* 回放脉冲 */
      break;
    case 0x10:
      if (usFmax1 < 10000)
        usFmax1 += 1000;
      break;
    case 0x11:
      if (ucVmax1 < 33)
        ucVmax1 += 3;
      break;
```

```
    case 0x12:
      if (ucTmax1 < 80)
        ucTmax1++;
      break;
    case 0x30:
      if (ucFdiv1 < 10)
        ucFdiv1++;
      break;
    case 0x31:
      if (ucVmin1 < 33)
        ucVmin1 += 3;
      break;
    case 0x32:
      if (ucTtim1 < 10)
        ucTtim1 += 2;
  }
  break;
case 4:                                         /* B4 按键按下 */
  switch (ucState)
  {
    case 0:
      if (ucDrec == 2)
      {
        TIM1_SetAutoReload(999);    /* 1kHz */
        ucDrec = 4;                 /* 回放电压 */
      }
      break;
    case 0x10:
      if (usFmax1 > 1000)
        usFmax1 -= 1000;
      break;
    case 0x11:
      if (ucVmax1 > 0)
        ucVmax1 -= 3;
      break;
    case 0x12:
      if (ucTmax1 > 0)
        ucTmax1--;
      break;
    case 0x30:
      if (ucFdiv1 > 1)
        ucFdiv1--;
      break;
    case 0x31:
      if (ucVmin1 > 0)
        ucVmin1 -= 3;
```

```
        break;
      case 0x32:
        if (ucTtim1 > 2)
          ucTtim1 -= 2;
    }
  }
  if ((ucKey == 5) && (ucSec == 2))
  {
    ucState = 0;
    usFmax = usFmax1 = 2000;
    ucVmax = ucVmax1 = 30;
    ucTmax = ucTmax1 = 30;
    ucFdiv = ucFdiv1 = 1;
    ucVmin = ucVmin1 = 9;
    ucTtim = ucTtim1 = 6;
    ucFnum = 0;
    ucVnum = 0;
    ucTnum = 0;
    ucDrec = 0;
  }
}
```

（2）LED 处理程序设计

LED 处理程序设计如下：

```
void LED_Proc(void)                     /* LED 处理 */
{
  if (ucTblk < 100)
    return;
  ucTblk = 0;

  if (ucDrec == 1)
    ucLed ^= 1;                         /* LD1 闪烁 */
  else
    ucLed &= ~1;                        /* LD1 熄灭 */

  if (ucDrec == 3)
    ucLed ^= 2;                         /* LD2 闪烁 */
  else
    ucLed &= ~2;                        /* LD2 熄灭 */

  if (ucDrec == 4)
    ucLed ^= 4;                         /* LD3 闪烁 */
  else
    ucLed &= ~4;                        /* LD3 熄灭 */

  if (usFval >= usFmax)
```

```
    ucLed |= 8;                          /* LD4 点亮 */
  else
    ucLed &= ~8;                         /* LD4 熄灭 */

  if (ucVval >= ucVmax)
    ucLed |= 0x10;                       /* LD5 点亮 */
  else
    ucLed &= ~0x10;                      /* LD5 熄灭 */

  if ((usTval>>4) >= ucTmax)
    ucLed |= 0x20;                       /* LD6 点亮 */
  else
    ucLed &= ~0x20;                      /* LD6 熄灭 */

  LED_Disp(ucLed);                       /* LED 显示 */
}
```

（3）LCD 处理程序设计

LCD 处理程序设计如下：

```
void LCD_Proc(void)                      /* LCD 处理 */
{
  if (usTlcd < 500)                      /* 500ms 未到 */
    return;
  usTlcd = 0;

  switch (ucState&0xf0)
  {
    case 0:                              /* 数据界面 */
      LCD_DisplayStringLine(Line1, (uint8_t *)"        DATA");
      sprintf((char*)ucLcd, "     F=%3u  ", usFval);
      LCD_DisplayStringLine(Line3, ucLcd);
      sprintf((char*)ucLcd, "     D=%2u%% ", ucDuty);
      LCD_DisplayStringLine(Line4, ucLcd);
      sprintf((char*)ucLcd, "     V=%2.1f ", ucVval/10.0);
      LCD_DisplayStringLine(Line5, ucLcd);
      sprintf((char*)ucLcd, "     T=%3.1f", usTval/16.0);
      LCD_DisplayStringLine(Line6, ucLcd);
      sprintf((char*)ucLcd, "     R=%1u ", ucDrec);
      LCD_DisplayStringLine(Line7, ucLcd);
      break;
    case 0x10:                           /* 参数界面 */
      LCD_DisplayStringLine(Line1, (uint8_t *)"        PARA");
      sprintf((char*)ucLcd, "     FH=%3u  ", usFmax1);
      if (ucState == 0x10) ucLcd[4] = '.';
      LCD_DisplayStringLine(Line3, ucLcd);
      sprintf((char*)ucLcd, "     VH=%2.1f ", ucVmax1/10.0);
```

```
      if (ucState == 0x11) ucLcd[4] = '.';
      LCD_DisplayStringLine(Line4, ucLcd);
      sprintf((char*)ucLcd, "     TH=%02u ", ucTmax1);
      if (ucState == 0x12) ucLcd[4] = '.';
      LCD_DisplayStringLine(Line5, ucLcd);
      break;
    case 0x20:                            /* 统计界面 */
      LCD_DisplayStringLine(Line1, (uint8_t *)"        RECD");
      sprintf((char*)ucLcd, "     FN=%1u  ", ucFnum);
      LCD_DisplayStringLine(Line3, ucLcd);
      sprintf((char*)ucLcd, "     VN=%1u  ", ucVnum);
      LCD_DisplayStringLine(Line4, ucLcd);
      sprintf((char*)ucLcd, "     TN=%1u  ", ucTnum);
      LCD_DisplayStringLine(Line5, ucLcd);
       break;
    case 0x30:                            /* 参数界面 */
      LCD_DisplayStringLine(Line1, (uint8_t *)"        FSET");
      sprintf((char*)ucLcd, "     FP=%1u ", ucFdiv1);
      if (ucState == 0x30) ucLcd[4] = '.';
      LCD_DisplayStringLine(Line3, ucLcd);
      sprintf((char*)ucLcd, "     VP=%2.1f ", ucVmin1/10.0);
      if (ucState == 0x31) ucLcd[4] = '.';
      LCD_DisplayStringLine(Line4, ucLcd);
      sprintf((char*)ucLcd, "     TT=%1u ", ucTtim1);
      if (ucState == 0x32) ucLcd[4] = '.';
      LCD_DisplayStringLine(Line5, ucLcd);
  }
}
```

（4）数据处理程序设计

数据处理程序设计如下：

```
void DATA_Proc(void)                      /* 数据处理 */
{
  uint16_t usCapt[2];

  if (ucSec1 == ucSec)                    /* 1s 未到 */
    return;
  ucSec1 = ucSec;

  usTval = DSB_Read();
  if ((usTval>>4) >= ucTmax)
  {
    if (ucTflg == 0)
    {
      ucTnum++;
      ucTflg = 1;
```

```
    }
  }
  else
    ucTflg = 0;

  ucVval = ADC2_Read()*33/4095;
  if (ucVval >= ucVmax)
  {
    if (ucVflg == 0)
    {
      ucVnum++;
      ucVflg = 1;
    }
  }
  else
    ucVflg = 0;

  TIM2_GetCapture(usCapt);
  usFval = 1000000/usCapt[1];
  ucDuty = usCapt[0]*100/usCapt[1];
  if (usFval >= usFmax)
  {
    if (ucFflg == 0)
    {
      ucFnum++;
      ucFflg = 1;
    }
  }
  else
    ucFflg = 0;

  switch (ucDrec)
  {
    case 1:                                  /* 记录数据 */
      sDrec[ucSec].ucVval = ucVval;
      sDrec[ucSec].usFval = usFval;
      sDrec[ucSec].ucDuty = ucDuty;
      if (ucSec == ucTtim)
        ucDrec = 2;                          /* 完成记录 */
      break;
    case 3:                                  /* 回放脉冲 */
      usCapt[1] = 1000000*ucFdiv/sDrec[ucSec].usFval;
      usCapt[0] = sDrec[ucSec].ucDuty*usCapt[1]/100;
      TIM1_SetAutoReload(usCapt[1]-1);
      TIM1_SetCompare1(usCapt[0]);
      if (ucSec == ucTtim)
```

```
    {
      TIM1_SetCompare1(0);
      ucDrec = 2;                         /* 完成回放 */
    }
    break;
  case 4:                                 /* 回放电压 */
    if (sDrec[ucSec].ucVval < ucVmin)
      TIM1_SetCompare1(100);              /* 占空比 10% */
    else
      TIM1_SetCompare1(100+900*(sDrec[ucSec].ucVval-ucVmin)/(33-ucVmin));
    if (ucSec == ucTtim)
      ucDrec = 2;                         /* 完成回放 */
  }
}
```

（5）SysTick 中断处理程序设计

SysTick 中断处理程序设计如下：

```
void SysTick_Handler(void)
{
  extern uint16_t usTms;                  /* 毫秒计时 */
  extern uint8_t  ucSec;                  /* 秒计时 */
  extern uint16_t usTlcd;                 /* LCD 刷新计时 */
  extern uint8_t  ucTblk;                 /* LED 闪烁计时 */

  HAL_IncTick();                          /* 仅用于 HAL 工程 */

  if(++usTms == 1000)                     /* 1s 到 */
  {
    usTms = 0;
    ucSec++;                              /* 秒加 1 */
  }
  usTlcd++;                               /* LCD 刷新计时 */
  ucTblk++;                               /* LED 闪烁计时 */
}
```

12.8.2 系统测试

系统测试的主要步骤如下：

（1）将扩展板（用短路块连接 P4_1-P5_1 和 P3_6-P4_6，拔掉 P4_7 上的短路块）与实训平台相连，运行程序，LCD 显示数据界面（DATA）。按下 B1 按键，LCD 依次显示参数界面（PARA）、统计界面（RECD）、回放设置界面（PSET）和数据界面（DATA）。

（2）在数据界面（DATA）旋转扩展板上的 RP3，LCD 上的频率和占空比发生变化，当频率大于 2000Hz 时，LD4 点亮，否则 LD4 熄灭。旋转实训平台上的 R37，LCD 上的电压发生变化，当电压大于 3V 时，LD5 点亮，否则 LD5 熄灭。用手捏住扩展板上的 U9，LCD 上的温度值上升，当温度大于 30℃时，LD6 点亮，否则 LD6 熄灭。

（3）将频率值调到 6000Hz 左右（占空比在 50%左右），电压值调到 2.0V。按下 B2 按键记录数据，LCD 上的 R 值（记录回放状态，测试用）由 0 变为 1（记录数据），LD1 闪烁，按键锁定，6s 后 R 值由 1 变为 2（记录完成），LD1 熄灭，按键功能恢复。

（4）按下 B1 按键切换到参数界面（PARA），按下 B2 按键循环切换参数 FH、VH 和 TH。对于 FH，按下 B3 按键 FH 值加 1000Hz，最大值为 10000Hz；按下 B4 按键 FH 值减 1000Hz，最小值为 1000Hz。对于 VH，按下 B3 按键 VH 值加 0.3V，最大值为 3.3V；按下 B4 按键 VH 值减 0.3V，最小值为 0.0V。对于 TH，按下 B3 按键 TH 值加 1℃，最大值为 80℃；按下 B4 按键 TH 值减 1℃，最小值为 0℃。

注意：修改参数时，LD4～LD6 的状态不变，表示新参数没有生效，按下 B1 按键离开参数界面（PARA）时，LD4～LD6 的状态可能改变，表示新参数生效。

（5）在统计界面（RECD）按下 B2 按键，报警次数 FN、VN 和 TN 清零。

（6）按下 B1 按键切换到回放设置界面（PSET），按下 B2 按键循环切换参数 FP、VP 和 TT。对于 FP，按下 B3 按键 FP 值加 1，最大值为 10；按下 B4 按键 FP 值减 1，最小值为 1。对于 VP，按下 B3 按键 VP 值加 0.3V，最大值为 3.3V；按下 B4 按键 VP 值减 0.3V，最小值为 0.0V。对于 TT，按下 B3 按键 TT 值加 2s，最大值为 10s；按下 B4 按键 TT 值减 2s，最小值为 2s。

（7）将 FP 值调为 2，VP 值调为 0.0V，TT 值调回 6s。拔掉扩展板，用导线连接 PA1 和 PA7。按下 B1 按键回到数据界面，按下 B3 按键，R 值由 2 变为 3（回放脉冲），LD2 闪烁，LCD 显示频率值为 3000Hz 左右（6000/2，占空比为 50%左右），6s 后 R 值由 3 变回 2，LD2 熄灭。按下 B4 按键，R 值由 2 变为 4（回放电压），LD3 闪烁，LCD 显示频率值为 1000Hz，占空比为 64%（10+90×20/33），6s 后 R 值由 4 变回 2，LD3 熄灭。

注意：拔掉扩展板后，由于断开了 DS18B20 连接，按键操作和 LED 闪烁可能会出现卡顿。

（8）同时按下 B3 和 B4 按键 2s，系统回到初始状态。

12.8.3 客观题解析

不定项选择（1.5 分/题）。

（1）描述电容的技术指标有哪些？（　　）

A．容量　　B．耐压值　　C．耐温值　　D．ESR

（2）竞赛平台上的 STM32 微控制器支持的通信接口包括（　　）。

A．USB　　B．DCMI　　C．Ethernet　　D．CAN

（3）一个 R=10kΩ，C=3.3μF 的低通滤波器，截止频率约为（　　）Hz。

A．1　　B．4.82　　C．159.2　　D．0.88

（4）一个由电池供电的硬件系统需要将输入电源电压 12V 转换为 4.2V，输出电流 3A，比较合适的解决方案是（　　）。

A．LDO　　B．DC/DC(BUCK)

C．DC/DC(BOOST)　　D．三端线性稳压器

（5）32.768kHz 的晶振常用于为微控制器的哪些外设提供时钟信号？（　　）

A．GPIO　　B．ADC 转换单元　　C．RTC 时钟单元　　D．USB 通信单元

（6）在电路板上，信号传输过程中产生信号反射的原因是（　　）。

A．走线宽度不够　　B．铜皮厚度不足　　C．信号源功率不足　　D．线路阻抗不连续

（7）放大电路的静态工作点包括（　　）。

A．基极电流 I_B　　B．集电极电流 I_C

C．基极发射极间电压 U_{BE}　　D．集电极发射极间电压 U_{CE}

（8）一个 SPI 主机控制多个 SPI 从机时，若从机的读写极性和相位均相同，SPI 从机可以共用

主机提供的哪些信号？（　　）

A．CS　　B．MISO　　C．MOSI　　D．CLK

（9）关于单片机系统中的看门狗，下列说法中正确的是（　　）。

A．看门狗本质上是一个定时器

B．启动看门狗以后，需要在程序中喂狗

C．看门狗可能导致系统复位，应尽量避免使用

D.可以提高系统的稳定性、可靠性

（10）关于以太网的说法中正确的是（　　）。

A．常用 RJ45 连接器　　B．基于 802.1 协议实现

C．数据是以广播的形式发送的　　D．使用 MAC 地址标识主机

解析：

（1）描述电容的技术指标有容量、耐压值、耐温值和 ESR。答案为（ABCD）。

（2）竞赛平台上的 STM32 微控制器支持的通信接口包括 USB 和 CAN。答案为（AD）。

（3）低通滤波器的截止频率约为 $1/(2\pi RC)=1/(2\times3.14\times10^4\times3.3*10^{-6})=4.82$（Hz）。答案为（B）。

（4）比较合适的解决方案是 DC/DC（BUCK）。答案为（B）。

（5）32.768kHz 的晶振常用于为微控制器的 RTC 时钟单元提供时钟信号。答案为（C）。

（6）在电路板上，信号传输过程中产生信号反射的原因是线路阻抗不连续。答案为（D）。

（7）放大电路的静态工作点包括基极电流 I_B、集电极电流 I_C 和集电极发射极间电压 U_{CE}。答案为（ABD）。

（8）SPI 从机可以共用主机提供的 MISO、MOSI 和 CLK。答案为（BCD）。

（9）关于单片机系统中的看门狗，正确的说法是看门狗本质上是一个定时器、启动看门狗以后需要在程序中喂狗、可以提高系统的稳定性和可靠性。答案为（ABD）。

（10）关于以太网的正确说法是常用 RJ45 连接器、数据是以广播的形式发送的和使用 MAC 地址标识主机。答案为（ACD）。

附录 A　STM32 引脚功能

STM32 引脚功能如表 A.1～表 A.7 所示。

表 A.1　全部引脚功能

引脚			引脚名称（复位功能）	类型	电平	复用功能	附加功能	章节（页码）
32	48	64						
	1	1	VBAT	电源				
	2	2	**PC13**	I/O	5V	TIM1_BKIN TIM1_CH1N		3.4（29） 3.6（42）
	3	3	**PC14**-OSC32_IN	I/O	5V		OSC32_IN	3.4（29）
	4	4	**PC15**-OSC32_OUT	I/O	5V		OSC32_OUT	3.4（29）
2	5	5	PF0-OSC_IN	I/O	5V	SPI2_NSS I2C2_SDA TIM1_CH3N	ADC1_IN10 OSC_IN	
3	6	6	PF1-OSC_OUT	I/O	5V	SPI2_SCK	ADC2_IN10 OSC_OUT	
4	7	7	PG10-NRST	I/O			NRST	
		8	**PC0**	I/O	5V	TIM1_CH1	ADC12_IN6	3.6（42）
		9	**PC1**	I/O	5V	TIM1_CH2	ADC12_IN7	3.6（42）
		10	**PC2**	I/O	5V	TIM1_CH3	ADC12_IN8	3.6（42）
		11	**PC3**	I/O	5V	TIM1_CH4 TIM1_BKIN2	ADC12_IN9	3.6（42）
5	8	12	**PA0**-WKUP	I/O	5V	USART2_CTS TIM2_ETR	ADC12_IN1	3.4（29） 9.2（135）
6	9	13	**PA1**	I/O		USART2_RTS **TIM2_CH2**	ADC12_IN2	8.4（122） 11.1（151）
7	10	14	PA2	I/O		USART2_TX TIM2_CH3	ADC1_IN3	11.1（151）
		15	VSS	电源				
		16	VDD	电源				
8	11	17	PA3	I/O		USART2_RX TIM2_CH4	ADC1_IN4	11.1（151）
9	12	18	PA4	I/O		SPI1_NSS SPI3_NSS TIM3_CH2	ADC2_IN17	
10	13	19	PA5	I/O		SPI1_SCK TIM2_CH1_ETR	ADC2_IN13	11.2（153）
11	14	20	**PA6**	I/O		SPI1_MISO TIM1_BKIN **TIM3_CH1**	ADC2_IN3	8.4（122） 11.4（161）

续表

引脚			引脚名称（复位功能）	类型	电平	复用功能	附加功能	章节（页码）
32	48	64						
12	15	21	**PA7**	I/O		SPI1_MOSI **TIM1_CH1N** TIM3_CH2	ADC2_IN4	8.4（122） 11.3（157）
		22	**PC4**	I/O	5V	USART1_TX I2C2_SCL TIM1_ETR	ADC2_IN5	3.6（42）
		23	**PC5**	I/O		USART1_RX TIM1_CH4N	ADC2_IN11	3.6（42）
13	16	24	**PB0**	I/O		TIM1_CH2N TIM3_CH3	ADC1_IN15	3.4（29）
	17	25	**PB1**	I/O		TIM1_CH3N TIM3_CH4	ADC1_IN12	3.4（29）
	18	26	**PB2**	I/O			ADC2_IN12	3.4（29）
14	19	27	VSSA	电源				
	20	28	VREF+	电源				
	21	29	VDDA	电源				
	22	30	PB10	I/O		USART3_TX TIM1_BKIN TIM2_CH3		
16	23	31	VSS	电源				
17	24	32	VDD	电源				
	25	33	PB11	I/O	5V	USART3_RX TIM2_CH4	ADC12_IN14	
	26	34	**PB12**	I/O	5V	USART3_CK **SPI2_NSS** TIM1_BKIN	**ADC1_IN11**	5.4（71） 7.4（102）
	27	35	**PB13**	I/O	5V	USART3_CTS **SPI2_SCK** TIM1_CH1N		5.4（71）
	28	36	**PB14**	I/O	5V	USART3_RTS **SPI2_MISO** TIM1_CH2N	**ADC1_IN5**	5.4（71） 7.4（102）
	29	37	**PB15**	I/O	5V	**SPI2_MOSI** TIM1_CH3N	**ADC2_IN15**	5.4（71） 7.4（102）
		38	**PC6**	I/O	5V	TIM3_CH1		3.6（42）
		39	**PC7**	I/O	5V	TIM3_CH2		3.6（42）
		40	**PC8**	I/O	5V	I2C3_SCL TIM3_CH3		3.4（29） 3.6（42）
		41	**PC9**	I/O	5V	I2C3_SDA TIM3_CH4		3.4（29） 3.6（42）

续表

引脚 32	引脚 48	引脚 64	引脚名称（复位功能）	类型	电平	复用功能	附加功能	章节（页码）
18	30	42	**PA8**	I/O	5V	USART1_CK I2C2_SDA I2C3_SCL TIM1_CH1		3.6（42）
19	31	43	**PA9**	I/O	5V	**USART1_TX** I2C2_SCL TIM1_CH2 TIM2_CH3		4.4（58）
20	32	44	**PA10**	I/O	5V	**USART1_RX** SPI2_MISO TIM1_CH3 TIM2_CH4		4.4（58）
21	33	45	PA11	I/O	5V	USART1_CTS SPI2_MOSI TIM1_CH4 TIM1_BKIN2 TIM1_CH1N TIM4_CH1	USB_DM	
22	34	46	PA12	I/O	5V	USART1_RTS TIM1_ETR TIM1_CH2N TIM4_CH2	USB_DP	
	35	47	VSS	电源				
	36	48	VDD	电源				
23	37	49	PA13	I/O	5V	SWDIO-JTMS USART3_CTS I2C1_SCL TIM4_CH3		
24	38	50	PA14	I/O	5V	SWCLK-JTCK USART2_TX I2C1_SDA TIM1_BKIN		
25	39	51	**PA15**	I/O	5V	USART2_RX UART4_RTS SPI1_NSS SPI3_NSS **I2C1_SCL** TIM2_CH1_ETR		6.4（85）
		52	**PC10**	I/O	5V	USART3_TX UART4_TX SPI3_SCK		3.4（29） 3.6（42）

续表

引脚			引脚名称（复位功能）	类型	电平	复用功能	附加功能	章节（页码）
32	48	64						
		53	**PC11**	I/O	5V	USART3_RX UART4_RX） SPI3_MISO I2C3_SDA		3.4（29） 3.6（42）
		54	**PC12**	I/O	5V	USART3_CK SPI3_MOSI		3.4（29） 3.6（42）
		55	**PD2**	I/O	5V	TIM3_ETR		3.4（29）
26	40	56	PB3	I/O	5V	USART2_TX SPI1_SCK SPI3_SCK TIM2_CH2 TIM3_ETR TIM4_ETR		
27	41	57	PB4	I/O	5V	USART2_RX SPI1_MISO SPI3_MISO TIM3_CH1		
28	42	58	**PB5**	I/O	5V	USART2_CK SPI1_MOSI SPI3_MOSI I2C3_SDA TIM3_CH2		3.6（42）
29	43	59	PB6	I/O	5V	USART1_TX TIM4_CH1		
30	44	60	**PB7**	I/O	5V	USART1_RX UART4_CTS **I2C1_SDA** TIM3_CH4 TIM4_CH2		6.4（85）
31	45	61	**PB8**-BOOT0	I/O	5V	USART3_RX I2C1_SCL TIM1_BKIN TIM4_CH3		3.6（42）
	46	62	**PB9**	I/O	5V	USART3_TX I2C1_SDA TIM1_CH3N TIM4_CH4		3.6（42）
32	47	63	VSS	电源				
1	48	64	VDD	电源				

表 A.2 GPIO 引脚功能

引脚			引脚名称（复位功能）	类型	电平	复用功能	附加功能	章节（页码）
32	**48**	**64**						
5	8	12	**PA0**-WKUP	I/O		USART2_CTS TIM2_ETR	DC12_IN1	3.4（29） 9.2（135）
6	9	13	**PA1**	I/O		USART2_RTS **TIM2_CH2**	ADC12_IN2	11.1（151）
7	10	14	PA2	I/O		USART2_TX TIM2_CH3	ADC1_IN3	11.1（151）
8	11	17	PA3	I/O		USART2_RX TIM2_CH4	ADC1_IN4	11.1（151）
9	12	18	PA4	I/O		SPI1_NSS SPI3_NSS TIM3_CH2	ADC2_IN17	
10	13	19	PA5	I/O		SPI1_SCK TIM2_CH1_ETR	ADC2_IN13	
11	14	20	**PA6**	I/O		SPI1_MISO TIM1_BKIN **TIM3_CH1**	ADC2_IN3	11.4（161）
12	15	21	**PA7**	I/O		SPI1_MOSI **TIM1_CH1N** TIM3_CH2	ADC2_IN4	11.3（157）
18	30	42	**PA8**	I/O	5V	USART1_CK I2C2_SDA **I2C3_SCL** TIM1_CH1		3.6（42）
19	31	43	**PA9**	I/O	5V	**USART1_TX** I2C2_SCL TIM1_CH2 TIM2_CH3		
20	32	44	**PA10**	I/O	5V	**USART1_RX** SPI2_MISO TIM1_CH3 TIM2_CH4		
21	33	45	PA11	I/O	5V	USART1_CTS SPI2_MOSI TIM1_CH4 TIM1_BKIN2 TIM1_CH1N TIM4_CH1	USB_DM	
22	34	46	PA12	I/O	5V	USART1_RTS TIM1_ETR TIM1_CH2N TIM4_CH2	USB_DP	

续表

引脚			引脚名称（复位功能）	类型	电平	复用功能	附加功能	章节（页码）
32	**48**	**64**						
23	37	49	PA13	I/O	5V	SWDIO-JTMS USART3_CTS I2C1_SCL TIM4_CH3		
24	38	50	PA14	I/O	5V	SWCLK-JTCK USART2_TX I2C1_SDA TIM1_BKIN		
25	39	51	**PA15**	I/O	5V	USART2_RX UART4_RTS SPI1_NSS SPI3_NSS **I2C1_SCL** TIM2_CH1_ETR		
13	16	24	**PB0**	I/O		TIM1_CH2N TIM3_CH3	ADC1_IN15	3.4（29）
	17	25	**PB1**	I/O		TIM1_CH3N TIM3_CH4	ADC1_IN12	3.4（29）
	18	26	**PB2**	I/O			ADC2_IN12	3.4（29）
26	40	56	PB3	I/O	5V	USART2_TX SPI1_SCK SPI3_SCK TIM2_CH2 TIM3_ETR TIM4_ETR		
27	41	57	PB4	I/O	5V	USART2_RX SPI1_MISO SPI3_MISO TIM3_CH1		
28	42	58	**PB5**	I/O	5V	USART2_CK SPI1_MOSI SPI3_MOSI I2C3_SDA TIM3_CH2		3.6（42）
29	43	59	PB6	I/O	5V	USART1_TX TIM4_CH1		
30	44	60	**PB7**	I/O	5V	USART1_RX UART4_CTS **I2C1_SDA** TIM3_CH4 TIM4_CH2		

续表

引脚 32	引脚 48	引脚 64	引脚名称（复位功能）	类型	电平	复用功能	附加功能	章节（页码）
31	45	61	**PB8**-BOOT0	I/O	5V	USART3_RX I2C1_SCL TIM1_BKIN TIM4_CH3		3.6（42）
	46	62	**PB9**	I/O	5V	USART3_TX I2C1_SDA TIM1_CH3N TIM4_CH4		3.6（42）
	22	30	PB10	I/O		USART3_TX TIM1_BKIN TIM2_CH3		
	25	33	PB11	I/O	5V	USART3_RX TIM2_CH4	ADC12_IN14	
	26	34	**PB12**	I/O	5V	USART3_CK **SPI2_NSS** TIM1_BKIN	**ADC1_IN11**	5.4（71）
	27	35	**PB13**	I/O	5V	USART3_CTS **SPI2_SCK** TIM1_CH1N		
	28	36	**PB14**	I/O	5V	USART3_RTS **SPI2_MISO** TIM1_CH2N	**ADC1_IN5**	
	29	37	**PB15**	I/O	5V	**SPI2_MOSI** TIM1_CH3N	**ADC2_IN15**	
		8	**PC0**	I/O	5V	TIM1_CH1	ADC12_IN6	3.6（42）
		9	**PC1**	I/O	5V	TIM1_CH2	ADC12_IN7	3.6（42）
		10	**PC2**	I/O	5V	TIM1_CH3	ADC12_IN8	3.6（42）
		11	**PC3**	I/O	5V	TIM1_CH4 TIM1_BKIN2	ADC12_IN9	3.6（42）
		22	**PC4**	I/O	5V	USART1_TX I2C2_SCL TIM1_ETR	ADC2_IN5	3.6（42）
		23	**PC5**	I/O		USART1_RX TIM1_CH4N	ADC2_IN11	3.6（42）
		38	**PC6**	I/O	5V	TIM3_CH1		3.6（42）
		39	**PC7**	I/O	5V	TIM3_CH2		3.6（42）
		40	**PC8**	I/O	5V	I2C3_SCL TIM3_CH3		3.4（29） 3.6（42）
		41	**PC9**	I/O	5V	I2C3_SDA TIM3_CH4		3.4（29） 3.6（42）

续表

引脚			引脚名称（复位功能）	类型	电平	复用功能	附加功能	章节（页码）
32	48	64						
		52	**PC10**	I/O	5V	USART3_TX UART4_TX SPI3_SCK		3.4（29） 3.6（42）
		53	**PC11**	I/O	5V	USART3_RX UART4_RX SPI3_MISO I2C3_SDA		3.4（29） 3.6（42）
		54	**PC12**	I/O	5V	USART3_CK） SPI3_MOSI		3.4（29） 3.6（42）
	2	2	**PC13**	I/O	5V	TIM1_BKIN TIM1_CH1N		3.4（29） 3.6（42）
	3	3	**PC14**-OSC32_IN	I/O	5V		OSC32_IN	3.4（29）
	4	4	**PC15**-OSC32_OUT	I/O	5V		OSC32_OUT	3.4（29）
		55	**PD2**	I/O	5V	TIM3_ETR		3.4（29）
2	5	5	PF0-OSC_IN	I/O	5V	SPI2_NSS I2C2_SDA TIM1_CH3N	ADC1_IN10 OSC_IN	
3	6	6	PF1-OSC_OUT	I/O	5V	SPI2_SCK	ADC2_IN10 OSC_OUT	
4	7	7	PG10-NRST	I/O			NRST	

表 A.3　USART 引脚功能

引脚			引脚名称（复位功能）	类型	电平	复用功能	附加功能	章节（页码）
32	48	64						
19	31	43	**PA9**	I/O	5V	**USART1_TX**		4.4（58）
20	32	44	**PA10**	I/O	5V	**USART1_RX**		4.4（58）
29	43	59	PB6	I/O	5V	USART1_TX		
30	44	60	PB7	I/O	5V	USART1_RX		
		22	PC4	I/O	5V	USART1_TX		
		23	PC5	I/O		USART1_RX		
7	10	14	PA2	I/O		USART2_TX		
8	11	17	PA3	I/O		USART2_RX		
24	38	50	PA14	I/O	5V	USART2_TX		
25	39	51	PA15	I/O	5V	USART2_RX		
26	40	56	PB3	I/O	5V	USART2_TX		
27	41	57	PB4	I/O	5V	USART2_RX		
31	45	61	PB8	I/O	5V	USART3_RX		
	46	62	PB9	I/O	5V	USART3_TX		
	22	30	PB10	I/O		USART3_TX		

续表

引脚			引脚名称（复位功能）	类型	电平	复用功能	附加功能	章节（页码）
32	**48**	**64**						
	25	33	PB11	I/O	5V	USART3_RX		
		52	PC10	I/O	5V	USART3_TX UART4_TX		
		53	PC11	I/O	5V	USART3_RX UART4_RX		

表 A.4　SPI 引脚功能

引脚			引脚名称（复位功能）	类型	电平	复用功能	附加功能	章节（页码）
32	**48**	**64**						
10	13	19	PA5	I/O		SPI1_SCK		
11	14	20	PA6	I/O		SPI1_MISO		
11	15	21	PA7	I/O		SPI1_MOSI		
26	40	56	PB3	I/O	5V	SPI1_SCK SPI3_SCK		
27	41	57	PB4	I/O	5V	SPI1_MISO SPI3_MISO		
28	42	58	PB5	I/O	5V	SPI1_MOSI SPI3_MOSI		
	27	35	**PB13**	I/O	5V	**SPI2_SCK**		5.4（71）
	28	36	**PB14**	I/O	5V	**SPI2_MISO**		5.4（71）
	29	37	**PB15**	I/O	5V	**SPI2_MOSI**		5.4（71）
3	6	6	PF1	I/O	5V	SPI2_SCK		
20	32	44	PA10	I/O	5V	SPI2_MISO		
21	33	45	PA11	I/O	5V	SPI2_MOSI		
		52	PC10	I/O	5V	SPI3_SCK		
		53	PC11	I/O	5V	SPI3_MISO		
		54	PC12	I/O	5V	SPI3_MOSI		

表 A.5　I²C 引脚功能

引脚			引脚名称（复位功能）	类型	电平	复用功能	附加功能	章节（页码）
32	**48**	**64**						
23	37	49	PA13	I/O	5V	I2C1_SCL		
24	38	50	PA14	I/O	5V	I2C1_SDA		
25	39	51	**PA15**	I/O	5V	**I2C1_SCL**		6.4（85）
30	44	60	**PB7**	I/O	5V	**I2C1_SDA**		6.4（85）
31	45	61	PB8	I/O	5V	I2C1_SCL		
	46	62	PB9	I/O	5V	I2C1_SDA		
18	30	42	PA8	I/O	5V	I2C2_SDA **I2C3_SCL**		

续表

引脚 32	引脚 48	引脚 64	引脚名称（复位功能）	类型	电平	复用功能	附加功能	章节（页码）
19	31	43	PA9	I/O	5V	I2C2_SCL		
		22	PC4	I/O	5V	I2C2_SCL		
28	42	58	PB5	I/O	5V	I2C3_SDA		
2	5	5	PF0	I/O	5V	I2C2_SDA		
		40	PC8	I/O	5V	I2C3_SCL		
		41	PC9	I/O	5V	I2C3_SDA		
		53	PC11	I/O	5V	I2C3_SDA		

表 A.6　ADC 引脚功能

引脚 32	引脚 48	引脚 64	引脚名称（复位功能）	类型	电平	复用功能	附加功能	章节（页码）
5	8	12	PA0	I/O			ADC12_IN1	
6	9	13	PA1	I/O			ADC12_IN2	
7	10	14	PA2	I/O			ADC1_IN3	
8	11	17	PA3	I/O			ADC1_IN4	
	28	36	**PB14**	I/O	5V		**ADC1_IN5**	7.4（102）
		8	PC0	I/O	5V		ADC12_IN6	
		9	PC1	I/O	5V		ADC12_IN7	
		10	PC2	I/O	5V		ADC12_IN8	
		11	PC3	I/O	5V		ADC12_IN9	
2	5	5	PF0	I/O	5V		ADC1_IN10	
	26	34	**PB12**	I/O			**ADC1_IN11**	7.4（102）
	17	25	PB1	I/O			ADC1_IN12	
	25	33	PB11	I/O	5V		ADC12_IN14	
13	16	24	PB0	I/O			ADC1_IN15	
11	14	20	PA6	I/O			ADC2_IN3	
12	15	21	PA7	I/O			ADC2_IN4	
		22	PC4	I/O	5V		ADC2_IN5	
3	6	6	PF1	I/O	5V		ADC2_IN10	
		23	PC5	I/O			ADC2_IN11	
	18	26	PB2	I/O			ADC2_IN12	
10	13	19	PA5	I/O			ADC2_IN13	11.2（153）
	29	37	**PB15**	I/O			ADC2_IN15	7.4（102）
9	12	18	PA4	I/O			ADC2_IN17	

表 A.7 TIM 引脚功能

引脚			引脚名称（复位功能）	类型	电平	复用功能	附加功能	章节（页码）
32	**48**	**64**						
18	30	42	PA8	I/O	5V	TIM1_CH1		
19	31	43	PA9	I/O	5V	TIM1_CH2 TIM2_CH3		
20	32	44	PA10	I/O	5V	TIM1_CH3 TIM2_CH4		
21	33	45	PA11	I/O	5V	TIM1_CH4 TIM1_CH1N TIM4_CH1		
22	34	46	PA12	I/O	5V	TIM1_ETR TIM1_CH2N TIM4_CH2		
23	37	49	PA13	I/O	5V	TIM4_CH3		
		8	PC0	I/O	5V	TIM1_CH1		
		9	PC1	I/O	5V	TIM1_CH2		
		10	PC2	I/O	5V	TIM1_CH3		
		11	PC3	I/O	5V	TIM1_CH4 TIM1_BKIN2		
11	14	20	**PA6**	I/O		TIM1_BKIN **TIM3_CH1**		8.4（122）
12	15	21	**PA7**	I/O		**TIM1_CH1N** TIM3_CH2		8.4（122）
		22	PC4	I/O	5V	TIM1_ETR		
13	16	24	PB0	I/O		TIM1_CH2N TIM3_CH3		
	17	25	PB1	I/O		TIM1_CH3N TIM3_CH4		
	26	34	PB12	I/O	5V	TIM1_BKIN		
	27	35	PB13	I/O	5V	TIM1_CH1N		
	28	36	PB14	I/O	5V	TIM1_CH2N		
	29	37	PB15	I/O		TIM1_CH3N		
5	8	12	PA0	I/O		TIM2_ETR		
6	9	13	**PA1**	I/O		**TIM2_CH2**		8.4（122）
7	10	14	PA2	I/O		TIM2_CH3		
8	11	17	PA3	I/O		TIM2_CH4		
10	13	19	PA5	I/O		TIM2_CH1_ETR		
24	38	50	PA14	I/O	5V	TIM1_BKIN		
25	39	51	PA15	I/O	5V	TIM1_BKIN TIM2_CH1_ETR		

续表

引脚			引脚名称（复位功能）	类型	电平	复用功能	附加功能	章节（页码）
32	48	64						
26	40	56	PB3	I/O	5V	TIM2_CH2 TIM3_ETR TIM4_ETR		
	22	30	PB10	I/O		TIM1_BKIN TIM2_CH3		
	25	33	PB11	I/O	5V	TIM2_CH4		
27	41	57	PB4	I/O	5V	TIM3_CH1		
28	42	58	PB5	I/O	5V	TIM3_CH2		
9	12	18	PA4	I/O		TIM3_CH2		
		38	PC6	I/O	5V	TIM3_CH1		
		39	PC7	I/O	5V	TIM3_CH2		
		40	PC8	I/O	5V	TIM3_CH3		
		41	PC9	I/O	5V	TIM3_CH4		
		55	PD2	I/O	5V	TIM3_ETR		
29	43	59	PB6	I/O	5V	TIM4_CH1		
30	44	60	PB7	I/O	5V	TIM3_CH4 TIM4_CH2		
31	45	61	PB8	I/O	5V	TIM1_BKIN TIM4_CH3		
	46	62	PB9	I/O	5V	TIM1_CH3N TIM4_CH4		

附录 B　STM32 常用库函数

STM32 常用库函数如表 B.1～表 B.10 所示。

表 B.1　RCC 库函数

序号	返　回　值	函　数　名	参　　数	章节（页码）
1	void	LL_AHB2_GRP1_EnableClock	uint32_t Periphs	1.3（7） 3.2（25）

表 B.2　SysTick 库函数

序号	返　回　值	函　数　名	参　　数	章节（页码）
1	HAL_StatusTypeDef	HAL_InitTick	uint32_t TickPriority	1.4（8）
2	void	HAL_Delay	uint32_t Delay	1.4（8） 3.4（31）
3	void	LL_Init1msTick	uint32_t HCLKFrequency	1.4（9）
4	void	LL_mDelay	uint32_t Delay	1.4（9） 3.4（35）

表 B.3　GPIO 库函数

序号	返　回　值	函　数　名	参　　数	章节（页码）
1	void	HAL_GPIO_Init	GPIO_TypeDef *GPIOx GPIO_InitTypeDef *GPIO_Init	3.3（25） 3.2（24）
2	GPIO_PinState	HAL_GPIO_ReadPin	GPIO_TypeDef *GPIOx uint16_t GPIO_Pin	3.3（26） 3.4（31）
3	void	HAL_GPIO_WritePin	GPIO_TypeDef *GPIOx, uint16_t GPIO_Pin GPIO_PinState PinState	3.3（26） 3.4（33）
4	void	HAL_GPIO_TogglePin	GPIO_TypeDef *GPIOx, uint16_t GPIO_Pin	3.3（26）
5	ErrorStatus	LL_GPIO_Init	GPIO_TypeDef *GPIOx LL_GPIO_InitTypeDef *GPIO_InitStruct	3.3（27） 3.2（25）
6	uint32_t	LL_GPIO_ReadInputPort	GPIO_TypeDef *GPIOx	3.3（28）
7	uint32_t	LL_GPIO_IsInputPinSet	GPIO_TypeDef *GPIOx, uint32_t PinMask	3.3（28） 3.4（35）
8	void	LL_GPIO_WriteOutputPort	GPIO_TypeDef *GPIOx uint32_t PortValue	3.3（28） 3.4（37）
9	void	LL_GPIO_ResetOutputPin	GPIO_TypeDef *GPIOx uint32_t PinMask	3.3（28） 3.4（37）
10	void	LL_GPIO_SetOutputPin	GPIO_TypeDef *GPIOx uint32_t PinMask	3.3（28） 3.4（37）
11	void	LL_GPIO_TogglePin	GPIO_TypeDef *GPIOx uint32_t PinMask	3.3（28）

表 B.4　USART 库函数

序号	返 回 值	函 数 名	参 数	章节（页码）
1	HAL_StatusTypeDef	HAL_UART_Init	UART_HandleTypeDef *huart	4.3（55） 4.2（54）
2	HAL_StatusTypeDef	HAL_UART_Transmit	UART_HandleTypeDef *huart uint8_t *pData uint16_t Size uint32_t Timeout	4.3（56） 4.4（59）
3	HAL_StatusTypeDef	HAL_UART_Receive	UART_HandleTypeDef *huart uint8_t * pData uint16_t Size uint32_t Timeout	4.3（56） 4.4（59）
4	HAL_StatusTypeDef	HAL_UART_Receive_IT	USART_HandleTypeDef *husart uint8_t *pData uint16_t Size	9.3（140） 9.3（141）
5	HAL_StatusTypeDef	HAL_UART_Receive_DMA	USART_HandleTypeDef* husart uint8_t * pData uint16_t Size	10.2（146） 10.2（149）
6	ErrorStatus	LL_USART_Init	USART_TypeDef *USARTx, LL_USART_InitTypeDef *USART_InitStruct	4.3（57） 4.2（54）
7	void	LL_USART_Enable	USART_TypeDef *USARTx	4.3（57） 4.2（54）
8	void	LL_USART_TransmitData8	USART_TypeDef *USARTx, uint8_t Value	4.3（58） 4.4（59）
9	uint8_t	LL_USART_ReceiveData8	USART_TypeDef *USARTx	4.3（58） 4.4（59）
10	uint32_t	LL_USART_IsActiveFlag_TXE	USART_TypeDef *USARTx	4.3（58） 4.4（59）
11	uint32_t	LL_USART_IsActiveFlag_RXNE	USART_TypeDef *USARTx	4.3（58） 4.4（59）
12	void	LL_USART_EnableIT_RXNE	USART_TypeDef *USARTx	9.3（140） 9.3（141）
13	void	LL_USART_EnableDMAReq_RX	USART_TypeDef *USARTx	10.2（146） 10.2（149）

表 B.5　SPI 库函数

序号	返 回 值	函 数 名	参 数	章节（页码）
1	HAL_StatusTypeDef	HAL_SPI_Init	SPI_HandleTypeDef *hspi	5.3（69） 5.2（68）
2	HAL_StatusTypeDef	HAL_SPI_TransmitReceive	SPI_HandleTypeDef *hspi uint8_t * pTxData uint8_t * pRxData uint16_t Size uint32_t Timeout	5.3（69） 5.4（73）

续表

序号	返回值	函数名	参数	章节（页码）
3	ErrorStatus	LL_SPI_Init	SPI_TypeDef *SPIx LL_SPI_InitTypeDef *SPI_InitStruct	5.3（70） 5.2（68）
4	void	LL_SPI_Enable	SPI_TypeDef *SPIx	5.3（70）
5	uint32_t	LL_SPI_IsActiveFlag_TXE	SPI_TypeDef *SPIx	5.3（70） 5.4（73）
6	uint32_t	LL_SPI_IsActiveFlag_RXNE	SPI_TypeDef *SPIx	5.3（70） 5.4（73）
7	void	LL_SPI_TransmitData8	SPI_TypeDef *SPIx, uint8_t TxData	5.3（70） 5.4（73）
8	uint8_t	LL_SPI_ReceiveData8	SPI_TypeDef *SPIx	5.3（71） 5.4（73）

表 B.6 I²C 库函数

序号	返回值	函数名	参数	章节（页码）
1	HAL_StatusTypeDef	HAL_I2C_Init	I2C_HandleTypeDef *hi2c	6.3（82） 6.2（80）
2	HAL_StatusTypeDef	HAL_I2C_Master_Transmit	I2C_HandleTypeDef *hi2c uint16_t DevAddress uint8_t * pData uint16_t Size uint32_t Timeout	6.3（82） 7.4（105）
3	HAL_StatusTypeDef	HAL_I2C_Master_Receive	I2C_HandleTypeDef *hi2c uint16_t DevAddress uint8_t * pData uint16_t Size uint32_t Timeout	6.3（82）
4	HAL_StatusTypeDef	HAL_I2C_Mem_Read	I2C_HandleTypeDef *hi2c uint16_t DevAddress uint16_t MemAddress uint16_t MemAddSize uint8_t *pData uint16_t Size uint32_t Timeout	6.3（83） 6.4（87）
5	HAL_StatusTypeDef	HAL_I2C_Mem_Write	I2C_HandleTypeDef *hi2c uint16_t DevAddress uint16_t MemAddress uint16_t MemAddSize uint8_t *pData uint16_t Size uint32_t Timeout	6.3（83） 6.4（87）
6	uint32_t	LL_I2C_Init	I2C_TypeDef *I2Cx LL_I2C_InitTypeDef *I2C_InitStruct	6.3（83） 6.2（81）

续表

序号	返 回 值	函 数 名	参 数	章节（页码）
7	void	LL_I2C_HandleTransfer	I2C_TypeDef *I2Cx uint32_t SlaveAddr uint32_t SlaveAddrSize uint32_t TransferSize uint32_t EndMode uint32_t Request	6.3（84） 6.4（87）
8	uint32_t	LL_I2C_IsActiveFlag_TXIS	I2C_TypeDef *I2Cx	6.3（84） 6.4（87）
9	uint32_t	LL_I2C_IsActiveFlag_TXE	I2C_TypeDef *I2Cx	6.3（84） 6.4（87）
10	uint32_t	LL_I2C_IsActiveFlag_TC	I2C_TypeDef *I2Cx	6.3（84） 6.4（87）
11	uint32_t	LL_I2C_IsActiveFlag_RXNE	I2C_TypeDef *I2Cx	6.3（85） 6.4（87）
12	void	LL_I2C_TransmitData8	I2C_TypeDef *I2Cx uint8_t Data	6.3（85） 6.4（87）
13	uint8_t	LL_I2C_ReceiveData8	I2C_TypeDef *I2Cx	6.3（85） 6.4（87）

表 B.7 ADC 库函数

序号	返 回 值	函 数 名	参 数	章节（页码）
1	HAL_StatusTypeDef	HAL_ADC_Init	ADC_HandleTypeDef *hadc	7.3（97） 7.2（95）
2	HAL_StatusTypeDef	HAL_ADC_ConfigChannel	ADC_HandleTypeDef *hadc ADC_ChannelConfTypeDef *sConfig	7.3（98） 7.2（96）
3	HAL_StatusTypeDef	HAL_ADCEx_Calibration_Start	ADC_HandleTypeDef *hadc, uint32_t SingleDiff	7.3（99） 7.4（105）
4	HAL_StatusTypeDef	HAL_ADC_Start	ADC_HandleTypeDef *hadc	7.3（99） 7.4（106）
5	HAL_StatusTypeDef	HAL_ADC_PollForConversion	ADC_HandleTypeDef *hadc uint32_t Timeout	7.3（99） 7.4（106）
6	uint32_t	HAL_ADC_GetValue	ADC_HandleTypeDef *hadc	7.3（99） 7.4（106）
7	ErrorStatus	LL_ADC_Init	ADC_TypeDef *ADC LL_ADC_InitTypeDef *ADC_InitStruct	7.3（100） 7.2（96）
8	ErrorStatus	LL_ADC_REG_Init	ADC_TypeDef *ADCx LL_ADC_Reg_InitTypeDef *ADC_Reg_InitStruct	7.3（100） 7.2（96）
9	void	LL_ADC_DisableDeepPowerDown	ADC_TypeDef *ADCx	7.3（101）
10	void	LL_ADC_EnableInternalRegulator	ADC_TypeDef *ADCx	7.3（101）
11	void	LL_ADC_REG_SetSequencerRanks	ADC_TypeDef *ADCx uint32_t Rank uint32_t Channel	7.3（101） 7.2（96）

续表

序号	返 回 值	函 数 名	参 数	章节（页码）
12	void	LL_ADC_SetChannelSamplingTime	ADC_TypeDef *ADCx uint32_t Channel uint32_t SamplingTime	7.3（101） 7.2（96）
13	void	LL_ADC_StartCalibration	ADC_TypeDef *ADCx uint32_t SingleDiff	7.3（101） 7.4（105）
14	uint32_t	LL_ADC_IsCalibrationOnGoing	ADC_TypeDef *ADCx	7.3（101） 7.4（105）
15	void	LL_ADC_Enable	ADC_TypeDef *ADCx	7.3（101） 7.4（105）
16	void	LL_ADC_REG_StartConversion	ADC_TypeDef *ADCx	7.3（102） 7.4（106）
17	uint32_t	LL_ADC_IsActiveFlag_EOC	ADC_TypeDef *ADCx	7.3（102） 7.4（106）
18	uint16_t	LL_ADC_REG_ReadConversionData12	ADC_TypeDef *ADCx	7.3（102） 7.4（106）

表 B.8 TIM 库函数

序号	返 回 值	函 数 名	参 数	章节（页码）
1	HAL_StatusTypeDef	HAL_TIM_Base_Init	TIM_HandleTypeDef *htim	8.3（117）
2	HAL_StatusTypeDef	HAL_TIM_PWM_Init	TIM_HandleTypeDef *htim	8.3（118） 8.2（115）
3	HAL_StatusTypeDef	HAL_TIM_IC_Init	TIM_HandleTypeDef *htim	8.3（118）
4	HAL_StatusTypeDef	HAL_TIM_SlaveConfigSynchro	TIM_HandleTypeDef *htim TIM_SlaveConfigTypeDef *sSlaveConfig	8.3（118）
5	HAL_StatusTypeDef	HAL_TIM_PWM_ConfigChannel	TIM_HandleTypeDef *htim TIM_OC_InitTypeDef *sConfig uint32_t Channel	8.3（118） 8.2（116）
6	HAL_StatusTypeDef	HAL_TIM_IC_ConfigChannel	TIM_HandleTypeDef *htim TIM_IC_InitTypeDef *sConfig uint32_t Channel	8.3（119）
7	HAL_StatusTypeDef	HAL_TIM_PWM_Start	TIM_HandleTypeDef *htim uint32_t Channel	8.3（119） 8.4（123）
8	HAL_StatusTypeDef	HAL_TIM_IC_Start	TIM_HandleTypeDef *htim uint32_t Channel	8.3（119） 8.4（123）
9	uint32_t	HAL_TIM_ReadCapturedValue	TIM_HandleTypeDef *htim uint32_t Channel	8.3（120） 8.4（124）
10	ErrorStatus	LL_TIM_Init	TIM_TypeDef *TIMx LL_TIM_InitTypeDef *TIM_InitStruct	8.3（120） 8.2（116）
11	ErrorStatus	LL_TIM_OC_Init	TIM_TypeDef *TIMx uint32_t Channel LL_TIM_OC_InitTypeDef *TIM_OC_InitStruct	8.3（120） 8.2（116）
12	void	LL_TIM_EnableCounter	TIM_TypeDef *TIMx	8.3（121） 8.4（123）

续表

序号	返 回 值	函 数 名	参 数	章节（页码）
13	void	LL_TIM_CC_EnableChannel	TIM_TypeDef *TIMx uint32_t Channels	8.3（121） 8.4（123）
14	void	LL_TIM_SetAutoReload	TIM_TypeDef *TIMx uint32_t AutoReload	8.3（121） 8.4（124）
15	void	LL_TIM_OC_SetCompareCH1	TIM_TypeDef *TIMx uint32_t CompareValue	8.3（121） 8.4（124）
16	uint32_t	LL_TIM_IC_GetCaptureCH1	TIM_TypeDef *TIMx	8.3（122） 8.4（124）

表 B.9 NVIC 库函数

序号	返 回 值	函 数 名	参 数	章节（页码）
1	void	HAL_NVIC_SetPriorityGrouping	uint32_t PriorityGroup	9.1（131）
2	void	HAL_NVIC_SetPriority	IRQn_Type IRQn uint32_t PreemptPriority uint32_t SubPriority	9.1（131） 9.2（135）
3	void	HAL_NVIC_EnableIRQ	IRQn_Type IRQn	9.1（131） 9.2（135）
4	void	NVIC_SetPriorityGrouping	uint32_t PriorityGroup	9.1（132）
5	void	NVIC_SetPriority	IRQn_Type IRQn, uint32_t Priority	9.1（132） 9.2（135）
6	uint32_t	NVIC_EncodePriority	uint32_t PriorityGroup uint32_t PreemptPriority	9.1（132） 9.2（135）
7	void	NVIC_EnableIRQ	IRQn_Type IRQn	9.1（132） 9.2（135）
8	void	LL_SYSCFG_SetEXTISource	uint32_t Port uint32_t Line	9.2（133） 9.2（135）
9	uint32_t	LL_EXTI_Init	LL_EXTI_InitTypeDef *EXTI_InitStruct	9.2（134） 9.2（135）
10	uint32_t	LL_EXTI_IsActiveFlag_0_31	uint32_t ExtiLine	9.2（134） 9.2（136）
11	void	LL_EXTI_ClearFlag_0_31	uint32_t ExtiLine	9.2（135） 9.2（136）

表 B.10 DMA 库函数

序号	返 回 值	函 数 名	参 数	章节（页码）
1	HAL_StatusTypeDef	HAL_DMA_Init	DMA_HandleTypeDef *hdma	10.1（145） 10.2（148）
2	void	LL_DMA_SetPeriphRequest	DMA_TypeDef *DMAx uint32_t Channel uint32_t PeriphRequest	10.1（145） 10.2（148）
3	void	LL_DMA_SetDataTransferDirection	DMA_TypeDef *DMAx uint32_t Channel uint32_t Direction	10.1（145） 10.2（148）

续表

序号	返 回 值	函 数 名	参 数	章节（页码）
4	void	LL_DMA_SetChannelPriorityLevel	DMA_TypeDef *DMAx uint32_t Channel uint32_t Priority	10.1（145） 10.2（148）
5	void	LL_DMA_SetMode	DMA_TypeDef *DMAx uint32_t Channel uint32_t Mode	10.1（145） 10.2（148）
6	void	LL_DMA_SetPeriphIncMode	DMA_TypeDef *DMAx uint32_t Channel uint32_t PeriphOrM2MSrcIncMode	10.1（145） 10.2（148）
7	void	LL_DMA_SetMemoryIncMode	DMA_TypeDef *DMAx uint32_t Channel uint32_t MemoryOrM2MDstIncMode	10.1（145） 10.2（148）
8	void	LL_DMA_SetPeriphSize	DMA_TypeDef *DMAx uint32_t Channel uint32_t PeriphOrM2MSrcDataSize	10.1（145） 10.2（148）
9	void	LL_DMA_SetMemorySize	DMA_TypeDef *DMAx uint32_t Channel uint32_t MemoryOrM2MDstDataSize	10.1（145） 10.2（148）
10	void	LL_DMA_ConfigAddresses	DMA_TypeDef *DMAx uint32_t Channel uint32_t SrcAddress uint32_t DstAddress uint32_t Direction	10.1（145） 10.2（150）
11	void	LL_DMA_SetDataLength	DMA_TypeDef *DMAx uint32_t Channel uint32_t NbData	10.1（145） 10.2（150）
12	void	LL_DMA_EnableChannel	DMA_TypeDef *DMAx uint32_t Channel	10.1（146） 10.2（150）
13	void	LL_DMA_EnableIT_TC	DMA_TypeDef *DMAx uint32_t Channel	10.1（146） 10.2（150）
14	void	LL_DMA_ClearFlag_GI1	DMA_TypeDef *DMAx	10.1（146） 10.2（150）

附录 C　嵌入式竞赛实训平台简介

嵌入式竞赛实训平台实物图、方框图和电路图如图 C.1～图 C.4 所示。

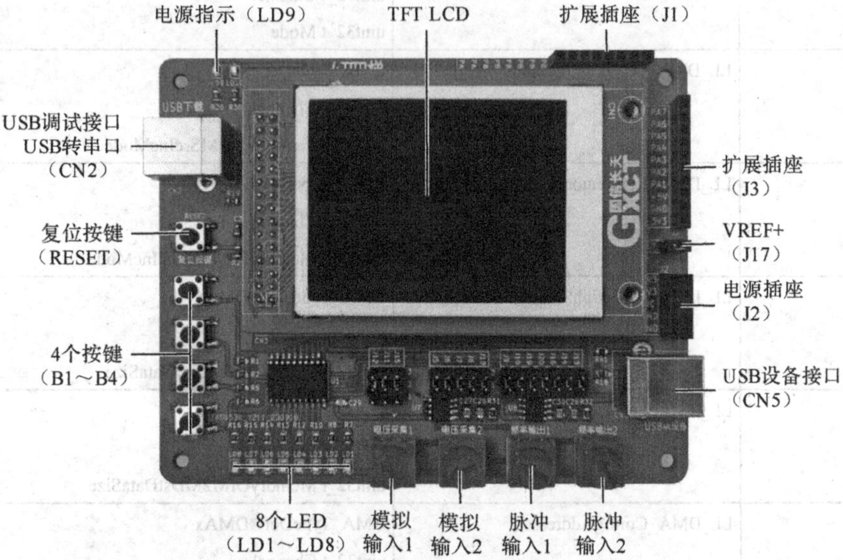

图 C.1　嵌入式竞赛实训平台实物图 1

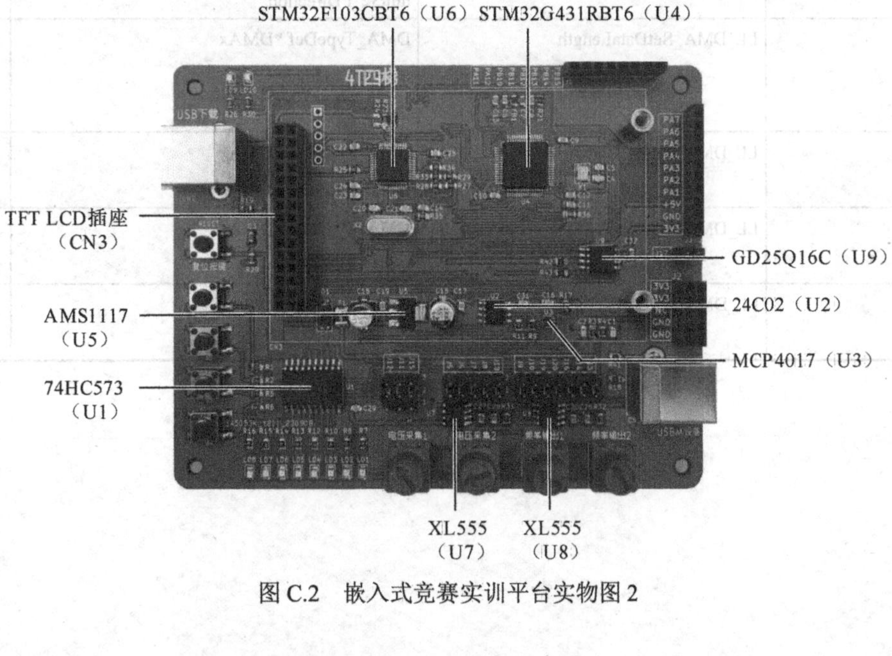

图 C.2　嵌入式竞赛实训平台实物图 2

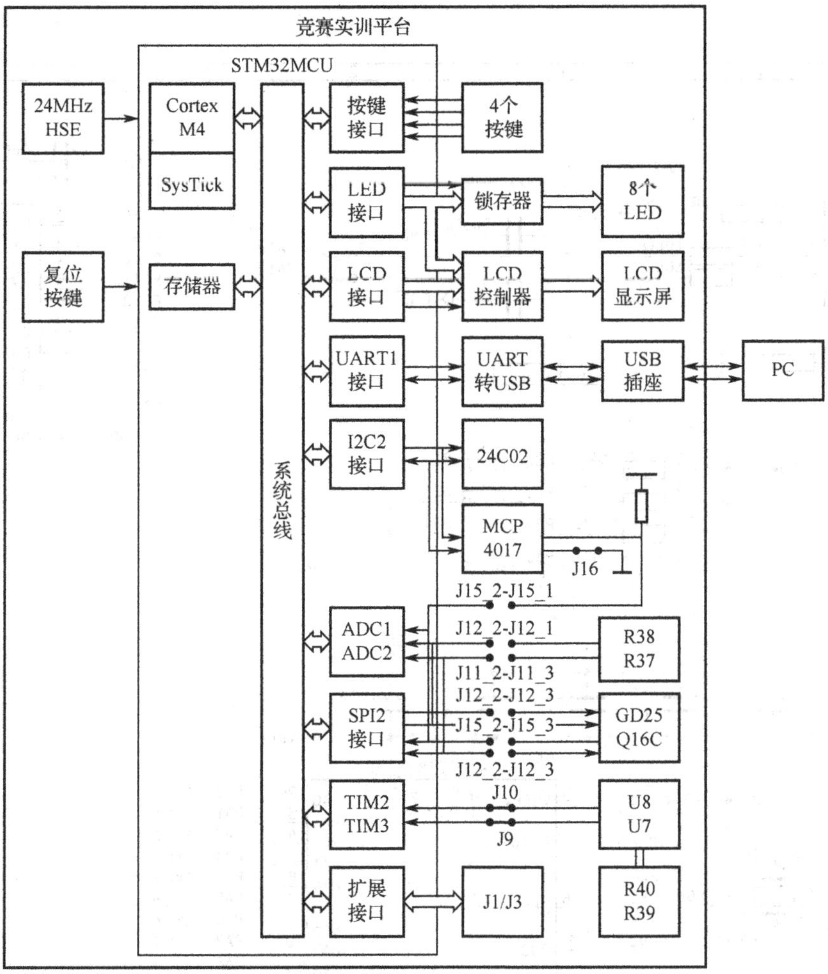

图 C.3　嵌入式竞赛实训平台方框图

嵌入式竞赛实训平台 CT117E-M4（V1.2）由以下功能模块组成：

- 处理器：STM32G431RBT6
- 4 个用户按键
- 8 个用户 LED
- 2.4 寸 TFT-LCD
- 1 个 RS232 串口（使用 UART-USB 转换）
- 1 个 FLASH 芯片 GD25Q16C（V1.2 新增功能模块）
- 1 个 EEPROM 芯片 24C02（V1.2 修改功能模块）
- 1 个数字电位器芯片 MCP4017
- 2 个可调模拟输入
- 2 个可调脉冲输入
- 2 个扩展接口
- 1 个 USB 设备接口
- 板载 CMSIS-DAP 调试器（USB 接口，无需外接调试器）

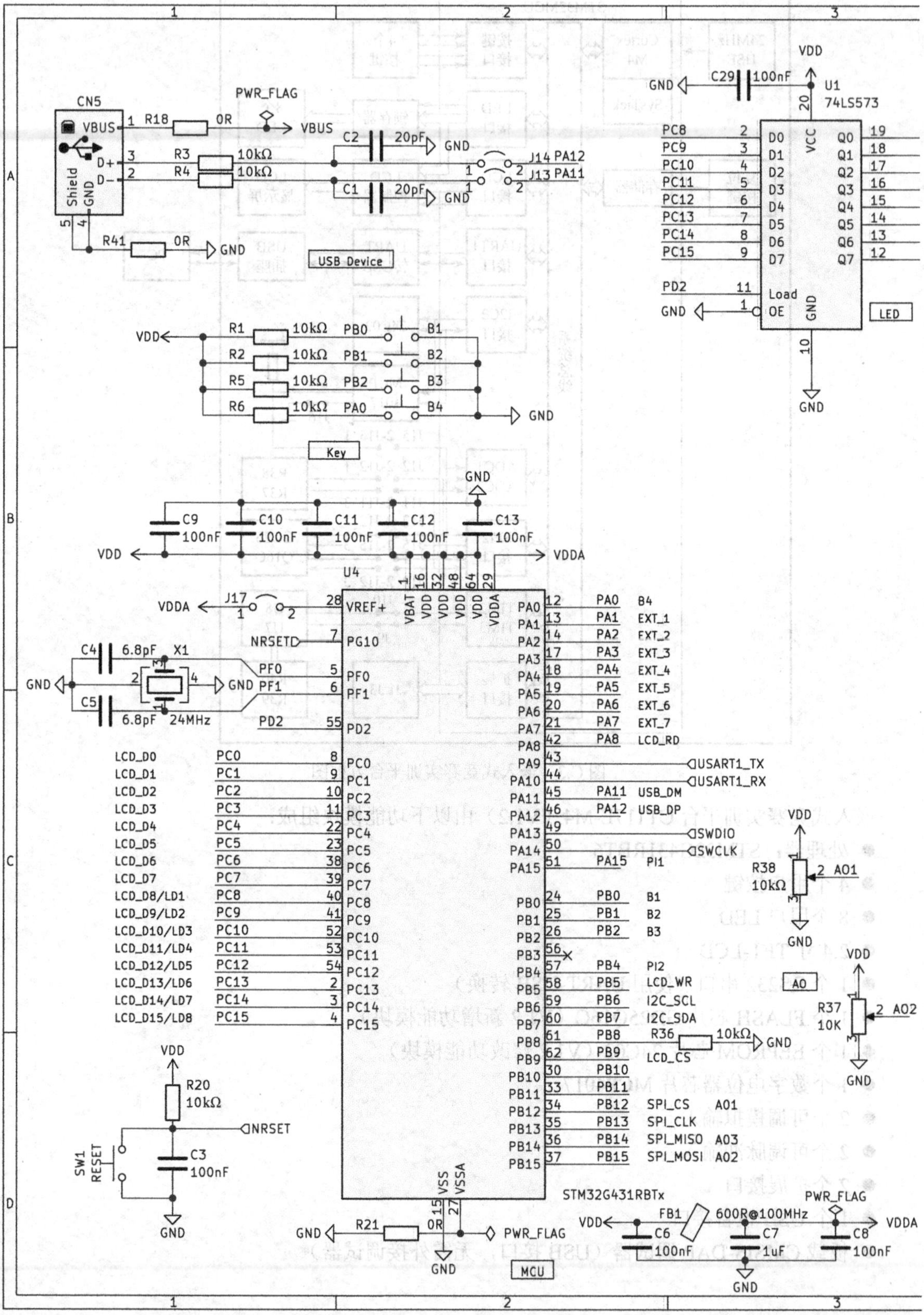
CN5
VBUS
D+
D-
Shield
GND
R18
0R
PWR_FLAG
VBUS
R3
10kΩ
R4
10kΩ
C2
20pF
C1
20pF
GND
J14 PA12
J13 PA11
R41
0R
GND
USB Device
C29
100nF
VDD
U1
74LS573
PC8
PC9
PC10
PC11
PC12
PC13
PC14
PC15
D0
D1
D2
D3
D4
D5
D6
D7
VCC
Q0
Q1
Q2
Q3
Q4
Q5
Q6
Q7
PD2
Load
OE
GND
LED
R1
R2
R5
R6
PB0
PB1
PB2
PA0
B1
B2
B3
B4
Key
C9
C10
C11
C12
C13
100nF
VDDA
U4
J17
VREF+
NRSET
PG10
C4
6.8pF
X1
C5
24MHz
PF0
PF1
PD2
VBAT
VDD
VDDA
PA0
PA1
PA2
PA3
PA4
PA5
PA6
PA7
PA8
PA9
PA10
PA11
PA12
PA13
PA14
PA15
EXT_1
EXT_2
EXT_3
EXT_4
EXT_5
EXT_6
EXT_7
LCD_RD
USART1_TX
USART1_RX
USB_DM
USB_DP
SWDIO
SWCLK
PI1
LCD_D0
LCD_D1
LCD_D2
LCD_D3
LCD_D4
LCD_D5
LCD_D6
LCD_D7
LCD_D8/LD1
LCD_D9/LD2
LCD_D10/LD3
LCD_D11/LD4
LCD_D12/LD5
LCD_D13/LD6
LCD_D14/LD7
LCD_D15/LD8
PC0
PC1
PC2
PC3
PC4
PC5
PC6
PC7
PB0
PB1
PB2
PB3
PB4
PB5
PB6
PB7
PB8
PB9
PB10
PB11
PB12
PB13
PB14
PB15
PI2
LCD_WR
I2C_SCL
I2C_SDA
R36
10kΩ
LCD_CS
SPI_CS
SPI_CLK
SPI_MISO
SPI_MOSI
A01
A03
A02
R38
R37
10K
A0
R20
SW1
RESET
C3
100nF
VSS
VSSA
R21
0R
PWR_FLAG
MCU
STM32G431RBTx
FB1
600R@100MHz
C6
C7
1uF
C8
100nF
图 C.4　嵌入式竞赛

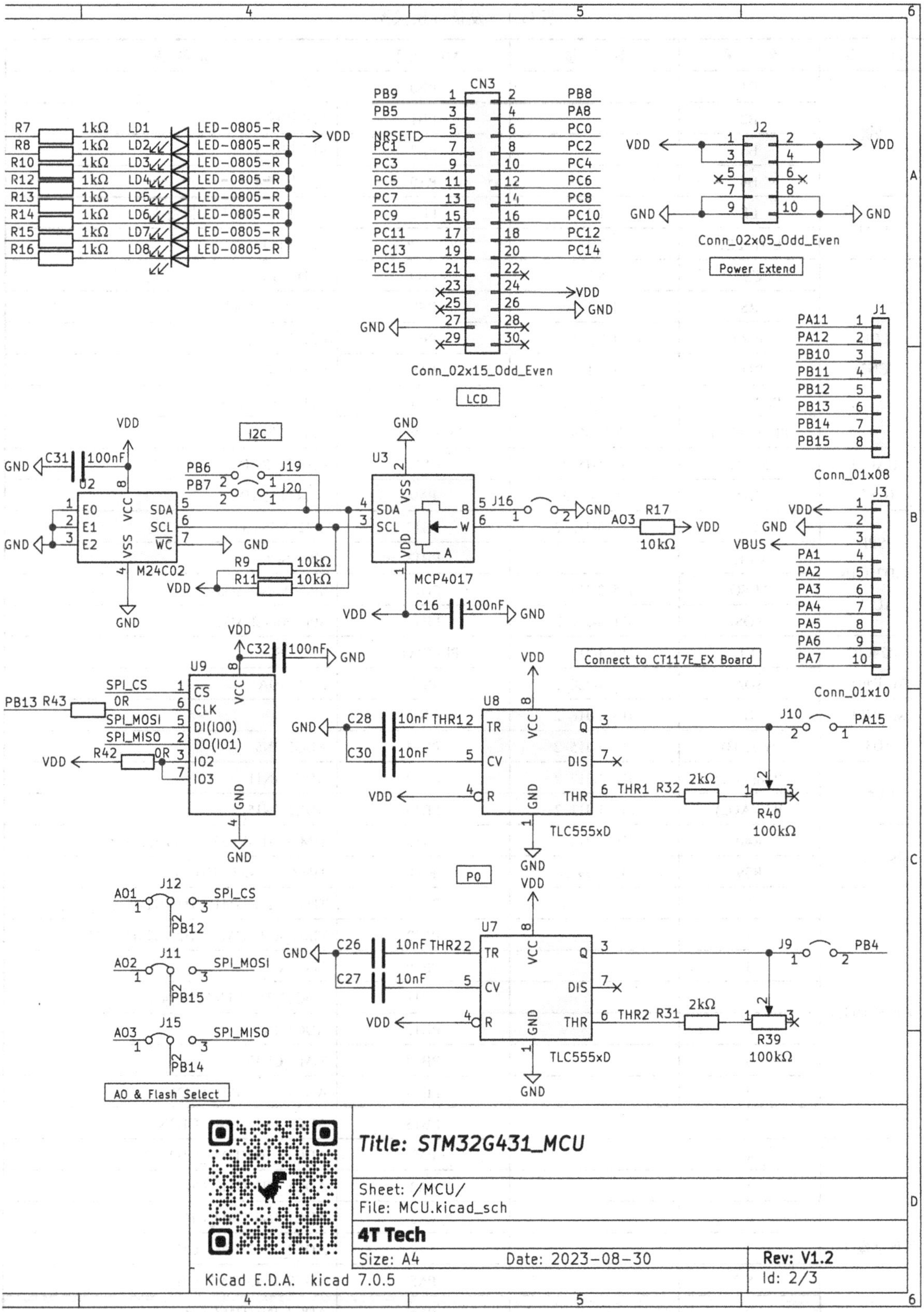
CN3
Conn_02x15_Odd_Even
LCD
PB9 PB8 PB5 PA8 NRSETD PC0 PC1 PC2 PC3 PC4 PC5 PC6 PC7 PC8 PC9 PC10 PC11 PC12 PC13 PC14 PC15
R7 R8 R10 R12 R13 R14 R15 R16
1kΩ
LD1 LD2 LD3 LD4 LD5 LD6 LD7 LD8
LED-0805-R
J2
Conn_02x05_Odd_Even
Power Extend
J1
Conn_01x08
PA11 PA12 PB10 PB11 PB12 PB13 PB14 PB15
J3
Conn_01x10
VBUS PA1 PA2 PA3 PA4 PA5 PA6 PA7
Connect to CT117E_EX Board
I2C
U2
M24C02
E0 E1 E2 VCC VSS SDA SCL WC
C31 100nF
PB6 PB7 J19 J20
R9 10kΩ
R11 10kΩ
U3
MCP4017
J16
R17 10kΩ
AO3
C16 100nF
U9
CS CLK DI(IO0) DO(IO1) IO2 IO3
SPI_CS SPI_MOSI SPI_MISO
PB13 R43 0R
R42 0R
C32 100nF
U8
TLC555xD
TR CV R Q DIS THR VCC GND
C28 10nF THR1
C30 10nF
J10 PA15
R32 2kΩ
R40 100kΩ
P0
U7
TLC555xD
C26 10nF THR2
C27 10nF
J9 PB4
R31 2kΩ
R39 100kΩ
AO1 J12 SPI_CS PB12
AO2 J11 SPI_MOSI PB15
AO3 J15 SPI_MISO PB14
AO & Flash Select
VDD GND
Title: STM32G431_MCU
Sheet: /MCU/
File: MCU.kicad_sch
4T Tech
Size: A4
Date: 2023-08-30
Rev: V1.2
Id: 2/3
KiCad E.D.A. kicad 7.0.5

实训平台电路图

设备连接关系如表 C.1 所示。

表 C.1 设备连接关系

设备	名称	连接	MCU 引脚	功能说明
按键	B1		PB0	用户按键 1
	B2		PB1	用户按键 2
	B3		PB2	用户按键 3
	B4		PA0	用户按键 4
LED	LE	U1	PD2	用户 LED 数据锁存器使能
	LD1~LD8	U1	PC8～PC15	用户 LED
LCD (CN3)	CS#	CN3_1	PB9	LCD 片选
	RS	CN3_2	PB8	LCD 寄存器选择
	WR#	CN3_3	PB5	LCD 写选通
	RD#	CN3_4	PA8	LCD 读选通
	PD1~PD8	CN3_6~13	PC0～PC7	LCD 数据低 8 位
	PD10~PD17	CN3_14~21	PC8～PC15	LCD 数据高 8 位
UART1 (CN2)	RXD1	J5_1-J5_2	PA10	UART1_RXD
	TXD1	J6_1-J6_2	PA9	UART1_TXD
SPI GD25Q16 (U9)	CS	J12_3-J12_2	PB12	SPI2_NSS/AO1
	CLK		PB13	SPI2_SCK
	MISO	J15_3-J15_2	PB14	SPI2_MISO/AO3
	MOSI	J11_3-J11_2	PB15	SPI2_MOSI/AO2
M24C02	SCL	J19_1-J19_2	PB6(PA15)	(I2C1_SCL)
MCP4017	SDA	J20_1-J20_2	PB7	I2C1_SDA
MCP4017 (U3)	B	J16_1-J16_2	GND	
	W(AO3)	J15_1-J15_2	PB14	ADC1_IN5
模拟输入	R38(AO1)	J12_1-J12_2	PB12	ADC1_IN11
	R37(AO2)	J11_1-J11_2	PB15	ADC2_IN15
脉冲输入	R40	J10_2-J10_1	PA15	TIM2_CH1-XL555(U8)/I2C1_SCL
	R39	J9_1-J9_2	PB4	TIM3_CH1-XL555(U7)
扩展插座(J1)	1		PA11	TIM1_CH4/TIM1_CH1N/TIM4_CH1
	2		PA12	TIM1_ETR/TIM1_CH2N/TIM4_CH2
	3		PB10	TIM2_CH3
	4		PB11	ADC12_IN14/TIM2_CH4
	5		PB12	ADC1_IN11
	6		PB13	TIM1_CH1N
	7		PB14	ADC1_IN5/TIM1_CH2N
	8		PB15	ADC2_IN15/TIM1_CH3N
扩展插座(J3)	4		PA1	ADC12_IN2/TIM2_CH2
	5		PA2	ADC1_IN3/TIM2_CH3
	6		PA3	ADC1_IN4/TIM2_CH4
	7		PA4	ADC2_IN17/TIM3_CH2
	8		PA5	ADC2_IN13/TIM2_CH1
	9		PA6	ADC2_IN3/TIM3_CH1
	10		PA7	ADC2_IN4/TIM1_CH1N/TIM3_CH2

附录 D　嵌入式竞赛扩展板简介

嵌入式竞赛扩展板实物图、方框图和电路图如图 D.1～图 D.3 所示。

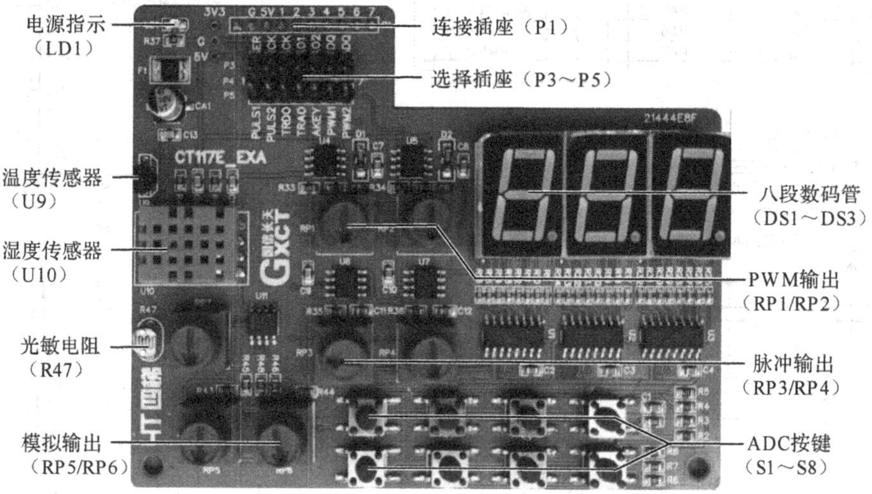

图 D.1　扩展板实物图

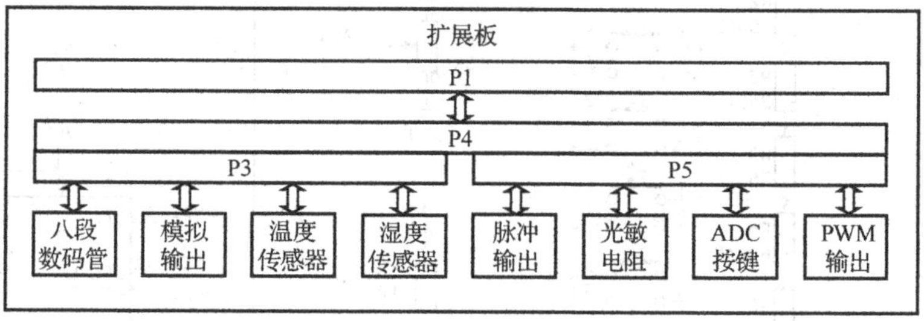

图 D.2　扩展板方框图

嵌入式竞赛扩展板由以下功能模块组成：

- 3 位八段数码管（共阴极静态显示）
- 8 个 ADC 按键
- 湿度传感器：DHT11
- 温度传感器：DS18B20
- 光敏电阻：10kΩ，模拟和数字输出
- 2 路模拟电压输出：输出电压范围为 0～3.3V
- 2 路脉冲信号输出：频率可调范围为 100Hz～20kHz
- 2 路 PWM 信号输出：固定频率，占空比可调范围为 1%～99%

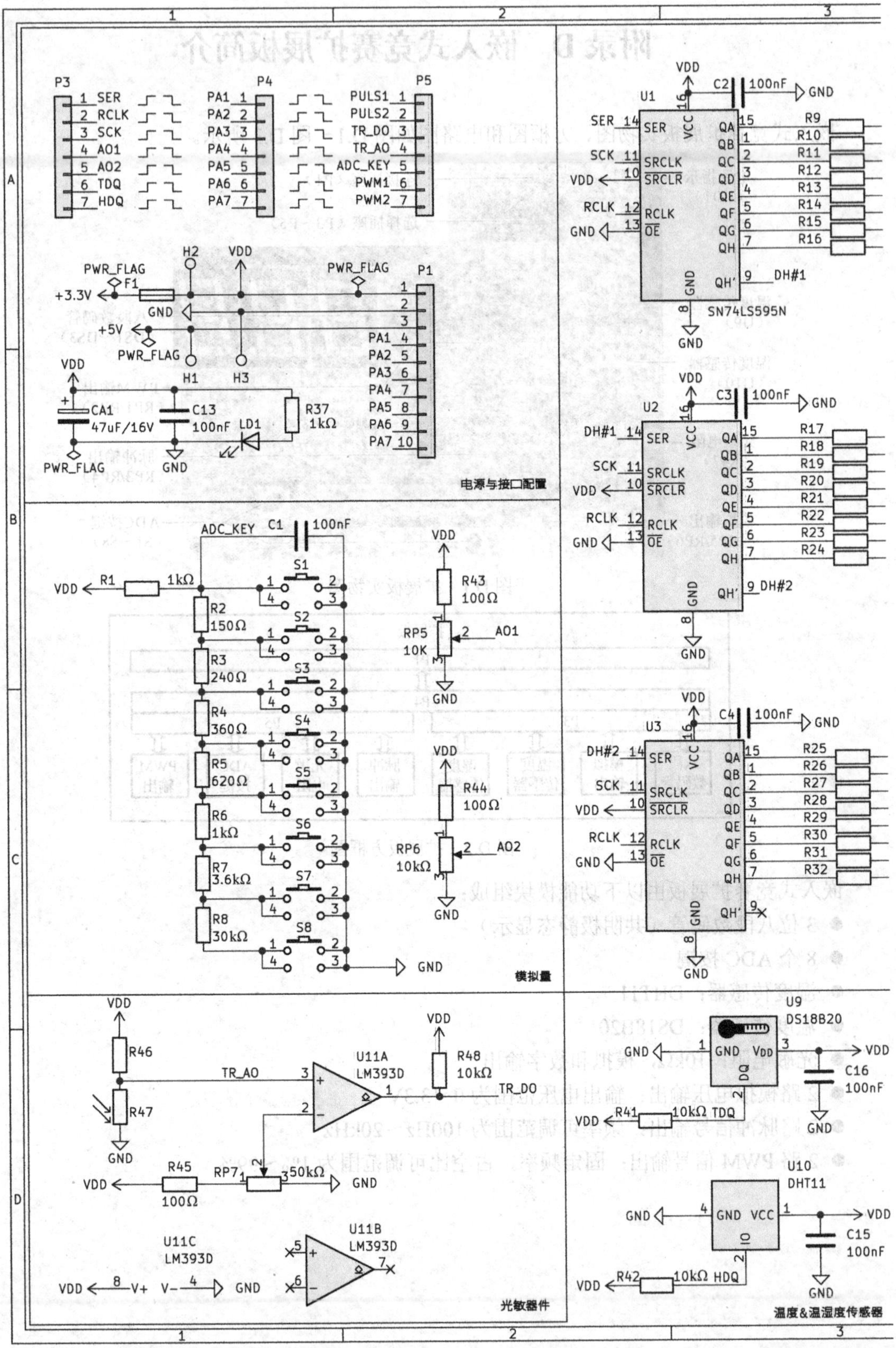
电源与接口配置
模拟量
光敏器件
温度&温湿度传感器
SN74LS595N
DS18B20
DHT11
LM393D

图 D.3 扩展

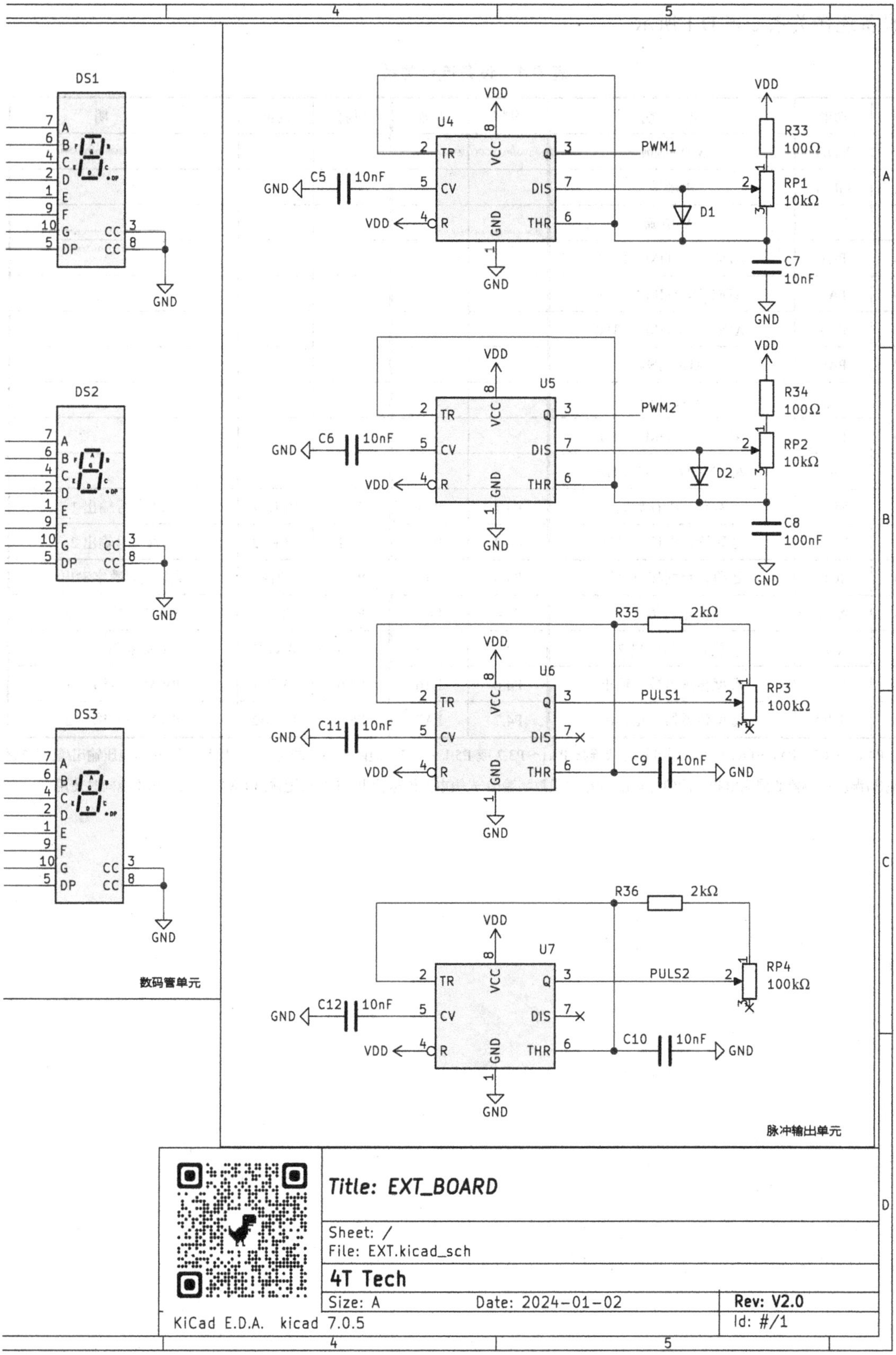
DS1
DS2
DS3
数码管单元
U4
U5
U6
U7
PWM1
PWM2
PULS1
PULS2
R33 100Ω
R34 100Ω
RP1 10kΩ
RP2 10kΩ
RP3 100kΩ
RP4 100kΩ
R35 2kΩ
R36 2kΩ
C5 10nF
C6 10nF
C7 10nF
C8 100nF
C9 10nF
C10 10nF
C11 10nF
C12 10nF
D1
D2
VDD
GND
脉冲输出单元
Title: EXT_BOARD
Sheet: /
File: EXT.kicad_sch
4T Tech
Size: A
Date: 2024-01-02
Rev: V2.0
KiCad E.D.A. kicad 7.0.5
Id: #/1

板电路图

设备连接关系如表 D.1 所示。

表 D.1　设备连接关系

引脚	功能	说　明	引脚	功能	引脚	功能	说　明
P1.1	VDD	3.3V 电源					
P1.2	GND	电源地					
P1.3	VCC	5V 电源					
P1.4	PA1	ADC_IN1/TIM2_CH2					
P1.5	PA2	ADC_IN2/TIM2_CH3					
P1.6	PA3	ADC_IN3/TIM2_CH4					
P1.7	PA4	ADC_IN4					
P1.8	PA5	ADC_IN5					
P1.9	PA6	ADC_IN6/TIM3_CH1					
P1.10	PA7	ADC_IN7/TIM3_CH2					
P3.1	SER	数码管串行数据	P4.1	PA1	P5.1	PLUS1	脉冲信号输出 1
P3.2	RCK	数码管数据锁存时钟	P4.2	PA2	P5.2	PLUS2	脉冲信号输出 2
P3.3	SCK	数码管数据移位时钟	P4.3	PA3	P5.3	TRDO	光敏电阻数字输出
P3.4	AO1	模拟电压输出 1	P4.4	PA4	P5.4	TRAO	光敏电阻模拟输出
P3.5	AO2	模拟电压输出 2	P4.5	PA5	P5.5	AKEY	ADC 按键输出
P3.6	TDO	温度传感器数据输出	P4.6	PA6	P5.6	PWM1	PWM 信号输出 1
P3.7	HDO	湿度传感器数据输出	P4.7	PA7	P5.7	PWM2	PWM 信号输出 2

注：P4.1～P4.7（PA1～PA7）可以通过短路块连接 P3.1～P3.7 或 P5.1～P5.7，但两者不能同时连接，即数码管/模拟电压输出/温度传感器数据输出/湿度传感器数据输出和脉冲信号输出/光敏电阻数字输出/光敏电阻模拟输出/ADC 按键输出/PWM 信号输出不能同时使用。

附录E　ASCII码表

十进制值	十六进制值	控制符号	键盘输入	十进制值	十六进制值	显示字符	十进制值	十六进制值	显示字符	十进制值	十六进制值	显示字符
000	00	NUL		032	20	SP	064	40	@	096	60	`
001	01	SOH	Ctrl-A	033	21	!	065	41	A	097	61	a
002	02	STX	Ctrl-B	034	22	”	066	42	B	098	62	b
003	03	ETX	Ctrl-C	035	23	#	067	43	C	099	63	c
004	04	EOT	Ctrl-D	036	24	$	068	44	D	100	64	d
005	05	ENQ	Ctrl-E	037	25	%	069	45	E	101	65	e
006	06	ACK	Ctrl-F	038	26	&	070	46	F	102	66	f
007	07	BEL	Ctrl-G	039	27	’	071	47	G	103	67	g
008	08	BS	←	040	28	(	072	48	H	104	68	h
009	09	HT	Tab	041	29	)	073	49	I	105	69	i
010	0A	LF	Ctrl-J	042	2A	*	074	4A	J	106	6A	j
011	0B	VT	Ctrl-K	043	2B	+	075	4B	K	107	6B	k
012	0C	FF	Ctrl-L	044	2C	,	076	4C	L	108	6C	l
013	0D	CR	Enter	045	2D	-	077	4D	M	109	6D	m
014	0E	SO	Ctrl-N	046	2E	.	078	4E	N	110	6E	n
015	0F	SI	Ctrl-O	047	2F	/	079	4F	O	111	6F	o
016	10	DLE	Ctrl-P	048	30	0	080	50	P	112	70	p
017	11	DC1	Ctrl-Q	049	31	1	081	51	Q	113	71	q
018	12	DC2	Ctrl-R	050	32	2	082	52	R	114	72	r
019	13	DC3	Ctrl-S	051	33	3	083	53	S	115	73	s
020	14	DC4	Ctrl-T	052	34	4	084	54	T	116	74	t
021	15	NAK	Ctrl-U	053	35	5	085	55	U	117	75	u
022	16	SYN	Ctrl-V	054	36	6	086	56	V	118	76	v
023	17	ETB	Ctrl-W	055	37	7	087	57	W	119	77	w
024	18	CAN	Ctrl-X	056	38	8	088	58	X	120	78	x
025	19	EM	Ctrl-Y	057	39	9	089	59	Y	121	79	y
026	1A	SUB	Ctrl-Z	058	3A	:	090	5A	Z	122	7A	z
027	1B	ESC	Esc	059	3B	;	091	5B	[	123	7B	{
028	1C	FS	Ctrl-\	060	3C	<	092	5C	\	124	7C	|
029	1D	GS	Ctrl-]	061	3D	=	093	5D	]	125	7D	}
030	1E	RS	Ctrl-6	062	3E	>	094	5E	^	126	7E	～
031	1F	US	Ctrl-_	063	3F	?	095	5F	_	127	7F	DEL

附录F C语言运算符

类型	运算符	功能	优先级	顺序	类型	运算符	功能	优先级	顺序
基本运算符	( )	括号	1（最高）	从左到右	关系运算符	>	大于	6	从左到右
	[ ]	数组元素				>=	大于等于		
	.	结构成员				==	等于	7	
	->	结构指针				!=	不等于		
单目运算符	++	后加	2	从左到右	位运算符	&	与	8	从左到右
	--	后减				^	异或	9	
	++	前加		从右到左		|	或	10	
	--	前减			逻辑运算符	&&	与	11	从左到右
	-	取负				||	或	12	
	~	位反			条件运算符	?:	条件	13	从右到左
	!	逻辑非							
	&	地址			赋值运算符	=	赋值	14	从右到左
	*	内容				+=	加赋值		
	(类型名)	类型转换				-=	减赋值		
	sizeof	长度计算				*=	乘赋值		
算术运算符	*	乘	3	从左到右		/=	除赋值		
	/	除				%=	模赋值		
	%	取余				<<=	左移赋值		
	+	加	4			>>=	右移赋值		
	-	减				&=	与赋值		
移位运算符	<<	左移	5	从左到右		^=	异或赋值		
	>>	右移				|=	或赋值		
关系运算符	<	小于	6	从左到右	逗号运算符	,	逗号	15（最低）	从左到右
	<=	小于等于							

附录 G　实验指导

实验 1　软件开发环境

一、实验目的

1．了解软件开发包（SDK）的组成和使用。
2．熟悉软件配置工具 STM32CubeMX 的使用。
3．熟悉集成开发环境（IDE）的使用，特别是程序的调试方法。

二、实验内容

系统包括 STM32 MCU（内嵌 SysTick）、4 个按键、8 个 LED、LCD 显示屏、UART1 接口、SPI2 接口、I2C1 接口、ADC 和 TIM 等。

1．用软件配置工具 STM32CubeMX 对系统进行配置，并分别生成 HAL 和 LL 工程。
2．用 MDK-ARM 对 HAL 和 LL 工程进行修改，并进行调试与分析。

三、实验步骤

参见 2.2 节和 2.3 节。

四、思考问题

1．HAL 和 LL 工程有哪些相同点和不同点？
2．调试的目的是什么？调试工具栏主要有哪些调试工具？

五、实验报告

1．实验目的。
2．实验内容。
3．系统硬件方框图。
4．系统软件流程图。
5．实验过程中遇到的问题和解决方法。
6．思考问题解答、收获和建议等。

实验 2　GPIO

一、实验目的

1．理解 GPIO 的配置方法。
2．掌握 GPIO 的使用方法。
3．掌握工具软件的使用方法，特别是程序的调试方法。

二、实验内容

系统包括 STM32 MCU（内嵌 SysTick）、4 个按键和 8 个 LED。

编程实现下列功能：

1．SysTick 实现 1s 定时。
2．按键控制 LED 显示的流水方向。
3．LED 流水显示，1s 移位 1 次。

三、实验程序

实验程序参见 3.4 节。

四、思考问题

1．GPIO 的基本操作有哪些？
2．HAL 按键读取程序中，为什么 B1～B3 按键的按下不能像 LL 那样一起判断？

五、实验报告

1．实验目的。
2．实验内容。
3．硬件方框图和电路图。
4．软件流程图和核心语句。
5．设计过程中遇到的问题和解决方法。
6．思考问题解答、收获和建议等。

实验 3　LCD

一、实验目的

1．了解 GPIO 外设的使用方法。
2．进一步掌握 GPIO 的使用。
3．掌握 LCD 的使用。

二、实验内容

系统包括 STM32 MCU（内嵌 SysTick）、按键、LED 和 LCD 显示屏。

编程实现下列功能：

1．SysTick 实现秒计时。
2．LCD 实现秒值的显示。

三、实验程序

实验程序参见 3.6 节。

四、思考问题

1．如何实现 LCD 的写操作？

2. LCD 库函数分为哪 3 层？各层的作用是什么？

五、实验报告

1. 实验目的。
2. 实验内容。
3. 硬件方框图和电路图。
4. 软件流程图和核心语句。
5. 设计过程中遇到的问题和解决方法。
6. 思考问题解答、收获和建议等。

实验 4　USART

一、实验目的

1. 理解 USART 的配置方法。
2. 掌握 USART 的使用方法。
3、掌握 printf()的使用。

二、实验内容

系统包括 STM32 MCU（内嵌 SysTick）、按键、LED、LCD 显示屏和 UART1 接口。

编程实现下列功能：

1. SysTick 实现分秒计时。
2. 通过 UART1 将分秒值显示在 PC 屏幕（1s 显示 1 次）。
3. 通过 PC 键盘实现分秒值设置。

三、实验程序

实验程序参见 4.4 节。

四、思考问题

1. USART 的基本操作有哪些？
2. 使用 USART 时需要设置的参数有哪些？

实验 5　SPI

一、实验目的

1. 理解 SPI 的配置方法。
2. 掌握 SPI 的使用方法。
3、理解通过 SPI 读写 FLASH 的方法。

二、实验内容

系统包括 STM32 MCU（内嵌 SysTick）、按键、LED、LCD 显示屏、UART1 接口和 SPI 接口

FLASH GD25Q16C。

编程实现下列功能：

1. 读取 FLASH 中的数据。
2. 对 FLASH 进行页编程。
3. 擦除 FLASH 扇区。

三、实验程序

实验程序参见 5.4 节。

四、思考问题

1. 为什么 SPI 发送和接收可以同时进行？
2. UART 和 SPI 的使用有哪些相同和不同之处？

实验 6　I²C

一、实验目的

1. 理解 I²C 的配置方法。
2. 掌握通过 I²C 实现对 I²C 器件的读/写方法。
3. 比较 I²C 与 SPI 使用的相同与不同之处。

二、实验内容

系统包括 STM32 MCU（内嵌 SysTick）、按键、LED、LCD 显示屏、UART1 接口、I²C 接口和 I²C 接口存储器 24C02。

编程实现下列功能：

1. 用 24C02 存储系统的启动次数。
2. 用 LCD 显示系统的启动次数。

三、实验程序

实验程序参见 6.4 节。

四、思考问题

1. 通过 I²C 接口对 I²C 接口存储器进行读/写操作有哪些相同和不同之处？
2. I²C 与 SPI 的使用有哪些相同和不同之处？

实验 7　ADC

一、实验目的

1. 理解 ADC 的配置方法。
2. 掌握 ADC 的使用方法。

二、实验内容

系统包括 STM32 MCU（内嵌 SysTick）、按键、LED、LCD 显示屏、UART1 接口、I^2C 接口、ADC1 和 ADC2。

编程实现下列功能：

1．用 ADC1 实现 MCP4017 和 R38 电压的模数转换。

2．用 ADC2 实现 R37 电压的模数转换。

3．将转换结果显示在 LCD 显示屏或 PC 屏幕上（1s 显示 1 次）。

三、实验程序

实验程序参见 7.4 节。

四、思考问题

1．ADC 的基本操作有哪些？

2．如何实现多通道的模数转换？

实验 8　TIM

一、实验目的

1．理解 TIM 的配置方法。

2．掌握 TIM 输出比较功能的使用方法。

3．掌握 TIM 输入捕捉功能的使用方法。

二、实验内容

系统包括 STM32 MCU（内嵌 SysTick）、按键、LED、LCD 显示屏、UART1 接口、I^2C 接口、ADC1、ADC2 和 TIM1～TIM3。

编程实现下列功能：

1．TIM1 和 TIM3 分别输出频率为 2kHz 和 1kHz 的矩形波（占空比为 10%～90%，调节步长为 10%）。

2．TIM2 测量矩形波的周期和脉冲宽度。

3．将测量结果显示在 LCD 显示屏或 PC 屏幕上（1s 显示 1 次）。

三、实验程序

实验程序参见 8.4 节。

注意：为了保证程序正常工作，必须用导线连接 PA1 与 PA6（或 PA7）。

四、思考问题

1．TIM 输出矩形波的周期和脉冲宽度如何确定？

2．PWM 输入捕捉的特点有哪些？

实验 9　NVIC

一、实验目的

1．理解 NVIC 的基本原理和基本操作。
2．掌握 EXTI 中断的使用方法。
3．掌握 USART 中断的使用方法。

二、实验内容

用中断方式实现按键检测和 USART 接收操作。

三、实验程序

实验程序参见 9.2 节和 9.3 节。

四、思考问题

1．中断方式和查询方式有哪些相同和不同之处？
2．中断方式和查询方式软件流程图的画法有什么区别？

实验 10　DMA

一、实验目的

1．理解 DMA 的基本原理和基本操作。
2．掌握 USART DMA 接收操作的使用方法。

二、实验内容

用 DMA 方式实现 USART 接收操作。

三、实验程序

实验程序参见 10.2 节。

四、思考问题

1．DMA 的特点是什么？
2．DMA 操作的参数有哪些？